编 委 会

主编 叶铭汉 陆 埮 张焕乔 张肇西 赵政国

编委 (按姓氏笔画排序)

马余刚(上海应用物理研究所)　　叶沿林(北京大学)

叶铭汉(高能物理研究所)　　　　任中洲(南京大学)

庄鹏飞(清华大学)　　　　　　　陆 埮(紫金山天文台)

李卫国(高能物理研究所)　　　　邹冰松(理论物理研究所)

张焕乔(中国原子能科学研究院)　张新民(高能物理研究所)

张肇西(理论物理研究所)　　　　郑志鹏(高能物理研究所)

赵政国(中国科学技术大学)　　　徐瑚珊(近代物理研究所)

黄 涛(高能物理研究所)　　　　谢去病(山东大学)

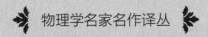

物理学名家名作译丛

亚历克斯·蒙特威尔　安·布雷斯林　著
傅竹西　林碧霞　译

光的故事 / The Story of Light
从原子到星系
from Atoms to Galaxies
Let There be Light

中国科学技术大学出版社

安徽省版权局著作权合同登记号:第 12151482 号

Let There Be Light: *The Story of Light from Atoms to Galaxies*, Second Edition was originally published in English in 2013. This translation is published by arrangement with Imperial College Press.
All rights reserved.
© Imperial College Press & University of Science and Technology of China Press 2014
This book is in copyright. No reproduction of any part may take place without the written permission of Imperial College Press and University of Science and Technology of China Press.
This edition is for sale in the People's Republic of China (excluding Hong Kong SAR, Macau SAR and Taiwan Province) only.
此版本仅限在中华人民共和国境内(不包括香港、澳门特别行政区及台湾地区)销售。

图书在版编目(CIP)数据

光的故事:从原子到星系/(爱尔兰)蒙特威尔,(爱尔兰)布雷斯林著;傅竹西,林碧霞译.—合肥:中国科学技术大学出版社,2015.8
(当代科学技术基础理论与前沿问题研究丛书:物理学名家名作译丛)
"十二五"国家重点图书出版规划项目
书名原文:Let There Be Light
ISBN 978-7-312-03730-6

Ⅰ.光… Ⅱ.①蒙… ②布… ③傅… ④林… Ⅲ.光学—普及读物
Ⅳ.O43-49

中国版本图书馆 CIP 数据核字(2015)第 133606 号

中国科学技术大学出版社出版发行
安徽省合肥市金寨路 96 号,230026
http://press.ustc.edu.cn
安徽联众印刷有限公司
全国新华书店经销

*

开本:710 mm×1000 mm 1/16 印张:26 字数:507 千
2015 年 8 月第 1 版 2015 年 8 月第 1 次印刷
定价:78.00 元

内 容 简 介

本书是第一本以宇宙中的光和电磁辐射作为主要叙述对象的图书。读者从中可以领略一些哲学的假说,例如自然规律的简约性、对称性和广泛性;也将认识一些实际的结论,如几何光学的规律、爱因斯坦著名的也是神奇的关系式($E=mc^2$)。本书的大多数章节中都有很多起重要作用的生活画面和表达相关科学性质的图片。本书的"历史的插曲"中,包括伽利略与法庭的斗争、傅里叶对断头台的嘲弄、尼尔斯·玻尔和第二次世界大战以及理查德·费曼的独特性格等内容。

第2版做了修订,使其更容易为普通读者所接受。只要有可能,第1版中的数学表达都被替换成相应的文字,用以叙述光的神秘现象,以及光的知识从过去到现在是如何发展起来的。本书侧重于阅读的兴趣和享受,所以,用于支持和补充论据的方程和公式在书中以一种不干扰正文叙述流畅性的形式出现。

本书适用于各类院校相关专业的学生和教师,也适用于对物理学感兴趣的普通读者。

译者的话

在着手翻译本书之前,光学专业出身的我曾经认为即将进行的不过是一件"枯燥的文字转换工作"。但随着翻译的深入,书中内容的丰富、知识的广博、叙述的生动、取材的趣味性等都深深地吸引了我,使我产生了一种耳目一新的感觉,整个翻译的过程变成了对知识的深化和再学习的过程,我从中受益匪浅,"枯燥的文字转换工作"也变得轻松愉快,直到翻译结束,仍然回味无穷。

本书所讨论的"光"远远超过了教科书中"光学"的范围。"光"是人类认识宇宙最原始、最直接的工具,因而"光学"成为人类最早研究的科学分支之一,对"光"的本质的探索是争议最多、最激烈的科学课题,并由此衍生出物理学中许多伟大的发现。正因为如此,作者把对"光"的讨论延伸到广泛意义上的电磁波,并由此将声波作为基础加以讨论;此外,除了讲到光学和电磁学中的基本发现和基本原理以外,作者还将议题扩展到爱因斯坦根据空间对称性以及真空中的光速为常数的假设推导出的相对论,因普朗克发现光的量子性而建立起来的量子力学,以及由光的波粒二象性研究衍生出的基本粒子,等等。凡此种种,作者笔下为我们勾勒出一个"光"的触角所及的庞大的光的帝国,并对所涉及的学科及其与光的关系做了基本的介绍。正是考虑到这一点,译者将书名直接译为"光的故事——从原子到星系"。

本书内容的广泛性还表现在内容丰富、资料翔实。从书中读者可以了解到人类在陆地上测量光速最早的实验,第一次测定地球和月亮距离的实验方法;世界上最原始的照相干板,最初测定电子电荷的实验装置,第一次进行无线电报的发送和接收实验,人们为突破声障所做的努力和付出的牺牲,基本粒子"夸克"一词的由来;同时也详细记录了科学发展史上所遭遇的失败,如围绕"以太"的存在所做的大量艰苦的且得出否定结果的尝试,等等。这许多个"第一次",在一般的教科书中基本上没有提到过,而在本书中作者对这些"第一次"都做了较为详细的描述。虽然"最早"的实验方法和得到的数据大多被近代先进的方法和更精确的结果所取代,但在当时的条件下,这些结果绝对可以看成惊人的成就。这些"第一次"不仅忠实地记录了人类对自然的挑战,而且让人读过后更加佩服那些完成"第一次"的前辈们的艰苦奋斗精神和战胜自然的聪明才智,同时也使我们从中学习到前辈们的巧妙构思和灵活的科研技能。译者认为,这也许比单纯熟记知识条文更有价值,对培养读者的创新精神和克服应试教育的弊病是大有裨益的。

另外,作者从博物馆、邮票和私人藏品中搜集了大量的科学家肖像,更加丰富了书中的资料,使读者不仅能了解科学巨匠们的奋斗经历,而且还如见其人,使读者在获得科学知识的同时对科学发展的历史有更多的了解。

本书的另一大特点是故事性和趣味性。一般的科技图书只注重讲述原理和规律等最终的、公认的结果,而读者在本书中却可以了解到一些定律或定理的发现过程以及人们为此付出的努力和经受的挫折。可以说,本书有过程,有细节,又有人物的活动,由此构成了故事情节,使读者犹如在读故事中学习科学知识。同时,作者还搜集了大量著名的科学家之间的书信和讲话等史料,记述了他们对新的科学观点的看法和评论,科学大师们之间幽默的对话和犀利的言谈既可增加读者阅读的兴趣,又能加深读者对科学问题的理解。书中避免了长篇累牍的数学推导,而用生动形象的比喻和口语化的叙述来表达高深的理论,深入浅出,通俗易懂,并紧紧结合身边的事例和日常生活中的具体问题来分析和阐述各种原理及其应用,同时还穿插了一些传说和故事,例如"阿基米德的死光"及后人为证实它而做的努力等,这就使得读者在阅读本书的过程中变得轻松愉快,也使得本书叙述的内容更容易被广大读者所接受。

书中大部分章节末尾安排的"历史的插曲"增加了本书的故事性和趣味性,这部分内容主要介绍在本书所涉及的领域内做出过重要贡献的著名科学家,忠实地记录了他们走过的人生历程,叙述了他们的主要事迹和在诺贝尔奖获奖大会上的获奖感言,介绍了这些科学巨匠们之间的友谊和争论。在作者的笔下,他们不仅有成功,也有缺点和错误,甚至在一定程度上成为新思想的绊脚石。这样的叙述使人物显得更加真实和亲切。在这些传记梗概中,作者特别注意搜集大师们的一些逸闻趣事,使读者读起来更具故事性和趣味性。你恐怕不会想到,身为原子能研究院院长的玻尔因为时间太晚竟然会翻墙进入研究院。你恐怕也不知道他对"运气"的看法。你能想象麦克斯韦如何做演示实验使学生的头发直立起来吗？你想知道玻尔和爱因斯坦之间机智而幽默的对话吗？你想不想知道牛顿和莱布尼茨是如何反目为仇的？你知道吗？对人类社会有翻天覆地作用的电磁波发射装置是因一次意外事故才得以解决的。你也许不知道普朗克的量子假说源于他对新发现的现象找不到合理的解释而做出的无奈之举，连他本人在很长时期内都一直疑惑不解。你想知道理查德·费曼为什么把自己称为"保险柜窃贼"吗？你想知道他怎样用一把钳子和螺丝刀在电视演播厅里向观众揭示了 1986 年 1 月 28 日"挑战者"号航天飞机升空后爆炸的真正原因吗？……读完之后，一个个活生生的科学巨匠跃然纸上，你会因为大师们的奋斗而感动，因为他们的成功而备受鼓舞，因为他们的顺利而快乐，因为他们的坎坷而痛心。

  本书是在一系列科学讲座的基础上编辑而成的，是一本既有科学性又有故事性的读物。它比一般的科普读物对科学原理的介绍更详细，也更具专业性。但它又不像教科书那样有严谨的论述和许多一丝不苟的数学推导，而是全部用通俗的语言和符合逻辑的推理方式介绍各种物理定律和规律，同时将关键的数学说明放在正文旁边的"黑板"中表述，这样，即使去掉"黑板"也不会影响正文论述的完整性，同时又便于读者的深入理解和学习。另外，书中还设计了许多有趣的插图，通过毛毛虫和猫头鹰的对话和一问一答的方式对书中的论述提出疑问，以引起读者的思考和关注。所以本书适合多种层次的读者阅读。它可以作为中学生科普讲座的蓝本，也可以作为大学本科生扩展知识面的补充读物，那些已参加了工作而又对科学感兴趣的读者，在读过本书后也一定不会后悔。

傅竹西

2015 年 4 月

第 2 版 序 言

第 2 版做了大量的修改,使其更容易被普通读者所接受。我们去掉了第 1 版中许多数学处理的细节,而改成对计算方法的口语化叙述和给出符合逻辑的结论,强调兴趣和乐趣而不是比较正规的学习方式。关键的数学说明则被放在正文旁边的"黑板"中表述,这种形式不会干扰论述的流畅性。许多图例和图示都被重新绘制,更好地发挥了我们以往工作中获得的优势。

第 1 章　走进光的世界

本章概述对光的认识如何随时代的进化而变化,以及最近两个世纪所发现的光的一些奇异的特性。马克斯·普朗克、尼尔斯·玻尔和其他一些人打开了充满自然界奥秘的"潘多拉宝盒"。

第 2 章　光的射线性质:反射

光传播的路径由费马原理确定,这个原理指出光传播的路径总是用时最短的路径。根据传记所记载,阿基米德用镜子点燃了围攻意大利希拉库扎的入侵者舰船,这是真的吗?历史人物:皮埃尔·德·费马(Pierre de Fermat)。

第 3 章　光的射线性质:折射

当光到达两个透明介质的界面时,一部分光继续进入第二个介质但改变了传播方向(这就是折射),还有一部分光反射回第一个介质。这时,费马原理依然适用,但是具有一种"选择的灵活性",它暗示自然界的基本规律不是确定的,而是基于概率的。

第 4 章　来自遥远星球的光——天文学

古代的天文学家发挥了非凡的创造力,推导出太阳和月亮的体积以及它们与地球之间的距离,同样令人钦佩的是中世纪天文学家所做的测量和计算,要知道他们所做的这一切都是在地球上进行的,而地球一方面在绕轴自转,另一方面又绕太阳公转。历史人物:伽利略·伽利雷(Galileo Galilei)。

第5章 来自远古的光——天体物理学

运用于地球的物理定律被认为也适用于整个宇宙。如果我们确信这些定律始终恒定不变,那么我们就可以按步骤回溯到宇宙的起源。历史人物:艾萨克·牛顿(Isaac Newton)。

第6章 波的简介

简单介绍那些用以表征波的行为的性质,这样我们就可以在某种程度上来确定光是否表现出这些性质。历史人物:让·巴蒂斯特·约瑟夫·傅里叶(Jean Baptiste Joseph Fourier)。

第7章 声波

作为能量和信息的携带者,声音只可能被描述成光的"穷亲戚",它的速度只有光的几百万分之一,它不能穿越整个空间,也不会传播很远的距离,然而它具有很多与光相同的性质。它以波的形式传播,可以被反射,可以产生相长和相消干涉,可以产生共振。然而,没有任何东西可以具有比光还快的传播速度,"声障"是可以打破的。历史的插曲:声障(Sound Barrier)。

第8章 光的波动性质

用从波中得到的知识武装起来后,我们检验了光的波动性。光波是一种特殊的波,它可以不依赖介质而存在于真空中,在一定的条件下,光+光=黑暗。历史人物:托马斯·杨(Thomas Young)。

第9章 制作影像

从照片到全息图。

第10章 电,磁,然后是光……

麦克斯韦天才地将电学和磁学的许多实验规律结合在一起,并由此预言了电磁波的传播。历史人物:詹姆斯·克拉克·麦克斯韦(James Clerk Maxwell)。

第11章 "光的原子"——量子理论的诞生

正当光的所有的物理特性似乎都已经清楚时,从热表面发射的光谱中出现了一个"很小"的偏差,由此引出了一个大问题。普朗克采取了一个"绝望的行为"。历史人物:马克斯·普朗克(Max Planck)。

第12章 量子力学的发展

量子力学造就新的哲学思想,而物理学变得面目全非。历史人物:尼尔斯·玻尔(Niels Bohr)。

第 13 章 光原子的粒子性

许多证据证明光束像粒子流。这些"光原子"被称为"光子"。历史人物:罗伯特·A·密立根(Robert A. Millikan)。

第 14 章 光原子的波动性

自然界似乎在搞恶作剧,我们刚刚使自己确信光子是粒子,而当我们观察一个个分立光子的行为时,却发现它们不像粒子,反而像波!历史人物:理查德·费曼(Richard Feynman)。

第 15 章 相对论

第一部分:它是如何开始的

假设真空区间处处相同,而且光速相对于每一个物体都相等,这样就会出现关于时间本质的惊人的结论。历史人物:亨德里克·A·洛伦兹(Hendrik A. Lorentz)。

第 16 章 相对论

第二部分:可证实的假设

连续进行一步步的逻辑推理,爱因斯坦推测出质量和能量是等价的,而且它们之间的关系可表示为等式:$E=mc^2$。历史人物:阿尔伯特·爱因斯坦(Albert Einstein)。

第 17 章 通向"重光子"的征途

正如爱因斯坦所预言的,物质是由能量创建出来的,这就向我们揭示出一个全新的基本粒子世界,其中包括"重光子",也就是 W 粒子(W particle)。

序言

物理学是一门复杂的学科,学生们遇到了许多原理和现象:质量和能量、电荷和磁性、光和热、原子和分子、星球和星系,这些还只是举出的少数几个例子。学生把大部分的时间和精力都用在学习实验方法和新的数学技巧上,很少有机会回过头来做一个全面的回顾。当我们把拼图的各个部分放到一起,当全貌开始被展现时,我们对事物的认识就会逐渐深化。明显无关的现象可以被看成同一件事情的不同方面。从少量基本原理导出了大量的定律和公式,采取的步骤是合乎逻辑的和可以被理解的,但又是非常微妙的,遵循这些步骤我们发现了课题的美妙和迷人之处。

正如书名的寓意所指出的,本书集中讨论光,或者其广泛意义上的电磁辐射,根据物理学最基本的原理和定律推导出光的许多性质。由费马的时间最短原理导出反射和折射定律;由麦克斯韦推理导出电磁辐射的传播;爱因斯坦根据空间对称性以及真空中的光速为常数的假设,通过逻辑思维方法推导出公式 $E = mc^2$;普朗克发现了光的量子性,由此产生了表面上明显矛盾的量子力学。自然界看起来既是能被领会的,同时又是难以被理解的。

本书是按教科书的形式编写的,处于严谨和通俗之间的某个水平。我想它应该适合作为三年级学生用于扩展知识面的读物。同时,那些热爱科学又有数学基础的读者也会喜欢这本书。书中与数学有关的衍生内容尽可能放在附件中而不是插在正文中,那些希望对课题进行深入探讨的读者可以查阅这些附件。

本书的很多专题成为爱尔兰人民广播电台(RTE1)一系列科学讲座的部分内容。每一个系列包括共同主题的大约 20 个 10 分钟的讲座,这些主题的题目有"从希腊到夸克""力所做的功""心灵实验室""物理中的人物肖像""马路科学""来自以前的信件"等。这些节目持续了差不多有十年时间,证明广大群众喜欢听!

为了表达物理学的历史进程并展示人类在故事的"主要角色"中的作用,大多数章节后面都总结有人物传记梗概,这些梗概以一些逸闻和趣事为主。

致谢

我们衷心地感谢都柏林大学物理学院的同事们对我们的帮助和支持。Khalil Hajim, Sé O'Connor 和 Eon O'Mongáin 对原稿的每一部分都提出了宝贵的建议; Gerry O'Sullivan 和 Lorraine Hanlon 在第 1 版和第 2 版的准备期间向我们提供了学院的设施; 而 David Fegan, Alison Hackett 和 John Quinn 也给了我们多方面的帮助。

尤其要感谢 John White, 他向我们介绍了作图软件, 没有他的帮助, 书中的插图是无法完成的, John 绘制了很多图并承担了大量的曲线和场型图的数值计算。

还要感谢 Tim Lehane, 他阅读了本书的第 1 版并把它交给 Declan Gilheaney, 后者对本书进行了仔细审查并提出了许多建设性意见。James Ellis 提供了专业的技术支持, 包括制作全息照片和许多其他图形。Bairbre Fox, Marian Hanson 和 Catherine Handley 总是在需要的时候提供帮助。

我们得到了来自 *Magicosoftware.com* 以及都柏林大学视听中心 Vincent Hoban 的宝贵援助; 约翰·麦克唐纳的 Eugene O'Sullivan 及其公司给予我们免费的法律咨询。

我们十分感谢帝国学院出版社的 Lizzie Bennett, 他介绍我们认识了出版界, 认识了世界科学出版社的 CheeHok Lim 和 Alex Quek, 由此我们和他们建立了富有成果的合作关系。

非常感谢帝国学院出版社的 Jacqueline Downs, 他熟练地将经过部分重写和大量修正的第 1 版书稿转换成条理清晰的第 2 版书稿。

我们感激所有向我们提供实验数据、高分辨率图像和版权许可的人们。在此用书中单独的一节一并表示感谢。

目录

- 1　译者的话
- 5　第 2 版序言
- 9　序言
- 11　致谢

1　第 1 章
走进光的世界

- 1　古往今来对光的认识
- 3　颜色
- 4　测量光速
- 7　视觉的形成过程
- 12　光的性质
- 15　量子力学的诞生

17　第 2 章
光的射线性质：反射

- 17　费马原理
- 20　镜子
- 25　历史的插曲：皮埃尔·德·费马（Pierre de Fermat，1601～1665）

28	**第 3 章** 光的射线性质:折射
28	折射
35	透镜
37	物体和图像:聚光透镜
40	物体和图像:发散透镜(凹透镜)
40	透镜的组合
42	眼睛
45	看到眼睛看不见的东西
49	镜头的组合
51	费马定理的最终注释
52	**第 4 章** 从太空来的光——天文学
52	地球
55	月亮
59	大小和距离
64	行星
66	哥白尼的解释
70	哥白尼以后
74	纵观太阳系
75	历史的插曲:伽利略·伽利雷(Galileo Galilei,1564～1642)
79	**第 5 章** 来自远古的光——天体物理学
79	天体物理学的诞生
85	天体物理研究方法

87	其他恒星和它们的"太阳系"
90	重构过去
93	恒星的生命和死亡
100	历史的插曲：艾萨克·牛顿(Isaac Newton,1642～1727)

105	**第 6 章** 波的概述
105	波——通信的基本方式
110	行波的数学处理
112	波的叠加
117	强迫振动和共振
117	振动和共振的固有频率
119	衍射——波可以拐弯绕过尖角
120	魔术般的正弦函数及其简单的性质
122	历史的插曲：让·巴蒂斯特·约瑟夫·傅里叶(Jean Baptiste Joseph Fourier,1768～1830)

125	**第 7 章** 声波
125	声音和听觉
127	声波用于工具
134	声波的叠加
136	声波的强度
142	听觉的其他参量
145	弦乐和管乐
147	多普勒效应
151	历史的插曲：声障(Sound Barrier)

第 8 章 光的波动性

- 155 第 8 章 光的波动性
- 156 光的波动性
- 157 波的与介质无关的性质
- 161 针对光的讨论
- 164 我们能够分辨的极限是什么?
- 166 其他种类的电磁波
- 167 两个光源发射的光
- 170 薄膜
- 172 衍射光栅
- 175 另外一些"光"
- 178 相干性
- 179 偏振
- 183 历史的插曲:托马斯·杨(Thomas Young,1773~1829)

第 9 章 制作影像

- 185 第 9 章 制作影像
- 185 制作影像
- 191 全息摄影

第 10 章 电,磁,然后是光……

- 196 第 10 章 电,磁,然后是光……
- 196 神秘的"远程作用"
- 199 "力场"
- 205 磁性
- 206 电动力学
- 213 借助磁性使电荷运动

215	麦克斯韦方程组
222	现在回到光
224	历史的插曲：詹姆斯·克拉克·麦克斯韦（James Clerk Maxwell，1831～1879）

228	**第 11 章** "光的原子"——量子理论的诞生
229	辐射所发出的能量
232	黑体辐射的经典理论
236	马克斯·普朗克登场
238	普朗克的"绝望的行为"
242	历史的插曲：马克斯·普朗克（Max Planck，1858～1947）

245	**第 12 章** 量子力学的发展
246	量子力学的发展
250	矩阵力学
254	顺序很重要
258	波动力学
262	广义量子力学
266	量子的现实性
268	历史的插曲：尼尔斯·玻尔（Niels Bohr，1885～1962）

273	**第 13 章** 光原子的粒子性
273	光电效应

281	康普顿效应——光的粒子性的更有力的证据
285	历史的插曲:罗伯特·A·密立根(Robert A. Millikan,1868~1953)

289	**第 14 章** 光原子的波动性
289	一次一个光子
296	费曼的"光子的奇异性理论"
304	历史的插曲:理查德·费曼(Richard Feynman,1918~1988)

308	**第 15 章** 相对论 **第一部分:如何开始**
309	空间和时间
311	"刻板的教条主义"
314	寻找以太
317	对称性
318	狭义相对论
326	重现毕达哥拉斯定理
328	四维坐标
331	一个哲学插曲
332	历史的插曲:亨德里克·A·洛伦兹(Hendrik A. Lorentz,1853~1928)

336	**第 16 章** 相对论 **第二部分:可验证的预测**
337	时间膨胀
338	把能量引进图像

| 349 | 从对称性到核能的步骤 |
| 349 | 历史的插曲：阿尔伯特·爱因斯坦（Albert Einstein，1879～1955） |

353	**第 17 章** 通向"重光子"的征途
353	把质量转化为能量
363	弱核力和电磁力统一化理论

369	**索引**
369	人物索引
376	专业术语索引
386	定理和定律索引

第 1 章
走进光的世界

光在我们的生活中起着重要的作用,它是宇宙的信使,使我们得以了解周围的物体及宇宙中其他地方的事物。没有光,我们不可能接收到太阳发出的供给生命的能量。更重要的是,光或者说**电磁辐射**(electromagnetic radiation)占据一切物理法则的中心,我们将会知道,没有光,宇宙将不复存在!

可见光仅占**电磁波谱**(electromagnetic spectrum)中的极小部分。我们的眼睛只能感受到其中一定的**波长**(wavelength)范围,而感受不到伽马射线、X 射线、红外和紫外光辐射。

光以几乎难以想象的速度传播。我们在这一章中将介绍早期测量光速的方法,也将讨论神奇的视觉过程,包括眼睛如何分辨颜色和大脑如何重组图像等。

这一章剩余的内容用以介绍本书的概貌。本书所叙述的故事激动人心,充满出人意料的内容,它教导我们必须接受自然的本来面貌,而不是凭空去臆想。

1900 年发生了一件最令人瞩目的事。当时,马克斯·普朗克(Max Planck)提出光具有确定的**量子化的**(quantized)能量,这就是光的**二重性**(duality)这一反常理论的雏形。它意味着光具有明显矛盾的性质:有时表现为**粒子**(particle)的行为,有时又呈现出**波**(wave)的行为。光的这一性质成为揭示自然界最基本的**量子**(quantum)定则的最早依据。而量子定则是由尼尔斯·玻尔(Niels Bohr,1885~1962)及其合作者在探测"非常小的世界"时发现的。

1.1 古往今来对光的认识

哲学家们力图通过光学的发展史准确地说明什么是光以及它为什么会具有它所表现出来的那些行为。当时人们大都不清楚,我们之所以能看到诸如蜡烛和太阳等发光体,是因为它们发射光而眼睛接收到这些光。我们还能看到许多其他的物体,如月亮、树等,是因为太阳等发光体发射的光被这些物体所反射。我们可以看到彼此的眼睛,但这并不是因为眼睛会发光,而是因为它们反射了来自太阳的光或者反射了太阳光传播路程中被月亮反射的光。

1.1.1 古希腊时期

早在毕达哥拉斯(Pythagoras,公元前582～公元前497)时期,希腊哲学家们就认为光来自"可见"的物体,然后我们的眼睛接收到很小的光粒子(particle)。恩培多克勒(Empedocles,公元前5世纪)是一位哲学家和政治家,也是四元素思想的创始人。他认为世界由四种元素,即土、空气、火和水组成(还有两种运动的力:爱和争斗),他同样对光也做了大量断言。他认为光来源于发光体,但这些光辐射也是由眼睛发出的。另外,他提出了光以有限的速度传播这一观点。

希腊数学家欧几里得(Euclid,公元前325～公元前265)因他在几何领域的工作而享誉世界,他同样相信由于眼睛发射光线才使我们产生视觉。欧几里得研究了镜子,并在《反射光学》(*Catoptrics*)一书中叙述了反射定律,人们认为这本书是他在公元前3世纪写成的。

1.1.2 中世纪时期

伊本·海赛姆(Ibn Al-Haitham,965～1040)(图1.1)不同意"物体之所以被看见是由于眼睛发出光辐射而可见的物体保存了这些光辐射"这一理论。他研究了光通过各种介质时的路径,做了大量实验,探讨光穿过两种介质的界面时的折射现象。他被称为"现代光学之父"。他写了许多著作,其中最著名的一本——《Kitab Al-Manathr》在中世纪被译成拉丁文。在这本书中,他预测了光的物理性质,精确地描述了眼睛的各部分构造,第一次对人的视觉给出了科学的解释。这些意义重大的工作立足于大量的实验而不是武断的臆测。

勒内·笛卡儿(René Descartes,1596～1650)认为光类似于一种压力,它穿过某种充满整个空间被称为以太的神秘的弹性介质。而颜色的多样化是由于以太的旋转运动造成的。

伽利略·加利雷(Galileo Galilei,1564～

图1.1 伊本·海赛姆(提供者:巴基斯坦科学院)

1642)构筑了实验,建立了适合研究光的性质的方法。虽然光的传播被认为是瞬时的,但伽利略仍然试图通过分别站在相隔约 1 英里①的小山上的两个人测量光的速度。一个人打开信号灯,而另一个人看见光后就举手。结果没有探测出时间差。这并不奇怪,因为根据目前已被认可的光的速度,上述时间间隔大约只有 5 微秒(一秒相当于一百万微秒)。

古希腊人已知道光的**反射定律**(law of reflection)。为了简单起见,这一定律可描述为:光从物体表面反射的角度对称于入射的角度。

光的**折射定律**(law of refraction)是 1621 年荷兰数学家威理博·斯涅耳(Willebrord Snell,1580~1626)通过实验发现的。这一定律论述了光从一种介质进入另外一种介质时所发生的现象。斯涅耳观察到当光穿过两种介质的界面时会突然改变方向,光束偏转的程度仅依赖于介质本身,而与光束入射界面的角度无关。他的工作被表述成以他的名字命名的著名的折射定律②。

斯涅耳卒于 1626 年,生前没有发表他的研究结果。折射定律最早的叙述出现在笛卡儿所写的《折射光学》(*Dioptrique*)中,参考文献中没有列入斯涅耳的名字。但人们都相信笛卡儿事实上看过了斯涅耳没有发表的手稿。

反射定律和折射定律是整个**几何光学**(geometrical optics)的基础,也是第 2 章和第 3 章讲述的内容。这两个定律也可以反过来从一个更基本的定律推导出来,这一基本定律是法国数学家皮埃尔·德·费马(Pierre de Fermat,1601~1665)发现的,被称为**时间最短原理**(principle of least time)。(关于费马的事迹可参看下一章结尾处的"历史的插曲"。)

1.2 颜色

1.2.1 可见光谱

1666 年,艾萨克·牛顿(Isaac Newton)指出白光是由各种颜色的连续光谱组成的,由红色到橙色、黄色、绿色,最终到蓝色、青色和紫色(图 1.2)。他将太阳光通过棱镜片后,看到呈扇形展开的各种颜色的连续分布。在远离棱镜处的一张纸上能够看到"分立"的颜色。利用第二个棱镜还可以把各种颜色的光混合成白光。

---

① 由于本书是翻译图书,内容涉及单位英尺、英寸、英里等较多英制单位,在此统一注明换算公式:1 英寸=25.4 毫米,1 英尺=12 英寸=0.3048 米,1 英里=1.609 千米,以便读者阅读时参考。
② Snell 定律的严谨表述见第 3 章。

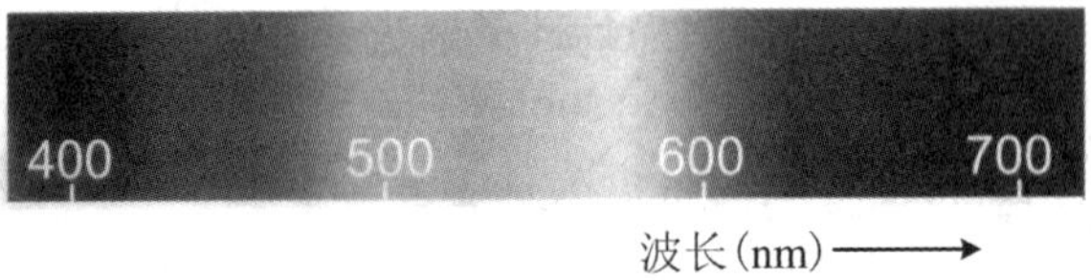

图 1.2 电磁波谱的可见光部分

图 1.3 是实验的示意图。在该装置中，任何人从侧面观察光束都无法看到通常的光谱色。此外，主要由于入射的光束宽度有限，它不可能将所有颜色完全组合起来。事实上，只有在任何一端中心处由各种颜色组合成的最终图像是白色的。

图 1.3 牛顿的棱镜片实验

1.3 测量光速

1.3.1 天文学方法

1676 年，丹麦数学家奥拉夫·罗默（Olaus Römer，1644～1710）发现木星的月食并没有按照牛顿力学所预言的时间出现，木星遮住地球的时间早了约 11 分钟，而脱离遮挡的时间晚了 11 分钟（图 1.4）。罗默推断产生这一时间差的原因是由于光传播了很长的距离，花费了较长的时间（正如上文所指出的）。根据约 22 分钟的时间差，他计算出光的速度是 2.14×10^8 米/秒。这一数值虽然不完全符合目前所测到的结果，但数量级相同，这在当时是了不起的成就。

1.3.2 陆地上的测量

1849 年，法国物理学家海波雷特·菲索（Hyppolyte Fizeau，1819～1896）（图 1.5）第一次在陆地上用一种简单而直观的方法对光速进行了测量。

在菲索的实验中，光源发出的光聚焦到一个转轮的边缘，该转轮的边缘被刻成精细的锯齿状。从两个锯齿之间空隙透过的光被一面镜子反射回来。实验的示意图如图 1.6 所示。

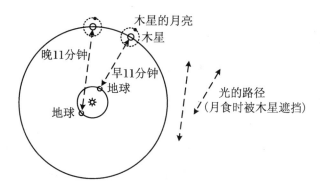

图 1.4　木星的月亮（当木星更远时光传播需要更长的时间）

光源、物镜和转轮设置在巴黎西郊菲索父亲的房子的屋顶天窗内，而反射镜则放在相隔 8 633 米远处的巴黎北郊蒙马特山上的电报大楼内。

如果转轮静止或转速很慢，那么从转轮任何部分的两个齿之间的空隙出射的光在返回时恰好通过相同的空隙。若增加转轮的转速，光返回时，空隙旁边的齿开始进入到原先被空隙所占据的位置，返回光被部分遮挡。当转速足够高时，整个空隙都被齿占据，返回的光就被完全遮挡住了。

菲索看到转轮的转速为 12.6 转/秒时返回光第一次被遮住。在这一转速下，空隙完全被齿占据，所需的时间为 5.51×10^{-5} 秒，据此，他计算出光速为 3.13×10^{8} 米/秒①。

图 1.5　海波雷特·菲索
（G-ornu 先生收藏的一张照片，提供者：©科学博物馆/SSPL）

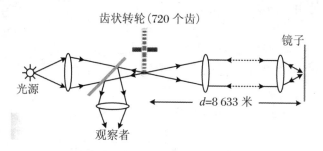

图 1.6　菲索测量光速的实验

---

①　对于具有 720 个齿的转轮，齿转到空隙的位置所需的时间为 $1/(2\times720\times12.6)$ 秒，即 5.51×10^{-5} 秒，因此得出光速为 $(2\times8\,633\text{ 米})/(5.51\times10^{-5}\text{ 秒})$，即 3.13×10^{8} 米/秒。

菲索的数值和目前公认的光速 $2.997\,924\,58\times10^8$ 米/秒只差 5%，这是在他自己搭建的设备上得出的结果，可以说已经相当精确了。他的成就得到公认。菲索被授予法国荣誉军团骑士勋章，并于 1856 年获得了由拿破仑三世设立的每 3 年颁发一次的奖励，该奖项用于表彰"对国家的利益和荣誉有重大贡献的工作或发现"。

图 1.7　一个有 70 个齿的齿轮　　菲索能够做出具有 720 个齿的转轮（一个只有 70 个齿的齿轮如图 1.7 所示）并使光聚焦后精确地通过空隙，这一工作展示了他的高超技能。

1.3.3　浅谈光速

光速 c 为 3×10^8 米/秒，而空气中的声速是 330 米/秒。光的传播速度比声速快了大约 100 万倍！

一个田径运动员（图 1.8）对起跑信号的反应时间在 0.3 秒左右，声音在这段时间已传出约 100 米，也就是差不多到达了 100 米短跑的终点。

与此相比，光在这段时间走过 10 万千米，相当于绕地球 2.5 圈！

在现实世界中，光速被认为已是极限。当我们观察周围的风景时，光从不同景物到达我们的眼睛只需极为短暂的瞬间。无论是从花园中的一棵树还是从远处地平线上一处山顶所发出的光，我们感觉不到它到达时的时间延迟。从地球上最遥远的地方发出的无线电波或电话信息只需零点几秒就可以被我们收到，但是，从星球或遥远的银河系发出的光可能需要几十亿年的时间才能到达地球。

图 1.8　杰西·欧文斯，1936 年柏林奥运会（提供者：国会图书馆，LC-USZ62-27663）

常数 c 是我们所在宇宙的基本常数。没有人能告诉我们为什么它会是这样一个数值。不妨做个很有意思的推测：假如 c 是另外一个数值，尤其当它是一个非常小的数值（例如声速的数量级）时，物理学的定律将会发生怎样的变化。很明显，通信的速度将变慢，我们需要许多小时后才能收到从地球上其他地方发来的新闻；乘坐喷气飞机旅行也会是不安全的，因为我们不知道前方将有什么东西！然而，这些变化比起处于"慢光"世界的时空的根本变化还是微不足道的。所以，**爱因斯坦相对论（Einstein's theory of relativity）** 的特性可能是日常世界基本特性中的一部分。

1.4 视觉的形成过程

1.4.1 "看"和"见"

我们打开窗帘看风景,见到草地、树木、山林以及人群等,"通常"情况下不会去想为什么我们能够很幸运地看见它们。然而,在观看的过程中究竟发生了什么?我们为什么会感受到远处的物体?显然是在我们的意识中瞬间形成的图像使我们看见了完整的景物,我们的大脑可以利用某种方式对成千上万种物体发送的一系列信息进行分析和整理。

光是为我们传送信息的信使。从每片树叶、每根草茎反射的光散射到各个方向,其中有很少部分进入我们的眼睛,在极短的瞬间这些信息被整理成完整的景象!

1.4.2 光子的旅程

在乡村印象的例子中(图1.9),当光从太阳表面"诞生"时,故事在8分钟前就开始了。我们暂时不去深究我们所说的"光诞生"的含义,我们将把光看成是在太阳表面瞬间产生的很小的粒子(光子)。

图 1.9　爱尔兰梅奥郡的康恩湖

每秒钟都有数不尽的光子离开太阳并辐射向宇宙的各个方向。在亿万年间，它们以 3×10^8 米/秒的速度在宇宙空间穿行，没有变化，不受阻碍。其中极少部分在真空环境中穿行约 1 亿英里"恰巧"到达地球。随后，少数光子可能落到树叶上并被吸收，提供能量以帮助树木生长；另外一部分光子被反射，其中一部分，有可能是很少的一部分，到达我们的眼睛并被聚焦在视网膜上。视网膜上存积的光子足够多时就可以激活视网膜上的"感光"细胞。（这些感光细胞紧密地排成三层，彼此间靠一些很细的纤维连接起来。）光子经长途旅行安全到达视网膜后开始了工作，它们把能量交给电子，使这些电子通过神经纤维像电流一样流向大脑。

太阳不仅仅发出光，使我们能够看见物体，而且也是我们能量的主要来源。每天太阳"燃烧"掉大约 6 亿吨氢（大约等于 10^{25} 焦耳的能量），而地球每天接收到的只占其中的约 5×10^{-8}％，差不多等于每天 2×10^{16} 焦耳，大大超过了我们的日常需要。当太阳表面喷发出巨大的"日珥"时，太阳能和日心观测站会"采集"太阳的图像（图 1.10），这些图像往往会被用来表示太阳喷发的规模。

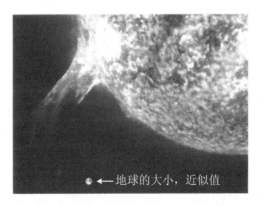

图 1.10　太阳耀斑（提供者：SOHO，美国工程师和科学家协会及美国国家航空和航天管理局）

1.4.3 眼睛——人体的数码照相机

眼球的前部组成一个复杂的光学系统,它将光束聚焦在**视网膜**(retina)上。为了保证图像有很高的质量,这个系统能够通过快速的调整来控制观察方向、焦距和进入眼睛的光的强度。视网膜由几百万个感光细胞组成,受到光照后这些细胞会发出电信号。(这一过程被称为**光电效应**(photoelectric effect),我们将在第13章对其做更多的叙述。)然后,这些信号通过**光神经**(optic nerve)传递到大脑。在这一过程中,眼睛的作用就像一台发送电视图像的摄像机,而不是使用照相底片的照相机。图1.11表示眼睛的构造。

晶状体的形状是由**眼睫肌**(ciliary muscles)控制的。当眼睫肌收缩时,晶状体更加突起,使之具有更强的聚焦能力。值得注意的是,眼睛具有很多种眼睫肌,分别用来控制晶状体,调节虹膜,以及使眼球向上、向下和向周围转动。

视网膜的功能并不仅仅在于被光照射处产生电信号,它还有更多的功能,其作用就像一台微型电脑,在将信息传送到

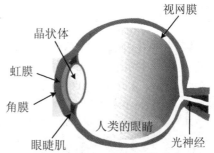

图1.11 眼睛构造示意图

大脑之前对这些信息进行预处理,尤其是视网膜可以感知颜色。人类的眼睛只能感受到电磁波谱中很窄的范围。不同的颜色表征为电磁波的不同波长。两只眼睛对获得的图像进行比较和定位,并利用两个图像之间的微小差别得出立体透视图,判断出距离,甚至可以估计物体逼近的速度。

1.4.4 两台计算机——眼底和大脑

研究眼睛对不同波长的光子混合后的反应是非常有意思的。例如,"红"光和"绿"光混合后,由这两种分立的颜色产生单纯的"黄"光。这完全不同于耳朵听到不同波长的声音时的反应。训练有素的耳朵可以从一堆噪声中区分出音乐的和声,只要"仔细听",和声中的各种成分也能被辨别出来。但光的情形则不同,无论我们怎样努力地观看黄颜色的光,它也不可能告诉我们这是纯的黄色光还是由红色光和绿色光混合而成的。如果位于眼球后部的计算机向大脑发送"黄色"的信号,我们的大脑——这台"计算机主机"——就只收到这一信号,在输入的原始数据中没有其他信息。

1.4.5 重现物体

让我们来讨论那些从某棵树上的一些点(例如树顶上的一片树叶)反射的光子。眼睛前部的晶状体对这些光进行聚焦,这就意味着从树上那个特殊点发出的每一个光子到达晶状体后行进到视网膜上的同一点。同样,从树上其他不同叶片上发出的光子被送到视网膜上相应的另一些确定的点上,于是在眼底形成了一棵树的图像,这个图像通过大脑辨别为"树"。识别物体是大脑的工作而不是视网膜的任务。在婴儿的成长过程中,他们的大脑不断增强重现物体的能力,使之辨别出"我的手指头"、"妈妈"和"爸爸"等。他们还需要学会接受这样一个事实:视网膜上的图像是目标物体的倒像!

迄今为止,我们都把光看成"光线",还没有涉及光的粒子和波的性质。事实上,在上面的章节中我们已经根据上下文的需要随意地交替使用了"光子"和"波"的概念。在以后的讲述中我们将规范各个领域,使每个课题都能归到相应的领域。

1.4.6 为什么草是绿的?

颜色不是物体表面自身的物理性质而是光被表面反射的结果。黄昏中看到的所有物体都是灰色的,但当黄色的街灯亮起时,物体的颜色会发生巨大的变化。

有生命的植物在**光合作用(photosynthesis)**的过程中吸收光能,供它们生长、结果。红光和紫光在这一过程中起主要作用,因而被植物吸收,而绿色的光绝大部分被草和树叶反射掉。我们看到的绿光对光合作用不起作用(图 1.12)。

图 1.12 植物中的叶绿素反射绿光

1.4.7 黑暗中视物

"黑暗"是指没有足够的可见光来刺激眼睛,但仍可能存在波长较长或较短的电磁辐射。温度稍高的表面会发射出主要位于**红外(infrared)**范围的电磁辐射,虽然我们看不到这些辐射,但它会被特殊的照相底片记录下来。作为一个例子,图1.13是从空中拍摄的红外照片,可以看到发出热辐射的表面。

这是一张用红外线航空拍摄的都柏林马拉海德街(Malahide Road)的局部景象。可以清楚地看到,建筑物屋顶的温度高于周围的温度。这张照片拍摄的时间是冬季的黎明前,在这段时间,道路表面和土地裸露的广场比草木的温度低,广场周边的常青树篱笆相对温暖些。注意观察那些在街道右边的一行树。

黑暗的夜晚不会为那些企图逃脱正义审判的罪犯提供藏身之地。图1.14中的入侵者没有意识到他所发出的辐射已经被红外照相机记录下来!

红外照相术的另一个优点是这种辐射可以穿透云层。它不仅可以用于夜晚的环境,而且不会被云层遮挡。

图1.13 冬季黎明时分局部街道的热图像(提供者:都柏林大学物理学院的 Eón Ó'Mongáin)

(a)

(b)

图1.14 热辐射图像:夜晚的入侵者(提供者:塞拉利昂太平洋创新,Sierra Pacific Innovations,www.imaging1.com)

1.4.8 光学的分支

我们可以从光学的任何一个分支开始学习光学：

几何光学(geometrical optics)：以光束线的方式研究光的路径，不涉及波或粒子。

物理光学(physical optics)：侧重于光的波动性。

1.5 光的性质

1.5.1 互相矛盾的证据

很伤脑筋的问题

牛顿坚信光是由颗粒(微粒子，corpuscles)携带的，他在《光学》(1704年)这本书中发表了他的光学理论。具有讽刺意义的是，正是一心致力于光的微粒性理论的牛顿第一个观察到牛顿环，这一现象却是由光的干涉产生的，是一种波的现象。

在20世纪初，大量的实验证实了微粒理论，光具有粒子的性质。另外一些实验则得出相反的结果，光具有波的行为。如何协调这些矛盾的证据成为"自然哲学"中主要的悬而未决的问题。

1.5.2 光的波动性

波与波之间可以产生**干涉**(interfere)，有时增强，有时相消，它们在拐角处会弯折。回溯到1802年，托马斯·杨(Thomas Young)给出了这样一个结果：从两个狭缝出射的光束叠加后在确定的位置明显地消失了。若看成是两列波，就是两束光**波干涉相消**(interfere destructively)形成暗线。这可以解释为一列波的波峰与另一列波的波谷叠加，两者抵消掉。在另外一些地方，两列波的波峰与波峰或者波谷与波谷叠加在一起，它们**干涉增强**(interfere constructively)，我们会看到光强增强——这并不是变魔术，而是很容易被直观接收到的。为了观察到这一现象，我们必须使空间某些点始终为干涉增强(两列波**同相**(in phase))，而是另外一些点干涉相消(两列波**反相**(out of phase))。其效果类似于一根摆动的绳子的**波节**(nodes)和**波峰**(antinodes)。当我们详细讨论杨氏实验时(第8章),我们会看到这个实验是很容易实现的。一言以蔽之:杨氏实验证明了波所具有的特殊的效应,那就是:

$$光 + 光 = 黑暗$$

1.5.3 麦克斯韦(Maxwell)电磁波

另外一个支持光的波动性的证据来自麦克斯韦(James Clerk Maxwell,1831~1879)的理论工作。麦克斯韦(图1.15)把已有的电学和磁学的定律综合到一起,这些定律的发现者分别是卡尔·高斯(Karl Gauss,1777~1855)、安德烈·安培(André Ampère,1775~1836)和迈克尔·法拉第(Michael Faraday,1791~1867)。在麦克斯韦时期,这些定律已经被很好地建立起来了,但是它们之间是彼此独立的、互不关联的。麦克斯韦的成就就是将**静电学**(electrostatics)、**磁学**(magnetism)和**电流**(current electricity)的现象统一起来,归纳成一个用四个微分方程联立的数学形式表述的定律。

图1.15 詹姆斯·克拉克·麦克斯韦(提供者:©科学博物馆/SSPL)

麦克斯韦综合的四个实验根据为:

(1) **库仑定律**(Coulomb's law)。该定律描述物体之间静电荷的相互作用力。它也可以用另一种数学形式表述为高斯定理。

(2) **高斯定理**(Gauss's theorem)。运用磁学性质,描述了不存在单一磁极的事实。

(3) **安培**发现的**运动**电荷产生磁场。

(4) **法拉第**发现**变化**的磁场产生电场。**麦克斯韦**将其扩展成对称的形式,即变化的电场反过来产生磁场。

描述这些规律的方程应该能保证它们是同时成立的(它们是**联立方程**(simultaneous equations))。麦克斯韦将这四个方程放在一起并求解,得出的结论是这四个定律同时成立,由方程的解可以预言:电荷被加速后产生信号,这一信号将在整个空间传播,也就是一个振动的电荷将产生一列电磁波,并以固定的速度在空间传播。麦克斯韦能够计算出这一速度,得出的结果实际上等于光速的测量值,这一结果不可能是巧合,这说明光肯定是一种电磁波。

1.5.4 光的粒子性

1900年,马克斯·普朗克(Max Planck,1858~1947)发现了一种似乎和光的波动理论不相容的现象。在解释高温下**黑色表面**发射的电磁辐射("黑体辐射**(blackbody radiation)**")时,他发现,若使理论模型在整个波谱范围都能匹配得很好,就必须引进一个新的、出人意料的假设。他提出产生光辐射的振动电荷只能具有分立的能量,这些能量以 hf 为单位变化(量子)。其中,h 是一个普适常数,而 f 是振动频率。一个振动可以具有 nhf 的能量,n 是整数,而处于这些数值中间的能量是不存在的。由于某些未知的原因,自然界不容许它们存在。

当时,在对自然哲学相当陌生的情况下,这种**量子化(quantization)**思想的模型是很难被接受的。经典物理学认为物理量的数值是连续变化的,这被看作是不言自明的,因为没有什么事物可以限定物理体系中的能量,或者就是限定那些可实际观察到的物理量。

1905年,阿尔伯特·爱因斯坦(Albert Einstein)把这个思想扩展到光本身,即光所传播的能量也是量子化的,每个光子都携带一个能量为 hf 的量子,其行为和目的都类似一个粒子,可以将电子撞出金属表面。而波的能量是弥散的,而非集中于一点,它绝不可能做到这一点。

光子不仅仅只是能量状态类似粒子,而且它还具有动量,可以碰撞电子并被电子反弹开,这一结果非常像两个台球相撞(请参看第13章中的"**康普顿效应(Compton effect)**")。

1.5.5 二象性的图解?

在"现实世界"中不可能对波-粒二象性给出贴切的类比。确实,我们可以依据自己的需要观察到同一事物的不同特点。一个人可以同时是医生、父母、运动员或者是民主党党员,每一方面和其他方面互不依赖。一台机器可以同时作为文字处理器、计算器、电子邮件通信器或者游戏终端。这些类比并不合适,因为运动员和民主党党员之间没有排他性,而现实世界中粒子绝不等同于波,反之亦然!

我们可以尝试另一个图例,一个光学幻觉的例子。在这个例子中,物体显示的影像依赖于观察者的观察点。当我们解释一个图像时,我们在意识中重构了实际的物体,于是使得同一物体在不同时间可能出现极大差别。图1.16是一个象征性的例子,恰恰可以说明这一点。它并没有直接涉及光、光子或者量子理论。

这个图片是象形文字不确定性的例子,该幅画中包含了不止一个图形。1915 年,卡通作家 W. E. Hill 出版了一幅相同的图画,取名为"我的妻子和我的丈母娘"。人们第一眼立刻可以看到一个图像,但看不出另一个图像,那就是从某个透视方向看到的年轻女人的下巴成为从另一观察点看过去的老妇人的鼻子①。

回过头来,波-粒二象性的类比还没有结束。某个人看到的物体对旁观者来说只是意识中抽象的形象。物质的真实性体现在帆布的材料、油画颜料或者是画框等实物中,而不存在不确定性!毫无疑问,在经典的世界中不可能找到波-粒二象性的确切图解,它是在"极小物体的世界"中的量子现象。

图 1.16　一幅画中有两个图像

1.6　量子力学的诞生

1.6.1　粒子具有波的性质

1924 年,一个惊人的想法脱颖而出,它在我们对波和粒子的看法中展现出一个全新的观点。路易·德布罗意(Louis de Broglie,1892~1987)在他提交给巴黎大学的博士论文中提出,不仅仅是光而是所有的物质都同时具有波和粒子的性质。评审人不同意他的观点,因为这个想法看起来十分荒谬,而且德布罗意没有实验证据来支持他的推测。评审人为了证实他们的看法,请教了爱因斯坦,大概出乎所有人的预料,爱因斯坦提议接受这篇论文。准确地说,德布罗意给出了粒子的动量 p 和它所依附的波的波长 λ 以及普朗克常数之间的关系,这一关系与光子的动量和波长之间的关系相同,表示为

$$\lambda = h/p \quad (德布罗意方程,\text{de Broglie equation})$$

当时德布罗意没有意识到已经有一些实验证据支持他的论断。这一年中,在戴维森(C. J. Davidson)和格末(L. Germer)发表的文章中提出的证据已得到正式的确认。这两位科学家将电子束入射到晶体中时,发现电子发生散射并形成与光

---

① 这幅画的一个老的版本是"俄亥俄马车公司"(Ohio Buggy Company)所做的广告,标题是"这是我的妻子,而那是我的丈母娘吗?"

波衍射完全一样的图形。

1.6.2　哥本哈根学说

1921年,尼尔斯·玻尔在哥本哈根建立了理论物理研究所,对组成物质的基本单元进行机理研究,包括原子、原子核和光子。世界上大多数著名的科学家都时刻关注着玻尔的研究所,通过该所严格审核而发表的结果汇集成有名的《量子力学哥本哈根学说》。人们很快弄清楚了有迹象表明光的波-粒二象性蕴含着自然界非常深刻的核心原理。在原子世界中,物质实体以**多个态叠加**(superpositions of states)的形式存在。例如,一个原子可能是以多个不同能量态的混合态而存在,而只有在测量能量时才能获得某个确定的能量态。光子既不是粒子也不是波,但在被观察时既可以是波也可以是粒子。我们不得不修正我们对现实世界的认识,在原子、分子和光量子的世界中,没有独立存在的物质形态。

多少有些戏剧性的是,爱因斯坦第一个承认德布罗意的粒子-波假说,随后又对光电效应的量子理论做出了自己的杰出贡献,但他却成为哥本哈根量子力学学说的主要批评者之一。他不同意一个粒子和体系的物理性质取决于对它们是否进行了测量和测量了什么的说法。观察者的行为怎么可能改变物体的真实性呢?他给玻尔写了许多封信,其中一封记述了他认为这个理论的最荒谬之处:"老鼠怎么可能通过盯着宇宙看就改变了宇宙?"爱因斯坦根据最初对空间和时间的逻辑假设以及光速是一个常数的事实,经过逻辑推导得出自己的相对论理论,对他来说,"关于世界的最不可思议的事情是世界能够被了解"。但量子力学的哲学似乎是既没有逻辑性也不可能理解的!

爱因斯坦根据光速是普适常数的结论推导出相对论。在绝对空间没有"路标"也就没有参考点来确定绝对速度,这就是爱因斯坦逻辑链的出发点,由此导出他的著名公式:$E=mc^2$。

1.6.3　宇宙信使

光是宇宙大舞台的重要演员,它从遥远的星球和星系带来信息,这些信息告诉我们遥远的过去,对我们了解自然界的基本规律起到关键作用。本书正是致力于讲述那些激动人心的光的故事。

第 2 章
光的射线性质：反射

最快的路线

在几何光学中，人们并不特别关注光的本质，但是，人们想知道，当有多条可能的路线时，它会走哪条路线，去向哪里。

每个人都知道，在其他条件完全相同的情况下，光从 A 传播到 B 是走最直接的路线，即直线。但有时候光在其旅途中可能经历一点或多点上的**反射**(reflection)，或可能通过不同介质，如玻璃或水。根据光进入新介质时不同的入射角，它将会产生弯曲(**折射**(refraction))。这时，光从 A 到 B 不再走直线，但是它会选择最快的路线。这就是人们所知道的**费马的时间最短原理**(Fermat's principle of least time)。

本章我们将讲述反射。对于折射现象，即光线进入不同介质而改变传播方向的现象，将在第 3 章研究。

2.1 费马原理

2.1.1 光线走最快的路径

我们用一根"射线"来表示光的路径，即一根带箭头的线来表示光传播的方向。一个点光源通常会均匀地向所有方向发出射线。这些射线的部分或全部可能会从某些表面反射或被某些透明介质弯曲(折射)。它们可以被透镜或反射镜导引并聚焦而通过另一点。在一个复杂的光学设备中,许多透镜和反射镜可能重复折射和反射过程而形成最后的图像。

皮埃尔·德·费马(Pierre de Fermat,1601~1655)提出了一个适用于所有的光线的基本原理:

费马时间最短原理

光线从 A 点到 B 点总是选择可能路线中最快的路径。

费马原理(Fermat's principle) 由于它的简单性和通用性而显得很完美。设想有一束光线以复杂的途径通过不同介质,或通过光学设备,无论两点之间的路径多么复杂,它将选择最快的路径! 整个几何光学课程就是遵循这一规则的。

2.1.2 光在真空中的路径

时间最少原理最简单的应用是光在真空中的传播。在真空中,光在两点间沿一条直线传播。在所有从同一光源发出的光线中,只有唯一的一束光线能到达特定点,也就是从光源直接指向该点的光线。这束特定的光线走最快的路线。而且,在这种境况下,最快的路线也是最短的。在真空中,直线是光传播最快的路径。

以上规律也可用于光速恒定并且两点间没有障碍的任何地方。

2.1.3 通过反射的最快路径

假设从 A 到 B 的直线路径被一个屏幕阻隔,但光可以通过某个镜面反射而绕过这个屏幕(图2.1)。从 A 到 B 哪条路最短并且最快?

假设几条可能的路线:

(1) 反射点是 C,正对屏幕下方。

(2) 反射点是 D,反射光和反射镜的夹角与入射光和反射镜的夹角相等。

(3) 反射点是 E，A 与 B 之间水平距离的中点。

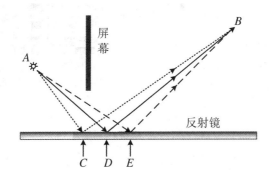

图 2.1　直线路线被阻断，但反射镜提供了另一条路径

2.1.4　反射定律(law of reflection)

在反射镜下方找一点 B^*，使 $BC = B^*C$(图 2.2)，令光线在镜面上某些点 X 产生反射。

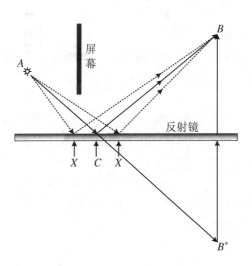

图 2.2　根据费马原理推出的反射定律示意图

无论我们如何选择 X，是使 $XB = XB^*$ 还是让 $A \to X \to B$ 的行程长度与 $A \to X \to B^*$ 的相等，也不论光束在镜子上哪一点反射，其中只有直线(实线)才是从 A 到 B^* 的最短距离，也就是从 A 到 B 的最短路径。这条路线，也只有这条路线，入射光线与反射镜和反射光线与反射镜之间的夹角是相等的。

通常是用入射光和反射光与**法线(normal)**(即从反射点引出的镜面的垂直线)

的夹角定义入射角和反射角(图2.3)。

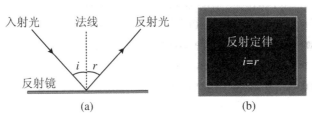

图2.3　反射定律 $i=r$

反射定律：入射角等于反射角。这就是**费马原理**的第一个推论。

2.2　镜子

2.2.1　平面镜

所有镜子中最简单和最普通的当然就是平面镜。设想爱丽丝站在一间明亮的屋子中，从爱丽丝身上发出的一些光线射向镜子表面并且被反射，我们大家都知道会有那样的结果，即看到有一个似乎站在镜子背面，且和爱丽丝与镜子等距离的她的影像。

图2.4中，我们根据反射定律画出光线的路径。让我们考虑那些返回到爱丽丝眼睛里能使她看到的光线。只需画出两条线：一条从她头顶出发，另一条从她脚尖出发。两条光线都直接返回她的眼睛(图2.4)。在这两条线范围外的光线无需考虑，因为从爱丽丝身上出发的并在镜子的更高或更低点反射的光线都没有机会到达她的眼睛。这些光线以不适当的角度投射到镜子上并被反射到空中，因而不能被看到——至少不能被爱丽丝看到！

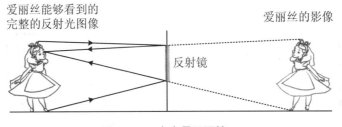

图2.4　一个全景平面镜

爱丽丝把镜子安装在最佳位置以便看到全身的反射。这个镜子的高度只有她身长的一半,从地板到她的眼睛的中点处延伸到她的眼睛到头顶的中点处。

我们在平面镜中所看到的影像是一个在我们脑子里重构的幻觉。当然,在镜子背后什么都没有。那些被反射的光线似乎脱离了实物。这种影像被称为**虚像**(**virtual image**)。

2.2.2 平面镜中的左右颠倒

你在平面镜中看到的是一个直立的面向你的影像。你所看到的似乎是你自己的复制品,"转过身"来面对面地看着你。再仔细观察,你会意识到你所看到的并非自己的精确的复制像,和其他人看到的你并不完全相同。

在镜中的影像以一种特殊的方式"转身"。想象一下,你绕到镜子背后并转过身来"面对你自己",这样一个"**转身**"动作包括所有物体都绕一个中心轴转动,你的右手就应该在镜子的左边,而左手则转向右边。但实际镜中的图像并不如此。图像中每一点都独立翻转。这就导致影像左和右颠倒,顺时针和逆时针方向翻转。

图 2.5 中,照片中的年轻运动员看到的自己不完全像别人看到的他。他另一只手上正拿着球,他球衫上的数字 13 是倒着写的,更明显的是图中的钟,它是逆时针方向走的,其数字看起来也不正确!

图 2.5　镜子中的世界

2.2.3 从曲面和不平坦的表面的反射

至此,我们仅考虑了**平面**的反射。相同的**反射定律**也适用于弯曲镜面,前提是我们需要测量在反射点上光线和法线的夹角。

当光线射到一个粗糙的反射面时,反射点上的法线可能有任意方向(图 2.6),这就引起向所有角度上的**漫反射**(**diffuse reflection**)。

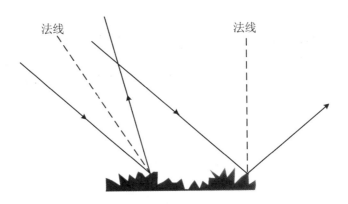

图 2.6 入射光线只"看到"严格对应反射点处的法线

2.2.4 球状凹面镜

一个**球面镜**(spherical mirror)由一个弯曲的反射面构成，因而它是一个假想的(大的)空心球表面的一部分。而**凹面镜**(concave mirror)是将"空心的"(凹的)一面对着入射光。这种镜面具有平面镜所没有的有趣特性，即从凹面反射的光线倾向于聚集在一起。例如，一束平行光线可以被聚集在一点(图 2.7)，称为**焦点**(focus)。相反地，一个光源放置于焦点就会得到一束平行于轴的反射光(图 2.8)。

但是球面镜并不能让所有的光线都完全汇聚在焦点上，离光轴远的光线就不能像近光轴的光线一样反射后完全交汇于同一点。为了使反射镜具有完全聚焦的性质，其表面必须是**抛物面型**(paraboloidal)，而不是球面。抛物线的几何性质则精确地满足完全聚焦的条件。

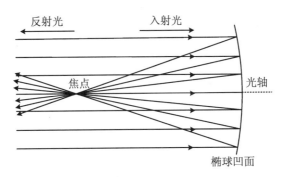

图 2.7 凹面镜能把平行光反射通过一个焦点

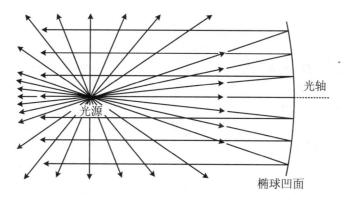

图 2.8　如果光源置于球面的焦点,同一个球面能反射出平行光

2.2.5　凹面镜的应用

凹面镜的应用比人们想象的更普遍。它们可以分成两部分:

1. 产生定向光束

一个放置于凹面镜焦点上的光源能产生平行光束。在一个灯塔(图 2.9)上,利用凹面镜围绕光源转动就能产生扫描的平行光。

2. 把光线聚焦

照在一个大凹面镜表面的光线会在焦点上被聚焦。

2.2.6　反射式望远镜

平行光束的一个几乎完美的例子是从远处星星发出的光。从昏暗的光源发出的光能够被巨大的凹面镜的整个表面有效地收集并聚焦在一个点,这个现象被应用于天文望远镜。例如坐落于帕洛玛山(Mount Palomar)的 Hale 望远镜(图 2.10),使用了直径有 5.1 米(200 英寸)的抛物面。

图 2.9　胡克角灯塔(提供者:爱尔兰灯管会)

图 2.10 哈勒望远镜：内部全景（提供者：©阿兰·莫里，帕洛马天文台及加州理工学院胡克角灯塔）

在许多光学应用中反射镜比透镜优越。下一章我们将介绍透镜，在这里简单说一下，某些波长的电磁波会被透镜的玻璃吸收——这种情况用反射镜就不会出现。另外，高精度、高品质的反射镜制造起来比大型透镜要容易，而且也便宜得多。

从宇宙光源发出的无线电波也可以用凹面镜聚焦，如图 2.11 所示的由 27 台射电望远镜组成的巨大的阵列（VLA）。VLA 被放置于离新墨西哥州的索科罗（Socorro）500 英里的平原上。每一个分立的望远镜的直径仅有 25 米，但其给出的组合后的数据与一台直径为 36 千米的望远镜放大倍数相同。

图 2.11 巨大的射电望远镜阵列（提供者：国家射电天文台/AUI/NSF）

2.2.7 阿基米德"死光"

传说阿基米德（Archimedes，公元前 287～公元前 212）曾经利用一个反射镜阵列和"燃烧的玻璃"纵火烧毁了入侵锡拉库扎（Syracuse）的罗马舰队。这个事件被朱莉奥·帕里奇（Giulio Parigi）绘成画作为纪念，人们可以在佛罗伦萨乌菲兹美术馆看到这张画。很显然，这个艺术家不熟悉物理定律，画中显示出的光线是发散的（而不是聚集的），这种情况光线完全起不到作用！

虽然帕里奇的画可能在科学上是不正确的，但利用反射镜把太阳光聚焦到一点的想法并不荒谬。乔治·路易斯·勒克莱尔（George Louis Leclerc），也就是德·布封伯爵（Comte de Buffon，1707～1788）在 1747 年用阿基米德的方法来生火。他以某种排列方式装配了 168 块反射镜将太阳光聚焦到约 50 米处。据说他成功地点燃了一块厚木板——这表明该系统在那个范围内确实可以作为一种强大的武器！他还声称曾经仅用44块他制作的镜子在6米处熔化了3千克锡。布封的工作虽然没得到过严格的科学论证，但它被公认是有足够的可信度的，他的肖像也出现在法国邮政局的邮票上。

2004年，"发现"电视频道**揭开真相(Myth Busters)** 栏目曾试图模仿锡拉库扎战役传说的方法生火，但失败了。因而该栏目断定传说不真实，阿基米德死光的神话"破产"了。

大卫·华莱士(David Wallace)和他的麻省理工学院(Massachusetts Institute of Technology，MIT)2009级学生不相信以上说法。在一个可行性的项目中他们安装了总共127块镜子，形成一个巨大的凹面镜，把阳光聚焦到约30米远的木质轮船模型上。船模型暴露在死光下大约10分钟后，船体燃烧了起来(图2.12)。MIT团队认为，锡拉库扎包围圈的条件并不完全与他们的构建相同。阿基米德所用的镜子应该是用铜制作的，而不是用玻璃，而且那船大概在30米外。尽管如此，实验确实说明有关阿基米德的记述和燃烧的船是可信的。该课题同时还证实了布封的实验。

(a)　　　　　　　(b)

图2.12　燃烧的镜子(提供者：大卫·华莱士和MIT机械工程2009班，history.howstuffworks.com)

历史的插曲

皮埃尔·德·费马(Pierre de Fermat，1601～1665)

皮埃尔·德·费马(图2.13)1601年生于法国蒙托邦(Montauban)附近。他曾是律师、官员。他于1648年升任国会的首席发言人和敕令分庭(Chambre de l'Edit)的首席行政官，具有胡格教派(Huguenots)和天主教派(Catholics)之间的诉讼管辖权。尽管身居高位，他看起来并不特别热衷于法律和政府的事务；确实，1664年一份由地方长官呈交Jean Baptiste Colbert[①]的机密报告表示出对他的政绩非常不满。

---

① 路易十四时期的财政部长。

图 2.13 皮埃尔·德·费马(提供者:法国邮政局安德烈·拉维尔尼版画,2001)

对于费马来说,数学才是他的最爱。可想而知,日常工作使他厌烦,而他每天用于数学的时间比他的上司估计的还要多。他很少发表著作,他的大多数成果是在他死后才被发现的,他把这些成果写在散装的书本的页边空白处。他有个恶作剧的毛病,喜欢用只陈述结果和定理而不展示证明的方法来戏弄其他数学家。他的儿子塞缪尔(Samuel)发现了目前已驰名天下的费马最后定理(Fermat's Last Theorem),它是作为旁注记录在他父亲的**丢番图**①**算术**(**Diophantus' Arithmetica**)的复制本上。

费马的最后定理用方程表达为

$$x^n + y^n = z^n$$

当 $n > 2$ 时,x、y 和 z 没有非零整数解。费马写道:"我找到了正确的、不同寻常的证明,但这个页边空白太窄而写不下(这一证明)。"

1908 年,德国达姆施塔特市(Darmstadt)的数学家保罗·沃尔夫斯凯尔(Paul Wolfskehl)遗赠了 10 万马克给哥廷根(Gottingen)的科学院。这笔钱用于奖励第一个发表对费马定理中所有 n 值加以完整证明的人。直到 1997 年还没人成功地找到证明方法。英国数学家安德鲁·维尔斯(Andrew Wiles)经过 11 年的工作,发表了被普遍认为是完整的证明。它表明,费马给出的结果是正确的,虽然由于这一基本定理的复杂性,他所谓的"不同寻常的证明"很可能是错误的。

费马同时还对数学中的**极大值**和**极小值**感兴趣,他开创了找曲线和曲面的切线的方法,正是这个工作使他得出了时间最少原理。在 1638 年春他的数学方法成为他与笛卡儿(Descartes)争论的焦点。笛卡儿是一位性情激进、说话刻薄的人,他认为费马是他的对手并且反对他的数学推理。正因为如此,这两个可以说是当时最伟大的数学家之间很难合作。当笛卡儿最终承认了他对费马方法的批判是错误的以后,两人才得以和解,但即便如此,两人之间似乎很难融洽相处。

很值得注意的是,费马得出不仅是几何上的也是解析方面的成果,所采用的是和微积分相同的数学方法。而这个(数学方法的)发明在 50 年后被归功于艾萨克·牛顿(Isaac Newton,1642~1727)和戈特弗里·德·莱布尼兹(Gottfried Leibnitz,1646~1716)。

时间最少原理意味着光速是固定的,也就是有限的。当时人们完全不知道光的速度,在费马时代,人们仍然相信亚里士多德(Aristotle)的观点,即光速是无限的。

---

① Diophantus 是古希腊数学家,代数学的鼻祖。

直到1677年由奥拉夫·罗默(Olaf Römer)第一次对光速 c 进行了测量(见第1章)。

费马不确定光是否瞬间传播，甚至也不确定在不同介质中传播的速度是否不同。但是他以下面的假定为基础着手进行关于光折射的物理定律的数学推导：

(1)"当光通过介质时速度改变"；

(2)"自然过程都是以最简单和快捷的方式进行的"。

使费马惊奇的是(在1662年给Clerselier的信中表述)，他的数学分析导出了实验定律，即现在著名的**斯涅耳折射定律**(Snell's law of refraction)。

第 3 章
光的射线性质：折射

提供不止一条最快的路径

当光穿过两种介质的界面时，它会改变方向，这种现象被称为折射。本章我们将研究折射定律及其应用。基本规则一如既往，仍旧是费马的时间最短原理。以下我们将利用这个原理并通过实验方法来解析**斯涅耳折射定律**（Snell's law of refraction）。

透镜是折射定律应用得最普遍的例子。在制作透镜时，技巧在于使透镜的形状达到这样的效果：从光源 A 发出的光线以不同路径到达位于透镜另一边的目的地 B 所用的时间都相同，尽管不同路经的光线穿越的玻璃厚度不同。

我们将在本节余下的部分分析光线的几何路径，然后导出透镜的简单公式。

让我们看到看不到的东西

我们将描述组成光学系统的不同透镜组合的作用。其中最精彩的一个例子就是人眼睛的光学系统。我们将讨论一些常见的眼部缺陷和如何使用合适的眼镜来纠正这些缺陷。

最后，我们将讲述一些光学系统，这些系统能够帮助我们看到那些因为太小或者太远而无法用肉眼看到的东西。

3.1 折射

3.1.1 折射率（refractive index）

正如大家所知，根据城市的交通经验，如果沿不同路线行进的速度不同，则最短的路线不一定是最快的。我们已经知道,光在真空中的传播速度是 $c = 2.997\,924\,58 \times 10^8$ 米/秒,等于 1 秒钟内绕地球接近于 7.5 周的距离。光还可以通过某些"透明"的介质如空气、水、玻璃和石英,但速度低于 c。某一种材料的折射率是光在该材料中传播速度的量度:

$$\text{折射率} = \frac{\text{真空中的光速}}{\text{材料中的光速}}$$

最普通的透可见光的人造物质当然就是玻璃。有趣的是,埃及早在公元前 1 500 年就能够制造玻璃。玻璃是用熔化的石英(砂子)加入碱制成的,埃及人使用天然纯碱(碳酸钠)。大约 1 000 年后,我们发现古希腊阿里斯多芬尼斯(Aristophanes,约公元前 400 年)曾提到了玻璃。

表 3.1 列出了某些材料相对于真空的折射率(对应于光波长 589 纳米)。

表 3.1　折射率

材　　料	n
空气(1 大气压,15 ℃)	1.000 28
水	1.33
石英(熔化)	1.46
玻璃(冕牌)	1.52
玻璃(火石)	1.58

真空(或大气)中的光速与它在液体或固体中的速度的差别非常明显。例如,在大气中的光速是冕牌玻璃中的 1.52 倍。其实际结果就产生了折射现象——光在通过两种物质间界面时改变了方向。虽然人们还不清楚传播方向发生变化的原因,但是也许对这种现象并不感到奇怪。

经验告诉我们,如果一辆车遇到正前方有一片泥泞的路面,它将倾向于转向。同样,水波在浅水区随速度的变化而改变方向。实际上,我们不必提出任何一种特别的模型来说明角度改变的机理:费马原理可以用救生员问题来做出解释。

3.1.2　救生员问题

有一个巧妙的方法可以直接从最基本的时间最少原理推导出角度改变(折射

定律,曾称斯涅耳定律)的精确表达式。我们将用"救生员路径"来阐明这个问题。

考虑一个救生员面临的问题。他看到一个游泳者处于困境,他想要用最短的时间接触到那个游泳者,但他不必用最短的路程。他跑步的速度远远快于游泳速度,因此最短的路程不一定所用的时间最短。那么他应该选择什么路线?

也许他最初的想法是跑直线,但这不可能是最快的,因为在水中的距离太长(在水中他前进要慢很多)。如果他跑到岸边正对游泳者的地方下水,再直接游向游泳者也不是最好的,这样他在陆地上的距离会最远,因为平行距离太长。本能告诉我们,折中的路径是最快的,救生员应该在他的起点和岸边正对游泳者之间的某一点跳入水中。

如果救生员直接跑向图 3.1 中的 P 点然后游向游泳者,这样他到达游泳者的时间就最短,这时有

$$\frac{\sin(i)}{\sin(r)} = \frac{水中的速度}{地上的速度}$$

图 3.1 救生员问题

3.1.3 斯涅耳定律(或称折射定律)

光在两点间的传播遵循最快路径的原则。因为光从低密度物质进入高密度物质时在界面处速度会发生变化,所以它会折向法线方向。这时,光从给定的一种介质到另一种介质时入射角和折射角的正弦之比是常数。这个现象由威理博·斯涅耳(Willebrord Snell)在 1621 年发现。(当时光的速度还不为人所知,并且通常被认为是无限的。)费马当时能够把斯涅耳常数和光在两种物质中的速度联系起来(折射率),他基于以下假设:光速是有限的并且对于不同的材料是固定的(在斯涅耳时代,光速是未知的,并且通常被认为是无限的)。斯涅尔定律的数学表达如图 3.2(b)所示。

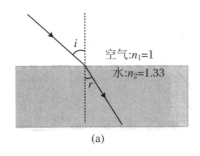
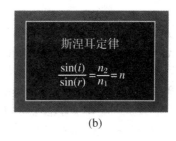

图 3.2 斯涅耳定律

(当我们处理光通过空气射入玻璃和水等材料时,可以假定空气的折射率为 1.0。于是斯涅耳定律可以用密度较高的材料的折射率(n)来表达。)

逆向的旅程

假定光速在两个方向都相同,那么光线从 A 到 B 的最快路程也是从 B 返回 A 的最快路程。如果我们在任一点把光线反向,我们可以预计它能够原路返回。这就是所知的**可逆性原理(principle of reversibility)**。因此,对于一个浸在较致密的介质(例如水)中的点光源发出的光线,$\sin i / \sin r$ 比率与前者相同。当然,现在 i 和 r 的角色就反过来了(r 代表入射角而 i 代表折射角)。然而我们马上将看到,反向的光线可能"决定"不再沿原路折回 B 点,而是被反射回水中。

3.1.4 表观深度

一个垂钓者俯瞰水面下的一条鱼,看起来它会比实际更靠近水面一些。从鱼身上射出的光线会向远离法线方向弯折,因而看起来离水面更近。图 3.3 表示出鱼的视觉位置是如何改变的。光线似乎从 A 点而不是从 R 点发出。而目标似乎处于比实际深度 SR 浅的"视觉"深度 SA。

对于小角度,当垂钓者在鱼的正上方稍偏一点时,则

$$\frac{实际深度}{表观深度} = n$$

对于大些的角度,垂钓者会在更小的视觉深度看到鱼。

图 3.3 鱼看起来更接近水面

3.1.5 光试图离开玻璃所面临的困境

从较致密的物质出射的光线会被折射而远离法线。图 3.4 表示出一组以越来越大的角度入射内表面的光线的折射状况。"黑光"以某个角度入射表面,这个角度使它在与法线成 90°角方向显现出来,并且,至少在原则上,它会沿表面掠过。这个角称为**临界角**(critical angle),θ_c。

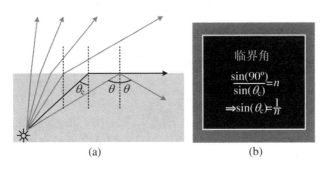

图 3.4 全内反射

事实上,出射的光线的强度随入射角增大而变弱,当接近临界角时变得非常弱。

现在的疑问是:当光线到达表面的角度大于临界角时将如何?答案是这些光线不能射出,它们将**全部内反射**(totally internally reflection)。

如果光线通过玻璃进入空气,则临界角 θ_c 的值可以由折射定律计算得出。

3.1.6 全内反射的实际应用

玻璃的临界角是 45°,所以两个斜角为 45°的直角棱镜可以很好地把光束转向 90°或 180°。

正如我们在图 3.5 中看到的。由于在反射过程中没有损失,所以在大多数光学仪器中使用**全反射棱镜**(totally reflecting prism)而不是反射镜。

光导管和光纤

在**光导管**(light pipe)中,光线以大于临界角的角度持续撞击表面而不会外泄(图 3.6)。它们将以不太急剧的转角绕行到达管的另一端而没有损耗。

由于从原始光源不同部位射出的光线到达另一端是完全混乱的,这样的光导管只能用于照明而不能用于创建图像。

一根光纤虽然比人的头发还细,但它非常结实。光缆能传输更多的数据并且比传统的金属电缆更不易受干扰。为了传输图像,可以用一束非常细的玻璃或塑料光纤,每根光纤的直径仅有几微米。每根光纤从物体的很小部分传输光线,用以建立高分辨率的图像。光导纤维束被广泛地用于无线电通信。

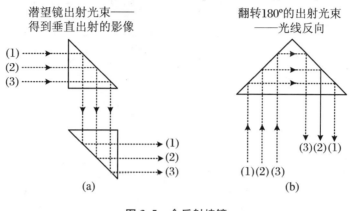

图 3.5 全反射棱镜

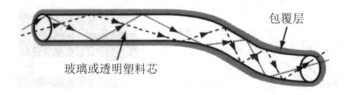

图 3.6 光导管

在医学上,软管**内窥镜**(**endoscope**)被应用于以非创伤方式观察内部器官。内窥镜作为观察装置可以从一个非常小的切口插入,而外科器械则从另一小切口插入并在此组织内操作。特别常见的是胆囊的摘除、膝盖和静脉外科手术。在激光外科手术中,光纤可同时用于引导激光光束和对手术区域的照明。

3.1.7 光线到达边界时的选择自由度

可逆性原理(**principle of reversibility**)仅仅应用在当光线的起点和终点都是已知的情况下,如救生员问题。通常,当光线到达两种介质的边界时,它便运用"选择自由度"决定是反射还是折射(图 3.7)。它适用于光线从密度较低的物质(如空气)进入密度较高的物质(如玻璃);反之亦然。

当光从玻璃射向空气时,出射光束的强度会随着入射角的增大而变弱,到临界角时变为零。光线选择的自由度在该点消失了,它只能选择反射。我们很难知道是什么决定某一特定光线的命运——是反射还是透射。

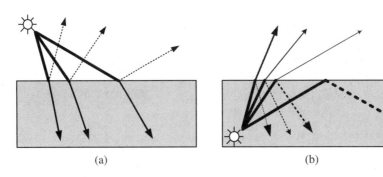

图 3.7　通过玻璃和空气界面的光线部分被反射而部分被折射

"商店橱窗效应"

可以用我们观看商店的橱窗作为一个部分反射的例子。我们在看到橱窗玻璃反射出自己影像的同时，也看到透射出的陈列商品。第一种情况是光从商店外"弹回"，而第二种则是光从里面透出。相同的选择自由度存在于从其他方向来的光线。（对于商店橱窗，这个自由度被用了两次，首先在玻璃的一个表面，然后在另一个表面。）

3.1.8　反射现象的神秘性

部分反射对于牛顿来说是极端神秘的。他认识到那不是由某些区域微观表面的特性所决定的。关于其原因，他写道，是"因为我可以抛光玻璃"——抛光引起的细微划痕并不影响光线。微观甚至是分子尺度的撞伤和凹陷是否会受抛光的影响还是个疑问。通过实验我们发现，不管我们实验的尺度如何，在两种介质的界面上光线的路径是不可预测的。我们现在才明白牛顿探索的是自然界最基本的现象。

"光子的决定"

从光子的角度看问题，这种现象特别有趣。当光子到达一个又一个的表面时，其中有一些被反射，而另一些则继续通过这些表面。发生以上哪个过程是无法预计的，纯粹是统计的，事实上是由光子决定的。在此我们举一个**量子力学**（quantum mechanics）规则的例子：光子的行为由**概率的基本定律**所支配。更重要的是，真实概率可能取决于那些看起来荒谬的事情，如取决于将来可能发生或不可能发生的事。例如，随后是否会遇到下一个反射面！

光子这种神秘的行为成为量子电动力学（QED）的出发点，理查德·费曼（Richard Feynman，1918～1988）（图 3.8）对此做了阐述。我们将在第 14 章进行更详细的讨论。

3.1.9 一个实际的难题——双路镜子

在间谍电影的列队认人场面中我们常常看到双路镜子(图 3.9),从一面看是透明的玻璃,而从另一面看是个镜子。这种现象从物理原理来看似乎不可能,究竟它们是如何工作的? 这样的镜子是基于在它的一边有较高的亮度而另一边光线则很暗这一原理。

图 3.8　理查德·费曼(提供者:美国邮政)

图 3.9　列队识别身份的双路镜子

对于从任意一面撞击玻璃的光线,有一部分被反射,而剩下部分则通过玻璃。由于亮度不同,从镜子明亮一面看到的光线来源于明亮一边光线的反射光。而镜子后则看起来是黑暗的,到达那一边的光线大多数是透射光。其效果可以用在暗的一面涂覆一层非常薄的银涂层来加强,把它变成"镀银半透镜",使 50% 光线透过而另 50% 被反射。

人的眼睛可以适应的亮度范围非常大。被列队识别身份的成员的眼睛已适应了明亮的光线,因而觉察不到从双路镜子的另一面传过来的非常弱的光线。

3.2　透镜

3.2.1　透镜的功能

透镜(lenses)的基本功能是收集入射到它表面的光线,并通过折射以规定的方式重新整合它们。

3.2.2　聚光镜

聚光镜(converging lens) 可以使平行光汇聚于一点(图 3.10),称为焦点(focus)。

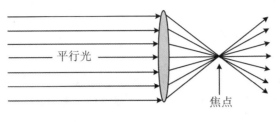

图 3.10　焦点

从点光源 O（物体）发出的光线聚集于另一边的焦点以外的一点 I（图像）（图 3.11）。

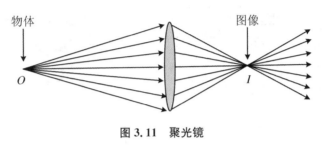

图 3.11　聚光镜

3.2.3　发散透镜

发散透镜(diverging lens)使平行光发散，因而使它们看起来像来自镜头前面的一个点(图 3.12)。

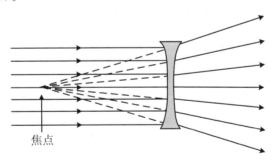

图 3.12　发散透镜

3.2.4　费马原理用于透镜

时间最少原理最容易被注意到的应用是聚光镜。透镜的功能是收集从一边撞击它表面的光线，并且使它们聚焦到另一边。透镜通过提供大量的"等时长路径"来实现上述功能。光线通过玻璃要比空气慢得多，光线沿直线从 O 点到 I 点的路径会因为它通过透镜最厚的部分时速度变慢而需要较长时间。从 O 点到 I 点的光线有些需要穿过厚度较薄的玻璃,它们走了更迂回的路线。这样,光束中所有的光线到达的时间与中心路径的时间相同。

问题是要找到合适的透镜形状,使得光线通过宽度较小的任一远轴点所走过的路程的额外长度能够得到精确的补偿。

昂贵的透镜形状复杂,并且可能由许多组件组成。但事实证明,具有球面形状的单透镜也可以工作得非常好,特别是对于近光轴的光线。聚光镜的焦点被定义为平行于光轴的平行光汇聚于透镜另一面的那个点。相反地,处于焦点的一个光源能够在透镜的另一边产生平行于光轴的光束。

3.3 物体和图像:聚光透镜

3.3.1 光线通过薄透镜

一个中间比两边厚的透镜总是用作聚光镜,即使一面是凸的而另一面是凹的。可以看到,即使是把它翻面也不会改变它的聚焦特性。这意味着,无论透镜的形状如何,其两面的**焦距**(**focal length**)f 都相同。透镜的 f 都可以被设计成单一值,适用于任一面。

3.3.2 主射线(薄透镜)

我们可以画出通过透镜适当的选定点的光线,如同我们对反射镜的做法,共有 3 条(图 3.13)。

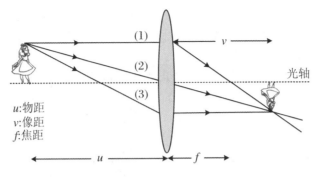

图 3.13　通过凸透镜的主光线

光线(1)平行于光轴进入透镜后通过另一边的焦点。
光线(2)直达透镜的中心,通过时直线向前,没有偏离。
光线(3)通过焦点直接到达透镜,到透镜另一边平行于光轴。

3.3.3　透镜方程

物距和像距与透镜的焦距的关系如图 3.14 所示。

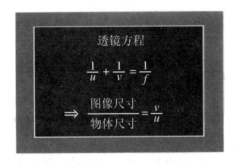

图 3.14　物距和像距与透镜的焦距的关系

放大倍数(magnification) 与比率 v/u 有关,并且可以用以下方式来指明图像的方向。按惯例,我们定义放大倍数为 $m=-v/u$[①]。

3.3.4　对称性

透镜方程显示了物距和像距间的对称性。如果物体和图像互换也是成立的。物体在无穷远的极端情况下,成像在焦点;把物体放在焦点,则得出的图像位于无穷远,即一束平行的出射光。我们无法把物体放于无穷远的地方,因而从未有一个

---

① 注意:v/u 为正值时,图像是正立的;如果是负值,则图像是倒立的。

实物可在透镜的焦距以内成像。

3.3.5 对称性的破坏

现在我们可以提出一个有关对称性的有趣问题。我们曾讲过成像位置绝不会短于透镜的焦距。我们也已经叙述过物体和图像位置可以互换,以上关系仍然成立。但是,没什么理由阻止我们把物体放置于透镜的焦点以内!这样会不会破坏对称性?我们来看看当我们这样做时会发生什么。

通过透镜的光线似乎发散开,在物体的同一侧形成一个图像。这时我们看到的不是物体,而是一个正立的、放大的**虚像**(virtual image)(图 3.15)。用这种方法透镜可用作放大镜。

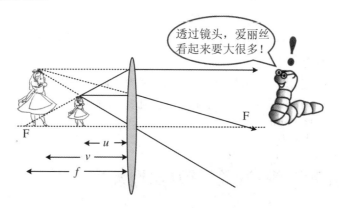

图 3.15 物体放在凸透镜的焦点以内——一个简单的放大器

放大镜的工作范围是把物体放在透镜的焦点或焦点以内。

物体越靠近焦点,放大倍数就越大。

那么物体和图像间的对称性如何?我们能够用某种方法"迫使"图像显示在焦点以内吗?要做到这一点,我们需要在第一个位置处有一束会聚光束,而从一个普通的物理实体上任何一点发出的光都是发散的,所以我们还需要第二个透镜产生会聚光,在它汇聚成图像前被上述问题中提到的第一个透镜拦截,这个图像(光线从未到达)充当(第一个透镜的)一个虚构物体,并在第一个透镜的焦点以内形成最终图像。

3.3.6 直觉方法——透镜的任务

我们通过透镜方程和画出主射线的方法得出图像的性质和它对透镜的距离。也可以用另一种更形象易懂的方法得出结果,即考虑透镜正在"试图执行"的任务。

聚光透镜的任务是收集从一个点发散的光线并把它们聚集到焦点。如果这是不可能的,它至少也使光束少发散。从无穷远处的光源射来的光束到达镜头时是平行光,因而它的发散度为零,最容易被聚焦。而物体越靠近镜头,从镜头看到的光束就越发散,任务就越难执行。最后,当物体位于透镜焦距以内时,镜头所能做的顶多是使光束少发散,然后在实际物体的同一边显示出一个似乎来自远处物体的像,它将显示出(比实物)更大的尺寸,因为正如前面看到的简单的放大镜那样,通过透镜中心的光线只能向后、向上返回才能遇到其他光线。

3.3.7 遮挡镜头

从物体中每一点发出的光线经由透镜的所有点到达图像上的相应点。这就意味着我们可以遮挡透镜,仅仅使它中心部分在工作并仍能得到完整的图像,只是光线少一些。我们所得到的光线都靠近光轴,能更好地满足近轴近似,从而给出一个尽管亮度较低但更清楚的图像。

在明亮的白天,我们把照相机光圈调小,因为我们仅使用镜头的中心点就能有足够的光线。对人类眼睛也一样,虹膜可以根据亮度条件进行调节。

3.4 物体和图像:发散透镜(凹透镜)

图 3.16 中的主射线是根据类似于前面的规则画出的:

图中所画的光线都来自物体顶端的同一点;同样,从所有其他点发出的光线会被透镜造出更多的发散光线。图像总是位于物体同一边的虚像,并且总是小于物体,离透镜更近些。发散透镜可以是两面凹的,也可以是只有一面具有更大曲率的凹面。

3.5 透镜的组合

我们可以应用透镜方程计算由两个透镜产生的最终图像的位置和大小。首先,我们寻找第一个透镜产生的图像的位置和尺寸,这个图像成为第二个透镜的物体。所谓的物体,可以是实物,也可以是虚物,这取决于它出现在第二个透镜的前面还是后面。然后,就可以计算出最终图像的位置和尺寸了。其过程可能会重复应用多个镜头。

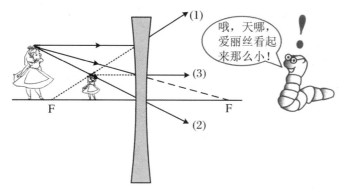

图 3.16　通过凹透镜的主射线

光线(1)入射光线平行于光轴，后改变方向，折返通过焦点。
光线(2)通过透镜中心没改变方向。
光线(3)从物体出发向右边焦点的方向出射，穿过透镜后平行于光轴出射。

3.5.1　密接透镜

一个焦距为 f 的薄聚光透镜与第二个薄聚光透镜紧密接触。

一束平行光束入射到第一个透镜时就会被聚焦到距离为 f 的地方，为第二个透镜提供一个虚拟的点状物体。由于光线从未到达过那个点，这是个虚拟物体，所以会被第二个透镜拦截。

正如我们所看到的，组合透镜的焦距 F 比单个透镜短。也就是说，组合透镜的聚光能力要比其中任一透镜大得多（图 3.17）。如果第二个透镜是散光镜，则组合透镜的焦距会变长。

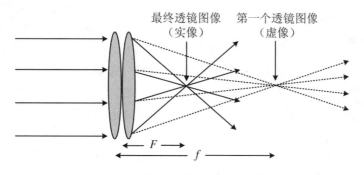

图 3.17　两个聚光镜构成一个更强的组合

3.5.2 透镜的光焦度

透镜的焦距越短,它能把光束聚焦得越靠近自己,即它对出射光线所造成的方向的改变越大。

因而逻辑上定义一个**透镜的光焦度(power of lens)** P 与其焦距成反比:

$$P \propto \frac{1}{f}$$

透镜光焦度的单位是**屈光度(diopter)**,定义焦距为 1 米的透镜的光焦度为 1 屈光度。

对于薄的密接触透镜组合的光焦度是独立部件的简单相加之和,而如果是发散透镜,则 P 的数值应该为负数。

透镜和尺度较小的反射镜是光学仪器的核心部件。最基本的光学仪器是人类的眼睛,它把入射光聚焦,对信号进行初步分析,然后送达大脑。

3.6 眼睛

3.6.1 眼睛的结构

眼睛的结构如图 3.18 所示。光线进入眼睛通过一层称为**角膜(cornea)**的透明薄膜——镜头系统的最强大部分——光线弯曲主要发生在那里。在角膜的后面是柔软的**晶状透镜(crystalline lens)**——由睫状肌控制,对信号微调后进行聚焦,在**视网膜(retina)**上形成清晰的图像,视网膜是一种光敏膜,其行为就像一个微型光电池阵列。这些微观单元(这种单元有百万之多)被称为**视杆(rods)**细胞和**视锥(cones)**细胞,它对光响应时产生一个电信号。这个信号由**视神经(optic nerve)**传送到大脑。光经过**瞳孔(pupil)**,一个位于**虹膜(iris)**中心的孔径可调的圆孔,调节进入眼睛的光线的强度。虹膜有着漂亮的颜色,它赋予眼睛颜色。

图 3.18 眼睛的结构

3.6.2 眼睛的调节作用

当眼睛放松时,透镜处于最小弯曲的状态。焦距最大,适合远眺。从远处物体来的平行光束被聚焦在位于透镜后约 2 厘米的视网膜上(图 3.19)。

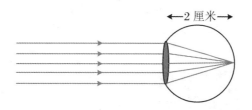

图 3.19 放松的眼睛聚焦平行光于视网膜

对正常的眼睛,当肌肉处于放松状态时,透镜的光焦度是 $P=1/f=1/0.02=50$(屈光度)。

眼睛通过收紧睫状肌来适应近距离视觉。这就导致柔软的晶状体变得更弯曲,焦距变短,透镜的光焦度变大。

物体能够被正确聚焦的最近点,称为近点,位于镜头前 25 厘米(图 3.20)。

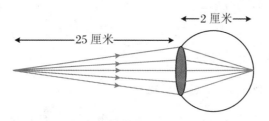

图 3.20 明视或"近点"的最小距离

我们可以用透镜方程方便地计算最大光焦度:

$$P = \frac{1}{f} = \frac{1}{u} + \frac{1}{v} = \frac{1}{0.25} + \frac{1}{0.02} = 4 + 50 = 54 \text{(屈光度)}$$

正常的眼睛能够使它的光焦度从 50 增大至 54 屈光度。视网膜上的图像是倒立的——有一个事实,就是婴儿意识到需要抬手够到的东西,一开始一定是出现在下面的!1896 年,G·M·斯特拉顿(G. M. Stratton)做了个实验,在实验中持续一段时间戴特殊的反向眼镜。他发现,几天后,他们通过眼镜所看到的世界完全是正向的。事实上,他们摘掉眼镜后,他们的视觉变得混乱,需要经过一段时间的调整才能恢复正常。

在透镜前部是虹膜,里面有个孔径可变的瞳孔,它通过调节开和关来改变光强。视网膜上的受体也有光强适应机制(图 3.21)。因此,眼睛可以适应很大的光强范围,例如太阳光的强度是月光的 100 000 倍,反过来,月光的强度是星星的

20 000倍。在夜间人们仍然可以很容易地识别目标,尤其是在满月的时候。

3.6.3 常见的眼睛缺陷

近视眼(短视野)(myopia)

由于透镜的光焦度太大,平行光聚焦于视网膜前部(图 3.22)。(可能是透镜的曲率太大或眼睛比正常的长。)结果他就无法把比**远点(far point)**更远处的光清楚地聚焦到视网膜上。

图 3.21　光强无关紧要

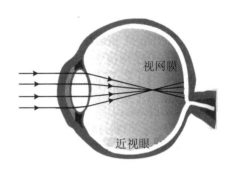

图 3.22　近视眼

发散透镜可以矫正这个缺陷。

远视眼(长视野)(hypermetropia)

即便使用最大的调节能力,透镜的光焦度也不能满足获得25厘米距离的物体的图像;眼睛的近点比较远(图 3.23)。

这样的人需要用聚光透镜做眼镜。

老花眼(presbyopia)

调节能力通常随年龄的增大而下降。这种缺陷可以用双焦透镜来修正:上部镜头用来看远景,而下部用来做近距离工作。

散光(astigmatism)

这种缺陷起源于透镜或眼睛的不规则而引起斜视。它可以用圆柱的或更复杂的表面的透镜来补偿。

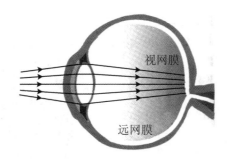

图 3.23 远视眼

不管我们是使用隐形眼镜或通常的镜架眼镜,眼镜和眼睛的距离与目标的距离相比很近。我们可以根据密接触薄透镜来计算它。

最早的眼镜是在 14 世纪制造的。1363 年,居伊·德·萧利亚克(Guy de Chauliac)在使用膏药和乳液失败后,使用了眼镜作为最后的补救。最初只有凸透镜被使用,凹透镜是后来在 16 世纪被引进的。

3.7 看到眼睛看不见的东西

3.7.1 远处的目标

望远镜能使我们看到并检测远处的物体;显微镜可以使我们观察很小的物体。即使使用比较简单的望远镜,我们也可以研究太阳、月亮和太阳系中的其他行星。除了太阳以外的多数恒星都离我们很远,甚至使用最强大的望远镜,我们也只能得到一个点图像而观察不到恒星的表面。然而望远镜比肉眼能采集更多的光线,因而图像要亮得多,无数新的恒星也可以被观看到。

1995 年,NASA 发表过一幅由哈勃太空望远镜(图 3.24)拍摄的参宿四的照片,如图 3.25 所示。这颗星包括一个中心圆盘和包围着它的大气层的光环。参宿四是离我们最近的恒星之一,"仅仅"430 光年远。它非常大,它的直径是太阳的 1 800 倍。

放大倍数被定义为图像尺寸和实物尺寸之比。当我们观察天文目标时,特别是当得到的是一个点图像时,对我们来说毫无意义。但是当图像是有限尺寸时,我们能够依据望远镜可以分辨的最小角度来测量望远镜的光焦度。这个角度是从目标相对的两个边传来的光线的夹角,它也是目标对向角的量度。

图 3.24 哈勃望远镜邮票(提供者:爱尔兰邮局)

图 3.25 参宿四(提供者:A·杜普里,R·吉利兰,NASA/ESA)

对于参宿四,目标对向角的尺寸大约是 0.5 弧秒(0.5 arcsec),等价于 50 千米处一个 50 分硬币所对应的夹角(图 3.26)。

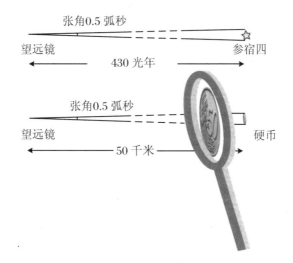

图 3.26 距离我们最近的恒星的对向角

3.7.2 更近不一定更清楚

当物体离我们的距离有限,情况就会非常不同。我们可以站得离目标更近来增大角间距。我们靠得越近,就可以分辨得越仔细,但是有一个限度。在我们最小的明视距离以内,清晰度变小,图像变得模糊不清。这就失去了增大角间距的优势。

在最小明视距离"以内",相近的图像发生重叠,如毛毛虫前面的图表字母就混淆不清。物体并不是越近就越清楚。问题是从物体的任意点出来的光线分散得太厉害,以至于当它们到达眼睛时透镜没有足够的能力使它们聚焦到视网膜上。这个"任务"太大,很可能使眼睫肌拉伤而导致头疼!

我们需要在视网膜上有一个真实的图像来传输信号到大脑。如果我们希望看到一个物体的"真实"图像,从物体的每一点出来的光线都应该精确地聚焦到视网膜的对应点。

当我们离物体很近时,它的角间距增大而使从物体任一点来的光线无法被聚焦。

图 3.27 显示了两套光线,一套从物体的顶端发出,另一套从底部发出。透镜没有足够的能力把其中任意一套聚焦在视网膜的信号点上。结果是一束重叠起来似丛林的光线到达视网膜,而送到大脑的则是模糊的信息!

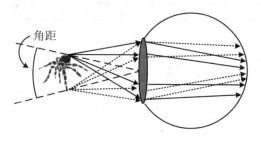

图 3.27 太靠近不舒服

如何能够增大目标的角距尺寸而使从目标各个分离的点射出的光线不至于过于分散?

3.7.3 角放大率(angular magnification)

简单的放大器

一个简单的聚光透镜可以被用作放大镜,它能提供一种最简单的能放大角度而又使图像不会模糊的方法。把物体放在透镜的焦点以内得到一个放大的虚像。事实上,如果我们把物体放在放大器的焦点上,从每个点出来的光线成为互相平行的光线,我们的眼睛就可以很放松、很舒服地看到它(图 3.28)。

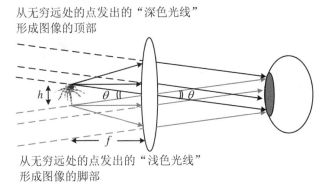

图 3.28　简单的放大器

物体所包含的角度,即从透镜中心看过去的角度为 θ。就右边的观察者而言,这也是从物体的顶部和底部射出的光线的夹角。这些光线是平行的,能够很舒适地被聚焦到视网膜上。放大眼镜的功能是有效地把目标拉近些(近到与观察者距离为 f),并且不会模糊(图 3.29)。

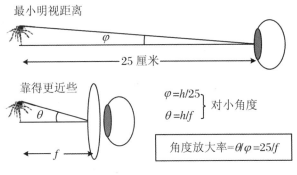

图 3.29

角放大率(angular magnification)定义为通过放大镜看到的角度与当把物体放到尽量靠近正常眼睛,至少是明视距离(25 厘米)时所看到的角度之比。

焦距为 5 厘米的放大器是容易做到的。这种放大器的放大倍数是 25/5=5,这意味着我们可以观察一个 25 厘米远的物体,就像它距离眼睛 5 厘米一样。

尽管焦距为毫米量级的小的高质量的透镜已用于光学仪器,但要制作具有更大的光焦度,且使非近轴光线不失真的大凸透镜还是很困难的。为了得到更大的放大倍数,通常需要用镜头组合构成复合显微镜(图 3.30)。

安东尼·凡·列文虎克(Antoni van Leeuwenhoek,1632～1723)是位很出色的透镜制作者,他曾用手工制作了焦距很短、高质量的镜头。在当时没人能赶上他的手艺,以至于显微镜业在他死后遭受了巨大挫折,直到 100 年后复合显微镜的开发才得以发展。

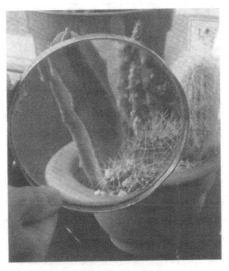

图 3.30　放大镜

3.8　镜头的组合

3.8.1　复合显微镜(compound microscope)

最简单的复合显微镜由两个分隔开一定距离的镜头组成,分隔的距离相对于透镜的焦距很大。物镜是短焦距的,待研究的物体正好放在物镜的焦点外以形成一个位于目镜焦点处的放大的倒立实像。这个图像就可用目镜来观察,而目镜也充当一个简单的放大器。

最终的图像是进一步被放大的倒立的虚像。这种图像可以用眼睛很舒服地观察,减少了眼睛观察时的紧张。复合显微镜的原理如图 3.31 所示。

由显微镜产生的最终图像作为眼睛观察的对象,可以认为它是由一系列点组合而成的。从图像的任一点到达眼睛的光线是平行的。而从不同点到达的光线之间不是平行的,图像的顶部和基部光线的夹角决定角度放大倍数。

目镜充当一个简单放大器。如果出现在目镜下的物体大小是研究对象实际大小的 50 倍,则总的角度放大倍数 $=50\times 25/f$(f 为目镜的焦距)。

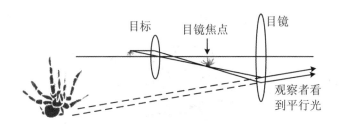

图 3.31　复合显微镜(无标尺)

在高倍显微镜中,目镜和物镜都是组合透镜。这样的设计不仅能增大放大倍数,而且能减少因透镜的缺陷而带来的图像变形。另外,除最简单的显微镜外,其他都具有双筒目镜,这对延长观察物体的时间是很重要的。

眼睛长时间聚焦于观察很近的目标是很难受的,甚至专业的显微镜工作者也要花时间来适应。很重要的一点是,必须适应图像是倒立的这一事实。当然,人眼的透镜在视网膜上产生的图像是倒立的,因而我们必须学习幼儿看世界,是倒立的!

3.8.2　望远镜(telescope)

荷兰光学家汉斯·利伯希(Hans Lippershey,1570~1619)发明了一个装置,使用安装了两个镜头的一根管子成功地"使遥远的物体看起来很近但是倒立的"。他要把他的发明申请专利但被拒绝,理由是该设备"太简单,容易被复制"。

望远镜的原理与显微镜相同,用物镜形成一个图像作为目镜的目标,得到的最终图像是倒立的。

折射望远镜的物镜要大,以尽可能多地聚集光线,并且焦距要比较长。在图 3.32(a)中,目镜是个简单的凸透镜。入射光经过两个镜头共同聚焦形成最终的倒立图像。

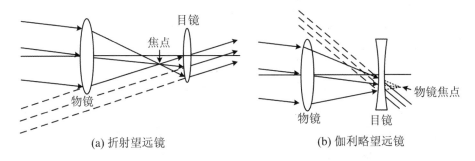

(a) 折射望远镜　　　　　　　　(b) 伽利略望远镜

图 3.32　望远镜

1610 年 1 月,伽利略用物镜是凸透镜而目镜是凹透镜(发散)的望远镜发现了木星的 4 个卫星。图 3.32(b)中表示出伽利略望远镜的成像过程。

凹透镜放置于物镜的焦点以内，所起的作用和凸透镜放在焦点上或焦点外相同，所不同的只是由凹透镜所产生的图像不是倒立的。这对地球上的应用有明显的优势。

3.9 费马定理的最终注释

费马在阐述自然界有关最小化原理的基础定律方面超越了他的时代。若干年后，莫波替斯(Maupertius，1698～1756)发布了一个更广义的定律："自然界一切行为都是节俭的。"但比起费马的光的时间最短原理，它只是一个缺少实验证据支持的定性的陈述。

广义经典力学的先驱

定量的数学理论在接下来的一个世纪里先后由莱昂哈德·欧拉(Leonhard Euler，1707～1783)、约瑟夫·路易斯·拉格朗日(Joseph Louis Lagrange，1736～1813)和威廉·罗文·哈密顿(William Rowan Hamilton，1805～1865)等人发展起来。它以**最小作用原理(principle of least action)**为基础。这个原理不仅可以用于光学系统，而且可以用于所有力学系统，它被陈述为：每个系统都以一定的方式随时间发展而变化，在这种方式中一种被称为作用量的数学量为最小值。它成为力学的普遍理论的基础，包括牛顿力学，它的应用因而得到进一步推广。我们现在知道，最小作用原理还可用于相对论和量子力学。

第 4 章
从太空来的光——天文学

光通过漫长的旅程才到达地球

我们从古代天文学家谈起，试想他们在没有任何东西可借助，只凭肉眼和智慧的情况下已经做得非常出色！他们确定了地球是圆的，并且能够计算它的半径。他们又进一步计算了月亮和太阳的尺寸，同时还得到了地球和它们之间的非常精确的距离估算值。

随着测量精度的提高，中世纪天文学家就能够制作出太阳系的行星轨道模型。第一个模型非常复杂，它是在假定地球处在整个系统的中心静止不动的情况下，以地球为观察点所看到的行星轨道。尼古拉·哥白尼（Nicolaus Copernicus）指出这个模型是不正确的，同时提出了一个以太阳为中心、地球和其他行星沿各自轨道绕太阳转的新模型。

光是从宇宙其他地方给我们带来信息的使者。没有任何信息能比光跑得更快，但距离实在太远，以至于我们所得到的是数百万甚至数十亿年前的信息。

4.1 地球

4.1.1 地球是圆的吗？

从阿波罗宇宙飞船看地球

现代人造卫星的照片清楚地显示地球是圆的（图 4.1）。虽然古代的天文学家们完全不清楚地球的形状，但他们利用哲学理由和实验证据而让人相信地球是圆的。

希腊哲学家们时常争论重建自然应该是可能的,其(构建)法则是根据事物的存在和它的行为都以"最完美"的方式出现这样一个前提为基础的。"地球是圆的"这一案例是由亚里士多德(Aristotle,公元前340年)根据许多这样的哲学依据而创建的。

图 4.1　从卫星上拍摄到的地球
(提供者:NASA)

4.1.2 "地球应该是圆的"的哲学理由

对称性

球体是最完美的几何图形。现在看来这似乎无可争议。但人们必须记住,自然界及其规律的对称性始终是物理理论的基础,通常都很成功。

重力

亚里士多德推测,地球的各个板块应该寻找处在中心的自然家园。它们被吸引向中心,因而倾向于压缩成圆形。这看来就是哲学和物理学两者联合的推理。大约2 000年后,艾萨克·牛顿用一个精确的数学公式表达了他的万有引力定律,虽然物体下落自古以来都被人们认为是理所当然的。

直觉——张恒(Zhang Heng,中国天文学家,78～139)

"天空像个鸡蛋,圆得像个弹球;地球就像个蛋黄躺在中心。"

虽然他的陈述后面似乎没有物理的和哲学的推理,但它显示出了艺术表现力,这是典型的中国古代文明。

4.1.3 "地球是圆的"的实验证据

陆地上的测量

埃拉托色尼(Eratosthenes,约公元前330)知道,夏天的第一天中午在赛恩

（接近现在的阿斯旺水坝）太阳光会直射到深的竖井底，并在井底被水反射上来。在完全相同的时刻，在亚力山大港附近的他家，他测量了太阳光线偏离垂直线约 7.5°。埃拉托色尼知道亚力山大港几乎在赛恩的正北，其距离按现代的术语是 500 英里（800 千米）（图 4.2）。由此他用如图 4.3 所示的方法计算了地球的周长。

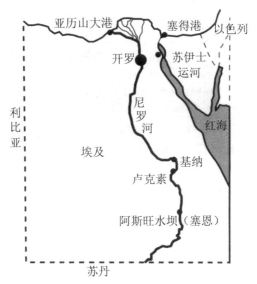

图 4.2　埃拉托色尼测量时的地图

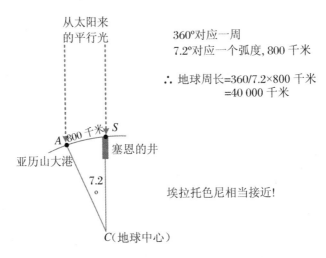

图 4.3　埃拉托色尼用于说明地球是圆形的方法

天文学的计算

当然,古人没能够进入太空"像别的星球看它"那样来观察地球,但是他们可以检测地球在月亮上的投影。用这种方法,月亮充当了一面"镜子",我们可以通过它观察自己,或至少观察我们的影子!我们首先考虑月亮的某些特性,然后研究投到它表面的地球的影子。

4.2 月亮

月亮是我们在太空中最近的邻居。它不发光,我们通过它反射的太阳光看到它,但是我们只能看到被阳光照射的部分。

4.2.1 月相

古代天文学家知道,月亮是通过反射太阳光而发光,并且它大约每四个星期绕地球一周。我们可以准确地根据在给定时间从地球看到的月亮"亮面"的多少来观察月相(phases of the moon)的变化(图4.4)。

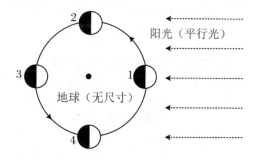

图 4.4 四种月相

四种月相:月相1(新月):亮面背对地球,地球上看不到月亮。月相2和4(第一和第四象限):可以看到半个亮面。月相3(满月):亮面对着地球。可以看到完整的被照亮的半球。

4.2.2 月食

月亮有时候会全部或部分因为完全不同的原因被遮挡。太阳光线会由于地球

图 4.5　2007 年 3 月 3 日的月食（提供者：都柏林爱尔兰时报，摄影：布赖恩·奥布莱恩）

的"阻挡"而被遮掩。这种现象就叫作**月食**（lunar eclipse）。月全食时并不是完全黑暗；我们可以看到由于地球大气中的灰尘散射太阳光所产生的微弱的光晕。

从图 4.4 和图 4.5 来看，在"满月"时（月相 3）似乎月食总会发生。但事实并非如此，地球、月亮和太阳的位置很少成一直线。实际情况是个三维状态，如图 4.6 所示。

但是我们可以看到，月球绕地球转的轨道平面和地球绕太阳转的**轨道平面**（黄道平面，plane of the ecliptic）不在同一平面。两个平面间夹角是 5°。月食仅仅发生在月亮是满月并且当太阳、地球和月亮成一直线正好穿过黄道平面的时候。月亮在月食期间穿过地球的影子。从影子的形状和尺寸我们可以推断出地球的形状和尺寸。在图 4.7 中我们背对太阳的方向观察天空。地球的影子在我们面前伸展开。月亮进入我们的视线。我们看到它完整的亮面——满月。当月亮通过我们的影子时，它几乎陷入完全的黑暗。

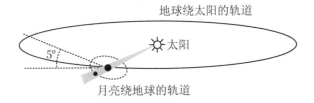

图 4.6　地球和月亮的轨道平面

很值得关注的是，希腊人如何观察月食并进行测量。而且他们了解到影子的尺寸与地球尺寸不同，并且做了必要的修正，这些问题我们将在下节中介绍。

图 4.7　看到我们自己的影子

4.2.3　日食

日食(solar eclipse)发生在当月亮在太阳和地球之间三者成一线,它的影子投到地球上的时候。现在情况反过来,是月亮遮挡太阳而不是地球遮挡太阳。当我们正好在影子中心时,我们处于完全的黑暗中,从太阳发射过来的所有光线都被遮挡。

在日全食期间,太阳几乎完全被月亮遮挡(图 4.8)。这时从地球上观察,看到太阳的张角和月亮的张角的大小(约 0.5°)几乎相等,如图 4.9 所示。

由相似三角形的关系可知,太阳和月亮的直径之比与太阳到地球的距离和地球到月亮的距离之比相等。月亮在地球上的影子只是一个小点,或者至少可以说相对于月亮或地球的尺寸来说是非常小的。

从和平号空间站提供的照片可以清楚地看到日食的结果(图 4.10)。图片显示当月亮穿过地球时影子的直径约有 100 千米。由于地球的自转,影子移动的速度约为 2 000 千米/小时。如果古代天文学家有人造卫星可用,他们将会有多么了不起的发现!

图 4.8　日全食(提供者:斯蒂尔·希尔,美国国家航空和宇航局)

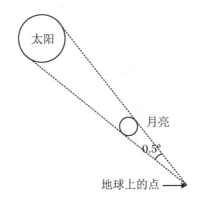

图 4.9　日食光线图

图 4.10　1999 年 8 月 11 日的日食，月亮在地球上的影子（提供者：和平号空间站 27 号船员，© CNES）

月球绕地球转的轨道并非精确的圆形，而阴影的尺寸取决于发生日食时月亮和地球的精确距离。图中光线有可能在地球上方某一点交会。于是地球表面并不完全黑暗，可以看到围绕月亮的很窄的太阳光环。这种情况称**日环食**（annular eclipse）。

指出月食和日食之间的差别是很有意思的。月食可以在同一时间从地球上任何地方看到。而日食则是在不同时刻沿着阴影覆盖的带状区域发生，这个阴影带是由于地球自转而使影子穿过地球表面所形成的。

4.3 大小和距离

4.3.1 太阳和月亮的相关尺寸

我们在前一节已有一个信息可以表示为

$$\frac{\text{太阳的直径}}{\text{月亮的直径}} = \frac{\text{地球到太阳的距离}}{\text{地球到月亮的距离}}$$

这个比例来自这样的事实：从地球上观察时月亮和太阳的尺寸在空中看起来大致相同。问题是公式本身没有任何有关它们的实际尺寸的信息，哪个小些，近些；哪个大些，远些？当然，很明显的，由于是日食，太阳必然更远。

阿里斯塔克(Aristarchus，约公元前310～公元前230)发明了一种非常巧妙的测定天体尺寸和距离的方法。地球在月亮上影子的尺寸是其重要的逻辑链条中的下一个线索，引出了对地球和月亮真实尺寸的比较。我们将在下面看到，第二步就不完全像第一步那样直截了当。

4.3.2 地球在月亮上的影子

通过测量月食时月亮通过地球影子的时间，阿里斯塔克估算出地球投向月亮的影子的直径是月亮直径的 $2^1/_2$ 倍。

第一个信息是：地球在月亮上的影子的尺寸 = 2.5×月亮的尺寸。这和地球本身的尺寸有什么关系呢？

4.3.3 缩小的影子

物体投射的影子的尺寸取决于照射它的光线的方向。

当光线从一个像太阳那样的扩展的光源发出时,影子的范围可以分成两个区域:**暗影**(umbra),是指太阳上任一点发出的光线都照不到的区域;**半暗影**(penumbra),是指被太阳上某些点而不是所有点发出的光线照射到的区域。通常暗影区很容易确定,对月食和日食来说就是完全被遮挡的区域。

可以把以上的定义说得更通俗些,就像海滩上一把遮阳伞的阴影。在多数情况下,由于阳光非常明亮,半暗带也是很亮的,很难把它从阳光照射的区域区分开。

如果太阳是一个**点光源**(point source),我们就可以预料,地球投射到它背后的一个虚构的屏幕上的阴影将随屏幕向远离地球的方向移动而扩展开来。但是,太阳是个**扩展光源**(extended source),所以其暗影区随屏幕移远而缩小,如图 4.11 所示。当屏幕的角度小于太阳的角度时,暗影区就消失。

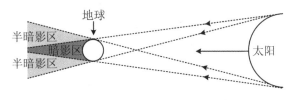

图 4.11 暗影区和半暗影区

通常的经验告诉我们,如果遮阳伞放置的高度离地面太远,它将不能遮住整个太阳,因而不能起到遮阳的作用。实际上,散射光将会使它失去作用!

回到天文学

当月亮挡住了太阳,月亮影子的暗影达到地球时缩成了一个点。同样,当地球在月亮的前面,它的阴影在到达月亮表面时也变小,但是由于地球比较大,阴影不会缩成一个点。

阴影的比较

假设太阳离我们非常远,以至于它在地球-月亮这整个区间内的角度大小不会改变,不管地球或月亮哪个更靠近太阳,从太阳边沿到达地球的光线的角度都相同,如图 4.12 所示。由于月亮的阴影在地球-月亮距离内逐渐缩成了一个点,因此地球阴影的直径在相同的距离也将减少相同的值。所以地球在月亮上的影子就会比地球的实际尺寸小大约一个月亮的直径。

阿里斯塔克了解到,太阳不是一个点光源。他利用从地球上观察太阳和月亮的张角大约相同这一信息,对阴影的锥度进行了修正,由此能够推定:

地球的直径 = 地球在月亮上的影子的直径 + 1 个月亮的直径

= 2.5 × 月亮的直径 + 1 个月亮的直径

= 3.5 × 月亮的直径

地球的周长≈40 000 千米(公元前 3 世纪希腊天文学家埃拉托色尼(Eratosthenes)所测)

月亮的周长≈40 000/3.5≈11 500（千米）

月亮的直径≈3 650（千米）

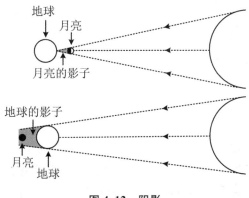

图 4.12　阴影

4.3.4　到月亮的距离

一旦知道了月亮的确切尺寸,就很容易根据在地球上某点观察月亮的张角来计算地球到月亮的距离(图 4.13)。

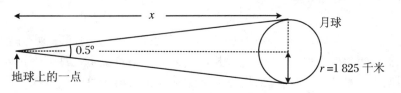

$\tan(0.25°)=1\,825/x \to x=1\,825/0.004\,36=400\,000$（千米）

图 4.13　地球到月亮距离的计算

地球到月亮的距离 = 400 000 千米。

4.3.5　到太阳的距离

只需再有一个信息就能完成拼图。

阿里斯塔克确定了月亮以及它到地球距离的尺寸。如果他也知道从地球到月亮和从地球到太阳的距离之比值,那么,一切就可解决了。阿里斯塔克很清楚如何获得这一信息。

图 4.4 的月相示意图并不十分精确。当月亮正好处于第一象限和第四象限位

置时,在每种情况下向阳面都略向内倾斜,如图 4.14 所示。

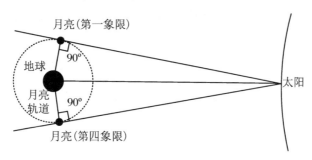

图 4.14　不均等的区分(没按比例画出)

从月亮到太阳的连线是月亮轨道圆的切线,而月亮到地球的连线是一条辐射线。它们相互垂直,交角为 90°。很容易看出,从第一象限到第四象限的弧长要比从第四象限返回第一象限的长。假设月亮匀速运动,这两段旅程所用的时间将会不同。通过这个时间差,图中所有的角度都可以确定,因此地球与太阳间和地球与月亮间的距离的比值就可以确定。

4.3.6　一个实际问题

阿里斯塔克的论证是正确的(图 4.15),但还有一个实验问题他不能够解决。就像人们所想象的,月亮处于给定月相的准确时刻很难确定。月亮走过四个月相的总时间大约是 30 天。阿里斯塔克的视觉估计是从第一象限到第四象限比从第四象限返回到第一象限的时间要多一天。

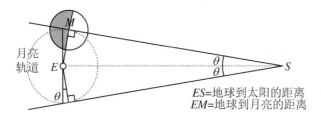

图 4.15　阿里斯塔克计算的几何图像

利用阿里斯塔克的这些数据,我们沿着他的推理,根据地球-月亮距离的数据来计算太阳到地球的距离:

总的运行时间≅30 天；长时段≅15.5 天；短时段≅14.5 天。
第一个四分之一早 1/4 天，最后四分之一迟 1/4 天。
30 天相当于 360°（公转一周），所以 1/4 天相当于 3°。

这意味着角 θ 大小是 3°。

$$\frac{EM}{ES} \cong \sin(3°) = 0.05$$

根据阿里斯塔克的计算，地球到太阳的距离大约是到月亮的 20 倍。

尽管方法是正确的，但其结果（对月相时间的测量极其敏感）还是太小。我们现在知道从地球到太阳的距离大约是到月亮的 390 倍。（角 θ 不是 3°，而是 0.15°。）

尽管最终结果大了 20 倍，但人们仍不能不被古代天文学家的推理能力所折服。他们从埃拉托色尼对亚历山大港到赛伊尼的距离的绝对值的测量开始，接下来是一系列比率的测定，根据这些比率，阿里斯塔克确定了月亮和太阳的尺寸以及地球到太阳和地球到月亮的距离。除了地球到太阳间的距离外，其他数据基本正确。而依据太阳到地球距离估算的太阳尺寸也就出现相同程度的不准确。

阿里斯塔克的地球到太阳距离的数值直到 17 世纪末才被人们所接受。他遥遥领先于他那个时代；他甚至猜测太阳不是绕地球转的。他推断，由于地球远小于太阳，地球当然应该是绕太阳转的，而不是相反。这个我们所熟知的观点在 2 000 年前是不被接受的。

4.3.7 有关地球、月亮和太阳的小结

地球的直径是 12 750 千米（现代的值，与埃拉托色尼得到的值没有太大差别），如表 4.1 所示。

表 4.1 月亮、地球和太阳的相对直径

物体	月亮	地球	太阳
希腊科学家的推定值	0.30	1	6
现代的值	0.27	1	109

4.3.8 天文距离

为了帮助获得这些距离的直观感觉，让我们来构建一个不停顿旅行的时间表，旅行工具是一架协和式超音速飞机，飞行速度是音速的 2 倍（约 2 150 千米/小时或 2 马赫，如表 4.2 所示）。

表 4.2 旅行的一些距离和时间

旅程	距离/千米	光速飞行	协和式(单程)
绕地球一周	40 000	0.13 秒	18.5 小时
地球—月亮	3.84×10^5	1.28 秒	7.4 天
地球—太阳	1.50×10^8	8.33 分	7.9 年

4.4 行星

4.4.1 "流浪者"

希腊人和其他古代学者们观察了某些天体,这些天体看起来像明亮的星星徘徊在天空,它们不像通常的固定的星星那样与其他星星保持固定的相对位置。这些固定的星星构成的花样即我们所知的**星座(constellations)**,而那些明亮的天体并不是沿直线或简单的弧线运动的,这使希腊学者很困惑。他们称这些星星为**行星(planets)**,希腊语称为"流浪者"。

4.4.2 托勒密的地心说模型

希腊人知道的五颗行星是水星、金星、火星、木星和土星。他们仔细测量了它们的路径,发现它们以很不规则的路径像"流浪者"一样在天空游荡。正如图 4.16 中显示的,行星在继续沿与以前几乎相同的方向运行前可能有短周期的改变方向又折回原方向的过程。图中的火星路径是花了约六个月时间拍摄完成的。巧合的是,其右上方的虚线是天王星的轨道。

罗德岛(Rhodes)的希帕科斯(Hipparchus,公元前 180~公元前 125)编写了约 850 颗恒星的目录,后来克劳狄斯托勒密(Claudius Ptolemy,85~165)进行了后续扩充。

希帕科斯和托勒密都是伟大的天文学家和数学家。考虑到他们是用肉眼通过沿木棍排列的窥视孔进行测量的,他们所做的行星相对于恒星的路径的测量有很高的精确度。

这两位天文学家随后用他们的数学技巧制作了行星的运行模型。

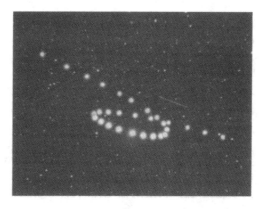

图 4.16　火星通过星空的路径（提供者：©tunc tezel. NASA 当代天文照片，2003－12－16）

托勒密有 13 卷著作，包含了他多年观察的结果。他发展了**地心说**(geocentric)模型，根据这个模型，行星以圆形轨道绕地球运行，每颗行星以它自己的"年"绕地球一周。与此同时，每颗行星沿**本轮**(epicycle)运行，或绕一个中心点沿更小的圆周运行，而这些中心点沿主轨道运行，如图 4.17 所示。

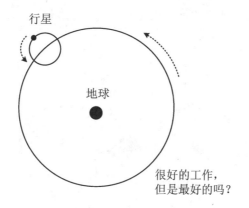

图 4.17　托勒密的行星运动的地心说模型

托勒密后来发现简单的本轮设想不能给予精确的预测，就对他的模型进行了调整，使它变得更复杂。行星轨道的中心必须远离地球一小段距离，并且本轮的平面和行星绕地球的轨道平面倾斜成一个角度。他最终创造了一个模型，这个模型能够非常精确地预测五颗行星的位置，他把这一结果发表在名为《天文学大成》(Almagest)一书上，这本书为天文学家和许多航海家服务了许多个世纪。

虽然希帕科斯和托勒密的模型能预测行星在太空的正确位置，但他们从未试图给出星系运动的原因。为此我们不得不等待了 1 500 多年！

4.5 哥白尼的解释

我们现在快速穿越历史回到 15 世纪。从伪宗教的观点出发，地球必须是位于宇宙的中心。而另一方面，自然哲学家希望建立一个包含地球、其他行星和太阳的模型，而且可以用一种更简单和更合乎逻辑的方式表达它们之间的相互关系。

4.5.1 参照系

不管我们是否意识到，所有的测量都要选定一个**参照系**（frame of reference）。我们通常会选定一个可使我们最容易描述的参照系。

假定我们要记录一个安装在自行车轮边沿附近的反射镜的动作（图 4.18），由站在路边的观察者在以他所站的地方为原点的他的参照系进行观察，所观察到的反射镜的运动将会出现一系列的尖点，而不像图 4.17 的托勒密的本轮。但是，不论是对反射镜实际发生现象的形象的描述，还是以数学形式表述控制它的运动的物理定律，都不容易表达出来。

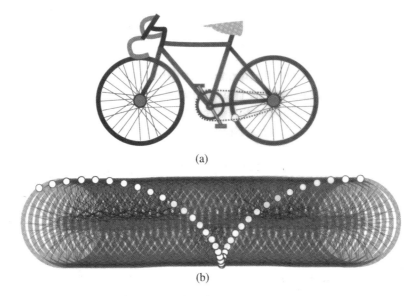

图 4.18　利用路边为参照系所观察的自行车轮上一点的运动轨迹

有一个简单得多的描述是以自行车轮的中心为原点的参照系（即运动是沿车轮进行的）。用这样的参照系，反射镜只是一圈又一圈地绕行。这样看来，没有理由非要使用某一个参照系而不使用另一个。

到了现代,在 20 世纪初阿尔伯特·爱因斯坦提出了一个正式的假设,所有**未被加速(unaccelerated)**的参照系都是等价的。这就形成了我们以后(第 15 和 16 章)将要涉及的狭义相对论的第一阶段。

4.5.2 哥白尼和日心说模型

尼古拉·哥白尼(Nicolaus Copernicus,1473～1543),波兰天文学家、数学家和物理学家,奥尔斯丁教堂的教士,他认识到希腊人在发展他们的行星运行模型时遇到很大的困难是由于他们采用了不合适的参照系。

他们的思想被束缚于地球是宇宙的中心,也是太阳系的中心。所有测量都把地球设定为固定的坐标原点。其他的所有星星,包括太阳、其他行星、月亮都绕地球转。哥白尼认识到,如果采用**日心说(heliocentric)**,即用太阳而不是地球作为我们参照系的原点,那么就会简单得多。在这个参照系中,太阳是固定不动的,行星绕太阳转。地球正是这些绕太阳转的行星之一。

然而哥白尼的思想并非完全原创。阿里斯塔克比他早一千多年就已提出了这个思想,但被他的同行在哲学基础上否定了。希腊哲学家们不能接受地球不是宇宙中心的观点,因而阿里斯塔克的观点似乎被彻底否定了。事实上,哥白尼和以后伽利略的工作也因同样的哲学原因而遭到很严厉的反对。哥白尼的《天体运行论》(*De Revolutionibus Orbium Coelestium*)一书直到他去世那年(1543 年)才得以出版。伽利略反抗罗马宗教法庭对他的"异端"作品的裁决,这件事就记录在本章最后的历史插曲中。

一旦太阳而不是地球是行星系统的中心的观点被人们所接受,行星运行模型就变得容易想象。哥白尼假定轨道是圆形的,水星和金星离太阳比地球和火星离太阳近,而木星和土星在外层轨道。使用当时的天文数据,他可以计算出每个轨道的直径和每个行星绕轨道运行一周所需的时间。他的大部分结果与现代的数值符合程度在 1% 以内,真是一个了不起的成就。

图 4.19 是太阳系模型的简化图。轨道是按近似比例绘制的,但显示的是黄道平面。我们现在知道,行星轨道平面对黄道平面是倾斜的,但倾斜度小。轨道倾斜度最大的是水星,倾斜度为 7.0°。

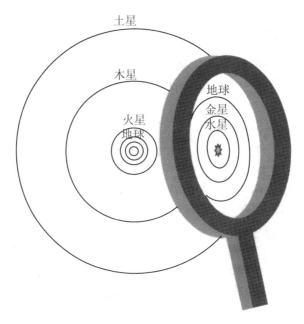

图 4.19　伽利略的太阳系模型

哥白尼发现，为了配合天文观察需要对此做些修正。他做了轨道偏心及其他一些小修正。不过这个模型最大的特色是它非常简单。毫无疑问，这个以太阳为原点的参照系给出了对实际情况最清晰的描述，而且，最重要的是给出了支配行星运动的物理定律的框架。

哥白尼确定了每个行星的两个特征时间间隔（表 4.3）。

表 4.3　哥白尼时代已了解的关于行星的重要的统计资料

行星	恒星周期(行星年)	轨道直径(哥白尼值，AU)	到太阳的平均距离(现代值，AU)
水星	88 天	0.38	0.39
金星	225 天	0.72	0.72
地球	1 年	1.00	1.00
火星	1.9 年	1.52	1.52
木星	11.9 年	5.22	5.20
土星	29.5 年	9.07	9.54

1 天文单位(AU) = 149.6×10^6 千米 = 地球到太阳的平均距离。

恒星周期[①](sidereal period)：行星绕太阳一周的时间（sidereal 是与恒星有关的测量）。

---

① 恒星周期也叫恒星日，是指行星的子午线相邻两次指向同一恒星的时间间隔。

会合周期(synodic period):从地球上看到相同的星空组态所需的时间。这是主观的量,仅对地球上的观察者有意义,而地球本身又是绕太阳运转的。

4.5.3 本轮从何而来?

进一步分析哥白尼模型的特征,为什么似乎很复杂的"流浪星"的运动路径就变得清晰?其原因是哥白尼选择了最合适的参照系,而在他以前人们使用的参照系根本不合适。举个例子,如图4.20中所示的火星的路径。我们从地球上观察,地球是沿火星"里边"轨道运行的,一年"一圈"。火星运行轨道离太阳远些,用1.9地球年运行一周。由于地球在火星的里边"超越",火星似乎在倒退,但这不是真正的"超车区"。(顺便说一下,在深夜当太阳在我们"身后"时可以看到火星,因而火星的轨道必然在地球的外边。相反地,我们只能在日出和日落时看到水星和金星,这时它们对着地球的面是朝向太阳的。)

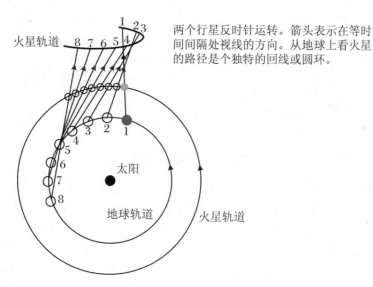

图 4.20 地球上看到的火星轨道

4.6 哥白尼以后

第谷·布拉赫(Tycho Brahe,1546~1601)因精确的天文观察而著称,他着手检验哥白尼的理论。他推测,如果地球确实在进行轨道运行,我们就可以从相隔非常远的不同点观察太空。当观察者在轨道反面观察时,远处星星组成的图案应该不同。

布拉赫推测,由于某些远处的星星比其他星星更远,当我们从地球轨道直径的另一端观察时,由于**视差(parallax)**的影响,它们的相对位置就会改变。尽管他的(测量)精度很高,他仍然探测不到任何视差的迹象,他推测或许哥白尼理论是错误的,或许是因为恒星距离太远而无法测出视差。

4.6.1 事后回顾:为什么布拉赫没看到任何视差?

太阳系以外离我们最近的恒星**比邻星(Proxima Centauri)**距我们4.3光年①(272 000 AU),而地球轨道的直径大约是2 AU(图4.21)。

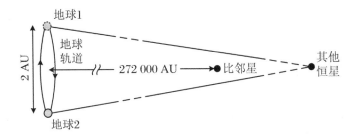

图 4.21 为何没有视差

如果按比例绘制上面的图,则到比邻星的距离就会是大约1.5千米。布拉赫之前所做的尝试就好比是通过眼睛前后"摆动"1厘米来测量相隔1千米以上的物体之间的视差。(这显然观察不出任何差别。)

约翰尼斯·开普勒(Johannes Kepler,1571~1630)(图4.22),这位布拉赫的前助理,继承了布拉赫的天文记录。1609年,他出版了名为《新天文学》(*The New Astronomy*)的书,在书中他叙述了他对行星系的数学分析,说明了哥白尼发现需要对他的模型做小修正并不是因为他的模型有基本错误,而是因为行星的轨道不是圆的而是椭圆的。

---

① 光年的通俗定义是光在一年中走过的距离。

4.6.2 开普勒的发现

开普勒试图寻找行星的轨道尺寸和它们轨道速度间的关系。经过反复实验,他最终找到一个公式来修正当时已知的六颗行星的结果:

开普勒第一定律(Kepler's first law):行星绕太阳的轨道是椭圆形的,太阳位于它的一个焦点上。

开普勒第二定律(Kepler's second law):太阳和运动中行星的连线在相等的时间内扫过的面积相等(图4.23)。

图 4.22　约翰尼斯·开普勒
(提供者:科学博物馆/SSPL)

根据开普勒第二定律,如果行星从 A 到 B 和从 C 到 D 的时间相等,则 ASB 和 DSC 的面积相等。这就意味着 AB 必然大于 CD,因而当行星近日时绕轨运行的速度较高。

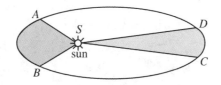

图 4.23　开普勒第二定律

图 4.23 夸大了行星轨道的伸长,以便于说明开普勒第二定律。事实上太阳和地球间最大距离和最小距离之比仅为 1.000 14 倍。

开普勒第三定律(Kepler's third law):一个行星的恒星周期 T 的平方正比于长半轴 α 的立方。

换言之,对于所有的行星,T^2/α^3 是常数。比例常数的值与单位有关。

如果 T 以年为单位,α 用 AU,则 $T^2/\alpha^3 = 1$。

开普勒对这个公式着迷,他尝试把它和天体间某些和谐性联系起来。他甚至推测,这些和声表现的天堂音乐是由行星绕轨道运行时创造的。有一个无可争辩的事实:公式十分精确地描述了轨道的周期和半径间的关系。每个行星的 T^2/α^3 值相等或相差小于 1%,如表 4.4 所示。

表 4.4　开普勒第三定律的运用

行星	恒星周期 T(年)	长半轴 α(AU)	T^2	α^3	T^2/α^3
水星	0.240 8	0.387 1	0.058 0	0.058 0	1.0
金星	0.615 0	0.723 3	0.378 2	0.378 4	0.999
地球	1.000 0	1.000 0	1.00	1.00	1.0

续表

行星	恒星周期 T(年)	长半轴 a(AU)	T^2	a^3	T^2/a^3
火星	1.880 9	1.523 7	3.54	3.60	0.983
木星	11.86	5.202 8	140.66	140.83	0.999
土星	29.46	9.588	867.9	881.4	0.985

4.6.3 伽利略(Galileo Galilei,1564~1642)

当伽利略听说汉斯·利伯谢(Hans Lippershey)制造的透镜光学组合可以放大和拉近远处物体时,他立即着手制造自己的望远镜。在1609年8月29日的一封信中,伽利略叙述了他的新发明:"我开始考虑它的制造,最终我发现,我所制造的是那样完美,它远远超过弗兰德人所制造的。"

他把他的望远镜的放大倍数从6倍增大到30倍,并用它来进行天文观测,观测结果被记录在他1610年出版的著作《从恒星来的信息》(Message from the Stars)中。

伽利略通过他的望远镜能够看到月亮上的山和环形山,甚至可以通过这些山的影子估计它们的高度;能看到更多的恒星而且更亮,但看到的仍然只是一些点(即使用现代放大倍数最大的望远镜也不能把大多数恒星放大超过一个点大小)。跟恒星比较起来,行星看起来像个明亮的盘子,伽利略能够分辨出金星的"向阳面"并指出该行星的形状像月亮。

在后来的观察中他这样描述:"我发现了金星有时会有新月的形状,就像月亮。"这个发现看起来似乎不重要,但事实上它与地心说的宇宙模型极端不一致。在这个模型中,金星总是位于我们和假象的太阳轨道之间。因此我们应该永远不能看到它的整个被照亮的表面。另一方面,所观察到的金星的形状和哥白尼的模型非常吻合,即金星绕太阳转的方式与月亮绕地球转的方式相同。伽利略以神秘的方式宣布他的结论,其字面翻译是:

"爱情之母(金星)在效仿月亮女神(月亮)。"

木星的卫星

可能伽利略最引人注目的发现是四个绕木星运行的卫星,就像月亮绕地球转一样。他能估算出它们的轨道半径的相对尺寸和绕轨道运行一周的时间。当他把结果告诉开普勒后,开普勒立即认识到尽管比例常数不同,但他的第三定律同样可以应用于木星的卫星。他的神秘定律看起来用途广泛,甚至可用于宇宙!虽然伽利略的测量并不十分精确,但现代的观察证实了他的结果,如表 4.5 所示。

表 4.5 木星的卫星(现代测量)

卫星	恒星周期 T(年)	T^2	到木星的平均距离(AU)	a^3	T^2/a^3
木卫一	4.84×10^{-3}	23.43×10^{-6}	2.818×10^{-3}	2.238×10^{-8}	1.047×10^3
木卫二	9.72×10^{-3}	94.48×10^{-6}	4.485×10^{-3}	9.028×10^{-8}	1.047×10^3
木卫三	19.59×10^{-3}	38.38×10^{-5}	7.152×10^{-3}	3.658×10^{-7}	1.049×10^3
木卫四	45.69×10^{-3}	20.87×10^{-4}	1.257×10^{-2}	1.986×10^{-6}	1.051×10^3

现在伽利略比以往任何时候都更加相信哥白尼的理论是正确的。这是另一个神圣的天体——**木星(Jupiter)**,周围有物体绕它运行。地球并不是唯一的一个行星系的中心,月亮绕我们转动,仅此一个绕我们转动,太阳和宇宙中其他天体都不绕我们转动!

核对数目

爱德华·巴纳德(Edward Branard)在 1892 年发现了木星的第五颗卫星。它的恒星周期是 0.498 天,轨道半径是 181 300 千米。

让我们来核对一下这个卫星是否也服从开普勒定律。

181 300 千米 $= 1.212\,0 \times 10^{-3}$ 天文单位 $a^3 = 1.780 \times 10^{-9}$

0.498 日 $= 1.364\,3 \times 10^{-3}$ 年 $T^2 = 1.859 \times 10^{-6}$

T^2/a^3 的值是 1.044×10^3,非常符合表 4.5 的结果。

目前知道的木星的卫星共有 13 颗。伽利略年代以后发现的 8 颗卫星要比伽利略时发现的卫星小很多,但每颗卫星都服从开普勒定律。木卫一的直径是 3 600 千米,每 42 小时绕木星旋转一周,轨道与行星中心的平均距离是 420 000 千米。一幅从伽利略号宇宙飞船上拍摄的木卫一的特写照片显示它在围绕木星球转动时投到这个巨大行星表面的影子(图 4.24)。

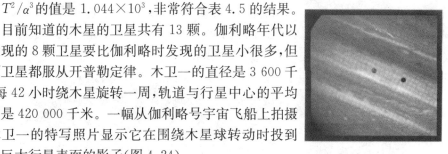

图 4.24 木卫一通过木星
(提供者:NASA/JPL/亚利桑那大学)

4.7 纵观太阳系

相比于地球的尺寸，太阳系非常巨大。太阳的质量是地球的 300 000 倍，而**矮行星**(dwarf planet)、**冥王星**(Pluto)距离太阳比地球大约远 40 倍。然而从整个星系来说，这只是一个非常"局部的区域"。我们的星系，**银河系**(the Milky Way)，包含着数百亿颗恒星，它们中有许多比太阳大得多。

银河系属于一类螺旋星系，它的形状像一个具有数个螺旋臂的圆盘。圆盘的直径大约 100 000 光年，太阳位于一个旋臂上距离星系中心大约 30 000 光年的地方。我们的太阳系的直径大约是 10 光时，地球轨道的直径大约是 16 光分，比恒星系要小许多数量级。整个恒星系统的质量估计是太阳质量的 1 500 亿倍。

图 4.25 NGC7331 星系（提供者：NASA/JPL，加州理工大学）

NGC7331（通常被称为银河系的"双胞胎"）的图像（图 4.25）显示了从我们银河系看到的一个离我们数百万光年的外星系是怎样一种景象。

在晴朗的晚上，银河系看起来像一条由星星组成的宽带横贯天空（图 4.26）。

根据阿尔伯特·爱因斯坦的理论，没有任何信息可以比光速快。罗马帝国的兴衰新闻至今也只能勉强传到我们星系的 1/50 的距离。如果有人从银河系外观察我们，那么他们所看到的地球是人类起源前的地球！

图 4.26 从加州死亡谷看到的银河（提供者：由国家公园管理局 dan driscoe）

历史的插曲

伽利略·伽利雷(Galileo Galilei, 1564～1642)

伽利略(图 4.27)于 1564 年 2 月 15 日生于比萨(Pisa)(和威廉·莎士比亚同年)。他的家族是贵族,但收入不丰。他的父亲文森罗(Vincenzio)制作了许多弦乐乐器,这些乐器后来被伽利略引进他自己的作品中。他父亲希望他从事"实在的"职业,成为一个医生,而不是他所追求和感兴趣的数学,因此年轻的伽利略进入了比萨大学医学院。他从未完成过他的医学研究,没得到学位就离开了(学校),私自去佛罗伦萨教数学。

伽利略具有坚定的、有时是好斗的性格,红头发,体格矮壮结实。他对朋友忠诚,但并不迁就蠢人。他还以写有关他的同事和他的敌人的诗篇而闻名。这些诗作通常很有趣,但有时是粗俗无礼的。

伽利略 25 岁时在比萨受聘为一名数学教师。他收入菲薄,不喜欢自己的工作。他的任务之一是向药学系学生教授欧几里得几何,以便他们能了解当时确认为标准的宇宙几何模型:地球是静止的中心,太阳和行星以复杂的路径绕它运动。医学系学生需要学习天文学以便把它用于占星术和医疗实践中。

有人可能会推测伽利略不喜欢自己的工作是因为没时间去研究占星术,然而更具有讽刺意味的事情是他不相信宇宙的地心模型。伽利略追随的哥白尼理论在当时被认为是谬误和异端。1543 年,哥白尼出版了《天体运行论》一书,书中他提出了日心说,地球是绕静止的太阳转的行星。

图 4.27 伽利略(提供者:爱尔兰邮政管理局)

1592 年,伽利略在帕多瓦(Padua)应聘为数学教授,在那里他度过了 18 年。他不仅是个数学家,而且是天才的发明家。某些发明(像用来测量宝石密度的高精度天平,以及他在 1597 年发明的一种用于军事的现在被称为模拟计算机的设备)曾被保存在佛罗伦萨的西芒托科学院(Accademia del Cimento)。他和他的同居女友马丽娜·甘巴(Marina Gamba),以及他们的儿子和两个女儿生活在一起。那些年是他生活中最美好的时光,他的大多数工作基础都是在那时打下的。

1610 年,伽利略收到曾是他学生的柯西莫大公二世(Grand Duke Cosimo Ⅱ)的邀请移居佛罗伦萨,成为一名"法院数学家和哲学家"。公爵给予他的待遇使他无法拒绝,他的薪水是在帕多瓦的 5 倍,并且教学工作量非常小。伽利略遗弃了马丽娜·甘巴并把他的女儿寄养在离佛罗伦萨有段距离的阿切特里修道院。值得一提的是,他的大女儿在他老年潦倒之时成为他最大的支持者。

伽利略开创了把数学论据用于观察和实验的先河。而到目前为止,亚里士多德的权威已经深深影响了宇宙的哲学讨论。人们相信,托勒密的地球固定在宇宙中心的观点出现在圣经的某些章节而被圣经认可。一个例子是约书亚10:12-14:"上帝使太阳站立不动以接受约书亚的祈祷"。罗马教会当局甚至谴责哥白尼的著作,声称"学说认为地球绕太阳转,太阳是宇宙的中心而不是从东向西移动是违背圣经的,不能被采信"。

1616年,教皇保罗五世(Pope Paul V)和红衣主教贝拉明(Cardinal Bellarmine)把伽利略召到他的住宅,警告他不要为哥白尼的理论辩护,不要口头或书面讨论它。然而在1624年,在会见了初看起来思想比较开放的罗马教皇乌尔班八世(Pope Urban VIII)时达成了一个妥协方案,伽利略被允许撰写有关的理论,条件是他必须把它处理成纯粹的数学假设而不涉及"宇宙的真实结构"。

1632年,伽利略出版了他的《有关两大世界体系的对话》。以他惯有的讽刺风格,描述了三个人之间进行的有关托勒密和伽利略模型相比的优缺点的对话。书中哥白尼的论点令人信服地被萨尔维亚蒂(Salviati)诠释,他是伽利略的一个聪明的代言人;沙格列托(Sagredo)是个富有的贵族,一个有趣的寻求真相的旁观者;新普利西欧(simplicio),一位捍卫托勒密理论的亚里士多德派哲学家,被描绘成并不很聪明,使用的论据不仅弱势,而且逐字逐句地陈述教皇乌尔班八世的言论。那个对话在罗马不被接受,因而在1633年伽利略被传唤出席法庭的调查。虽然这种调查没有权利强迫他听从,但他自愿来到罗马面对法庭(图4.28)。

图4.28 伽利略面对宗教法庭(由克里斯提诺·班替绘制)

法庭判定地球运动的想法是荒谬和错误的,即使不是真正亵渎神明,伽利略也被勒令不能再在著作或谈话中讨论。他被禁锢在阿切特里他的别墅里接受现在所称的软禁,被命令改正他的"错误",并且被禁止再发表任何著作。到他70岁时,法官肯定以为他不太可能再继续给他们出更多的难题了。他们低估了这个男人的决心,当宣布裁定时,据说他还在喃喃自语"eppuor si muove"——"它仍在运动"。

伽利略锐利的风格和玩世不恭的才智表现得非常明显,即使在英语译文中也是如此。他用寥寥数语回应他的一些对手:"我采用了哥白尼的论点来反驳逍遥派①的论点。这些人确实连名字都不值得拥有,因为他们不走动,他们满足于对影子的崇拜,他们的哲学思维并不是来源于谨慎,而仅仅是来源于对一些错误理解的原则的记忆。"

三个辩论家

"许多年前我曾在威尼斯这个奇妙的城市与乔凡尼·弗朗西斯科·沙格列陀(Giovanni Francesco Sagredo)和菲力坡·萨尔维亚蒂(Filippo Salviati)进行辩论。萨尔维亚蒂先生是一位当时的逍遥派哲学家,他的最大障碍是对真理的理解,他似乎已在解读亚里士多德学说上获得了声誉。我决定把他们引入为现有讨论的对话者。"

讨论的核心议题是"地球是运动的还是静止不动地处在宇宙中心"。辛普里西奥(Simplicio)的观点是如果地球是运动的,则世界就不一样,下落的物体就不会垂直落下,因为它们的动作将会有横向和垂直两个方向。萨尔维亚蒂筹划了一个有趣的实验:

"把自己和一些朋友关在某条大船的甲板下最大的房间里,房间里有蚊子、苍蝇以及有翅膀的小昆虫。同时放置一根充满水的大水桶,里面放些鱼;挂一个瓶子,让里面的水一滴一滴地滴进垂直放置在正下方的另一个细颈瓶中。只要船停在原地,就可以观察到这些现象:有翅膀的小动物按照它们的速度在房间各个角落飞翔,鱼儿自由地游向各个方向,所有的水滴都进入立在地上的瓶子里。现在让船按你设定的速度动起来,动作是匀速的,没有波动和摆动。你将感觉不到以上提到的效果有任何微小变化,你也不会感觉到船是在走或停止不动的。"

许多乘客对此感到非常有趣并对重力的神奇作用入迷。萨尔维亚蒂:"如果你从塔顶扔下一只死鸟和一只活鸟,死鸟会像石头一样地运动,它应当首先做周日运动,然后像一块石头一样下落。但如果落下的小鸟是活的,则差别在于石头是由于外力推动而运动,但小鸟是由于内部机制而运动。"

争论并未影响伽利略的宗教信仰。他认为圣经的目的只是被普通百姓理解,它对试图了解先进的物理理论是毫无意义的。在最终审判前的几个月,他写信给他的朋友艾拉·德里亚蒂(Ella Deliati):"没有人会坚持认为大自然为了迎合人类曾经改变了它的行为。如果真是这样,那么我要问为什么,为了了解世界不同的部分我们必须首先研究上帝的语言而不是他的作品。难道作品的价值不如语言?"

伽利略生命的最后时间,他名义上是被软禁的,但并没有禁止他选择他的住地。他留住在阿切特里以靠近他的女儿弗吉尼亚,她在他的晚年给予他很大的支持。1643年,在他晚年多病并且很虚弱时,弗吉尼亚突然逝世。尽管如此,他还是

---

① 一种是四处游走的江湖学者;亚里士多德的追随者,得到允许在雅典学园游走。

努力写了最伟大的书——《两个新科学的对话》(*Two New Science Dialogue*)。萨尔维亚蒂、沙格列托和新普利西欧仍然担当主要角色,但他们变了。新普利西欧不再是顽固的傻瓜,而且伽利略自己认为是年轻时的他,沙格列托相当于中年时期的他,而萨尔维亚蒂相当于成熟时期的他。他们讨论物体的运动和物质的性质;事实上,许多观点后来成为构成牛顿力学的起点。

伽利略所描述的两门新科学是运动科学与物质和结构科学。伽利略质疑亚里士多德关于物体落地的观点。亚里士多德的"解释"是物体在寻找它们位于地球中心的自然场所的运动。他还坚持,较重的物体下落得更快是因为它们朝向它们的自然栖息地时吸引力更强。在讨论过程中,萨尔维亚蒂做了以下观察:

"我非常怀疑亚里士多德曾经用实验检验过以下说法是否正确:有两块石头,其中一块重量是另一块的10倍,如果允许在同一瞬间从高度,比如说,100腕尺①处下落,它们的速度会如此的不同以至于当重的一块到达地面时另一块只下落了10多腕尺。"

由于当局不允许伽利略在意大利发表他的著作,他的文章被送到荷兰,于1638年在莱顿被发表。

这是科学的新纪元的开始。世界是不会按照某个主张来构建的,即使主张是由权威制定的,无论那个权威多么受人尊敬,都无济于事。自然规律必须去发现并且用实验去检验。后人并不清楚,伽利略是否完成如传奇中所说的在比萨斜塔的试验,但他确实用精心控制的实验来验证万有引力定律,如用不同重量的光滑的抛光球沿斜面滚动而下,结果没发现有何差异。

伽利略于1642年去世。同年艾萨克·牛顿(Isaac Newton)诞生,他曾做了著名的陈述:"如果说我比别人看得远,那是因为我站在巨人的肩膀上。"伽利略无疑是巨人中的一个。

---

① Cubit。译者注:古代一种长度单位。

第 5 章
来自远古的光——天体物理学

当艾萨克·牛顿发现了万有引力定律,一个全新的篇章被打开了。这个定律适用于无论在地球、月亮或在宇宙任何地方的物质。这就使计算行星轨道,以及预言迄今未见到的行星的存在和运动成为可能。**天体物理学**(astrophysics)从此诞生了。

现在已经可以利用物理定律追溯到宇宙最初的大爆炸。后来人们认识到,大爆炸的巨大能量至今还以环绕在我们周围的电磁辐射的形式释放出来,于是光作为信息使者的功能就扩充到为我们带来宇宙最初时刻的信息。

物理定律还预言和解释了其他一些令人激动的事情——其中,有恒星的坍塌和死亡、**超新星**(supernovae)爆炸、**脉冲星**(pulsar),甚至还有我们宇宙的"窗口"或**黑洞**(black hole)。

5.1 天体物理学的诞生

迄今为止,我们讲述了**天文学**(astronomy)——研究天体及其运动的科学。我们着迷于太阳系的构成及其顺序的发现,但没有提出这样一些问题:为什么行星有那样的运动,为什么它们总在运动?开普勒定律对此,尤其是对轨道半径和轨道周期间的特别的关系,有任何解释吗?这些问题的答案属于**天体物理学**(astrophysics)范畴。

5.1.1 艾萨克·牛顿和万有引力

艾萨克·牛顿(图 5.1),是一位非常著名的科学家,由于他的**运动学定律**(Mechanical laws of motion)使他在科学界内外尽人皆知。他的第一定律是:物体在不受外力作用的条件下保持静止或做匀速直线运动。

图 5.1　艾萨克·牛顿（提供者：摩纳哥邮局）

我们现在知道地球、月亮和其他行星都处于运动中，但不是直线运动。如果我们假定牛顿的运动定律不仅适用于地球，也适用于其他天体，那么地球、月亮和行星必定在某种程度上受到似乎很遥远的力的作用。这个力必定通过它们所绕行的恒星，即太阳，对地球和其他行星产生作用。同样，地球和其他行星也必定对各自的卫星产生作用力。这种远距离的作用力的存在是毋庸置疑的。

人们对重力可能不会有太多的神秘感，因为从儿童时期开始就对它很熟悉。我们从小时候就以扔东西的方法开始做重力的实验（图 5.2）。放手，它就自己落下。不用绳子，没有任何可看得见的东西来拉它——真是不可思议的"远距离作用"！

5.1.2　下落而不靠得更近

据说牛顿获得非凡的想法来自他对一个苹果从树上落下的观察。也许使苹果落下的力和使月亮保持在它的轨道上的作用力相同？也许根据某些处处适用的定律，宇宙中物质的每个颗粒都会吸引另一个颗粒？也许月亮同样下落但**下落得不够靠近**？

图 5.2　早期的地心引力实验

跳雪运动员从他起跳的瞬间下落，而一开始他离地面的高度并没降低，因为斜坡地面下降比他下落得速度快，如图 5.3 所示。当然这不是最终的结果，短时间后他的高度快速地降低直到像他希望的那样实现了软着陆！他在空中能待多久、能跳多远就取决于他的起跳速度①。

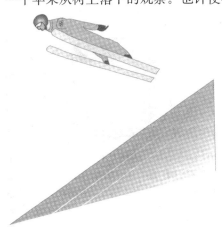

图 5.3　如何能使你下落而不靠近？

现在来考虑一下一个虚构的"超级运动

---

① 我们忽略了浮力和空气的黏度，它们可能对跳雪有很大影响，但不影响讨论。

员",他可以跑得那么远,一跳就能跳到地平线!如果他的速度合适(等于在某特定轨道半径的**轨道速度**),他的飞行路径就会和地球曲率精确地吻合。地面将会保持与他落地的相同速度"离"他而去。他的跳跃永远不会有终点——他将"进入轨道",永远在轨道上飞行!他将保持下落而不会更接近地球(图5.4)。

牛顿认为,如果地心引力延伸到月球的位置,月球同样会落下来。而月亮为什么不会撞向地球的原因可以用像"超级运动员"一样绕轨道运动的道理来解释。它具有自己的轨道速度和轨道平面。

5.1.3 万有引力的奥秘

地球似乎有一种神奇的远距离作用。不论是树上成熟的苹果,还是384 000千米外的月亮,事实上它对所有的物体都产生作用。

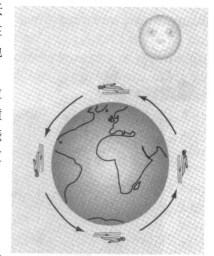

图5.4 "超级运动员"永远在下落

牛顿把这个概念扩展到包括地球以外的力,他做出了普遍性的陈述:宇宙中每个物体都会吸引其他任何物体。"我不杜撰假说"——牛顿并不希望对"远距离作用"做任何哲学含义的推断。在他的《基本原理》一书的第三卷中他提出:

"但迄今为止我尚未能发现这些引力的起因……我的理论框架中没有假设……引力确实存在并且遵循我们所记述的规则起作用,这就足够了。"

正如所预料的,牛顿并不缺少批评者。在克里斯蒂安·惠更斯(Christiaan Huygens)给戈特弗里德·莱布尼茨(Gottfried Leibnitz,1646~1716)的信中写道:"我对他(牛顿)所建立的有关吸引力的理论不满意,也不看好,它对我来说似乎是荒谬的。"法国哲学家勒内·笛卡儿(René Descartes,1596~1650)很有诗意地表达了他的看法:

"我们不得不假设……这些物质颗粒的灵魂被赋予真正非凡的知识,以使它们不用通过任何媒介就能够知道遥远的地方发生了什么并采取相应的行动。"

撇开哲学理念,事实上每件事物的存在,也仅仅因为它的存在,就会产生影响,这种影响将会无限地延伸到空间并吸引每个碰巧遇上的粒子。这种影响随着距离的增大而逐渐减小,但永远不会消失,它永不停止或"耗尽"。

5.1.4 牛顿的万有引力定律

随后,牛顿又基于简单的、合理的论证建立了万有引力的普适公式(图 5.5)。他假定两个质点间的吸引力仅取决于它们的质量和它们之间的距离的平方。

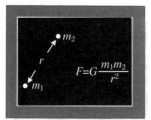

图 5.5 牛顿的宇宙万有引力定律

关于牛顿**万有引力定律**(law of gravitation)的几点说明:

1. 根据牛顿运动学第二定律的定义,也就是根据它们的**惯量**(inertia),得出作用力正比于质量。例如,一个质量具有的惯量是另一个质量具有的 2 倍,它就会施加 2 倍的万有引力。

2. 作用力遵循**平方反比定律**(inverse square law),即与距离的平方成反比。这很像一个在三维空间均匀传播的作用场(图5.6)。

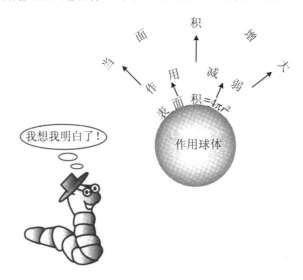

图 5.6 平方反比定律背后的逻辑

3. 作用力与物质的本性无关。相同质量的铝和奶酪所产生的作用力精确地相同。

4. 作用力不能被屏蔽,它们不取决于作用物之间是真空还是中间插有介质,当然要排除中间介质所产生的万有引力。

5. 最后,也许是最重要的,常数 G 是普适通用的,适用于宇宙中的所有物质。

5.1.5 定律的验证

在地球表面重力产生的加速度

毫无疑问,最著名的地心引力(图 5.7)的实验结果是伽利略发现的,即所有下落物体都有相同的加速度,$g=9.8$ 米/秒^2。

故事(可能是历史的误会)讲述,伽利略从比萨斜塔上让不同重量的物体下落,结果发现所有物体落地的时间相同。这与亚里士多德的观点相违背——他认为较重物体的下落速度要比较轻物体的下落速度更快——这个观点被广泛采纳了千余年。

伽利略的结果是宇宙法则的直接结果。在离地心一定距离,例如地球表面,质量为 m 的物质受到大小为 F 的地心引力(称为重力)。

牛顿力学的基本陈述之一,也是牛顿力学的基础是:若物质在力的作用下加速,则

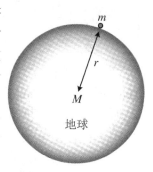

图 5.7 地心引力

$$\text{力} = \text{质量} \times \text{加速度}$$

这个规则适合于所有的力,因此当物质在地球表面上受重力影响被加速时就有 $F=mg$。

比较以上公式和牛顿万有引力定律(图 5.8),可看到 g 仅与地球的质量和半径及普适常数 G 有关。

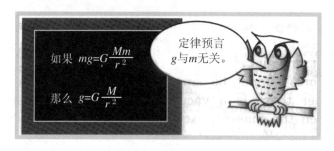

图 5.8　g 与 m 的关系

所有与地心距离相同的物体下落的速度都相同。

在真空中,羽毛的下落速度与石头相同。这是阿波罗 15 的指挥官戴维·斯科特(David Scott)在 1971 年进行的最难忘的演示(图 5.9),他站在月球表面让一根老鹰羽毛和一个铁锤下落。如果演示不在月球上,而甚至是在比萨斜塔上,用真空管进行试验也同样能使人信服。

在任何恒星或行星表面下落物体的加速度可以用图 5.8 中的公式计算。对于

图 5.9 戴维·斯科特在月球表面采样（提供者：NASA）

月亮，$M = 7.36 \times 10^{22}$ 千克，$r = 1.74 \times 10^6$ 米，则月球表面重力加速度的值是 1.62 米/秒^2。尽管指挥官身穿笨重的太空服，他走路却很轻松；铁锤和羽毛一起落下，但加速度比地球慢 6 倍。

在质量比地球大将近 318 倍、半径比地球大约 11 倍的木星上，g 的值是 25.9 米/秒^2（图 5.10）。

月亮落向地球的加速度

第一次估计地球到月球的距离是在公元前约 270 年，如我们在上一章看到的。在牛顿时代之前，已经知道月球绕地球转的轨道半径是 3.8×10^8 米，或接近地球半径的 60 倍。

图 5.10 G 是普适的，但 g 是局部的

知道了靠近地球表面的苹果以 $g = 9.8$ 米/秒^2 的加速度下落，牛顿就能计算出地球引力在到月亮的距离处所产生加速度 g'：

$$\frac{g'}{9.8} = \frac{1}{3\,600} \Rightarrow g' = 2.7 \times 10^{-3} \text{米/秒}^2$$

这就是月亮向地球"下落"（加速）的速率（图 5.11）。

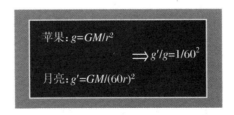

图 5.11

月球轨道的周期

一旦知道了月球下落的速率,牛顿就能够应用他创建的运动学定律计算出月亮的轨道周期。一个做圆周运动的物体具有一个向心加速度 $= v^2/R$。假定加速度是地球吸引力作用的结果,则有: $g' = v^2/R$。

$$v = (2.7 \times 10^{-3} \times 3.8 \times 10^8)^{1/2} = 1\,013 \text{ 米/秒} \text{①}$$

月球轨道周期

$$T = \frac{2\pi R}{v} = 2\pi \frac{3 \times 10^8}{1.013 \times 10^3} = 27.3 \text{ (天)}$$

与观察很好地吻合。

开普勒定律的解释

牛顿很快明白全部开普勒定律都可以从他的万有引力定律导出。

实验观察到的所有结果都证实符合牛顿的力学定律。因此,行星的相关周期以及木星的卫星的相关周期都可以知道。

第4章提到的常数 T^2/a^3 不是一种巧合,而是有其意义的。

难怪牛顿在他著名的发言中说道:

"所有的宇宙机制立即展现在我面前。"

5.2 天体物理研究方法

5.2.1 月亮和下落的苹果

牛顿把他的力学和万有引力定律应用到地球以外的物体,他确认了一个原则,同一法则支配着任何地方的各种现象。苹果从树上落下、地球绕太阳转、木星的卫星的运动,都服从于相同的自然法则。万有引力使我们保持在轨道上,也使太阳保持合适的距离以给生命提供适宜的生存条件。万有引力支配星系中所有的恒星运动,甚至星系自身的运动。

相同的规则立即被扩展到其他的力和其他的物理定律。电磁力和核力都对宇宙运行起相应的作用。太阳以核聚变为动力,它的热能以电磁波的形式传输到各个方向,服从电磁学定律。

---

① 译者注:该公式和原书有差别,原书公式有误,译者做了纠正。

5.2.2 预测新行星的存在

1781年,英国巴斯的威廉·赫歇尔(William Herschel,1738~1822)用自制的10英尺望远镜发现了一颗新行星**天王星(Uranus)**,它离太阳的距离是已知离太阳最远的最外层行星**土星(Saturn)**的约2倍远,轨道周期约84光年。有关天王星最有趣的大概是,随后的仔细测量显示出它的"不规矩",它不完全遵循牛顿万有引力定律所预测的路径运动。甚至在考虑了其他行星的干扰后,天王星也没有精确地遵循用牛顿学说最仔细计算出的日程运行。

对此有一个可能的解释是,牛顿的万有引力定律不能精确地适用于天王星到太阳这样远的距离。接受这种解释或许是万不得已的,但它可能动摇人们认为万有引力定律是自然界普适规律的信念,是对自然哲学的巨大打击。

为什么天王星会"行为不端"?

约翰·柯西·亚当斯(John Couch Adams,1819~1892),剑桥大学数学系学生,提出一种假设:有一个未被发现的行星绕天王星以外的轨道运行。他对此进行了非常艰难的数学计算。可以想象,用涉及一个未知的质量和未知的椭圆轨道的三维计算来解释所观察到的天王星轨道的扰动,其工作量该有多么的巨大。

然而,亚当斯还是在1845年9月完成了他的计算,同时把他的结果提交给了他在剑桥大学的导师乔治·艾里(George Airy,1801~1892),然后转送给格林尼治皇家天文台主任詹姆斯·查理士(James Challis)。他充满年轻人应有的自信心,提出"只要他们在确定的时间将望远镜指向确定的方向,他们就能看到一个人们从来都不知道的行星"。由于亚当斯的年轻和不知名,他的提议并没有引起格林尼治天文台的重视。

海王星在那里!

没过多久,在法国工作的让·约瑟夫·勒维耶(Jean Joseph Leverrier,1811~1877)独立发表了一个非常相同的结果。他写信给柏林天文台长约翰·格弗里恩·加勒(Johann Gottfried Galle),并引起了他的重视。加勒亲自观察,果然在一小时内发现了勒维耶所预言的行星。因此另一颗行星——海王星在1846年被添加进太阳系。这是牛顿理论的一个重大胜利。任何对该理论的怀疑从此消失。

这是个预言未知现象的经典例子。在这个案例中,预言几乎立即被确认。该行星的存在也被亚当斯和勒维耶独立推测出,他们没用仪器,而是用笔和纸。勒维耶的工作被认可,以他的名字命名了一个月球陨石坑——勒维耶陨石坑,以及一个巴黎的街道名——勒维耶路。

冥王星

在近现代,使用20世纪复杂的望远镜发现了对天王星和海王星的附加干扰,导致产生了还有另一个未知行星的假设。终于在1930年亚利桑那的洛厄尔天文台(Lowell Observatory)发现了一个相对较小的行星——**冥王星(Pluto)**[①]。

行星的质量和尺寸以及它们各自的轨道参数表达为地球的相对量,列在表5.1中。

我们可以看到,对所有的行星都有 $T^2 = a^3$(或 $T^2/a^3 = 1$),吻合的精度非常高。

表5.1的最后一列列出了行星轨道平面对地球轨道平面的倾斜度。除了冥王星和较小的水星外,其他行星的轨道近似在同一平面上。

表5.1 太阳系主要成员(2006年)和它们的性质

行星	直径 (地球=1)	质量 (地球=1)	恒星周期 T(年)	长半轴 a (AU)	T^2	a^3	轨道对黄道 面的倾斜度
水星	0.38	0.055	0.240 8	0.387 1	0.058 0	0.058 0	7.00°
金星	0.95	0.82	0.615 0	0.723 3	0.378 2	0.378 4	3.39°
地球	1.00	1.00	1.000 0	1.000 0	1.00	1.00	0.00°
火星	0.53	0.107	1.880 9	1.523 7	3.54	3.60	1.85°
木星	11.2	317.8	11.86	5.202 8	140.66	140.83	1.31°
土星	9.41	94.3	29.46	9.588	867.9	881.4	2.49°
天王星	3.98	14.6	84.07	19.191	7.07×10^3	7.01×1^3	0.77°
海王星	3.81	17.2	164.82	30.061	2.71×10^4	2.72×10^4	1.77°
冥王星	0.18	0.002	248.6	39.529	6.16×10^4	6.18×10^4	17.15°

5.3 其他恒星和它们的"太阳系"

5.3.1 其他恒星系的行星

"他们"知道我们的行星地球吗?

如果我们想象有"小绿人"生活在与我们的行星相似的其他恒星系中,我们可

[①] 根据国际天文联合会(International Astronomical Union,IAU)2006年在布拉格的决定,冥王星不再被列为官方认定的一个行星。它的地位变成矮行星(40多颗矮行星中的一颗)。

以做个很有趣的猜想,他们是否在用高度先进的望远镜观察我们!答案是他们的观察技术必须比我们先进得多,因为从我们的太阳发出的光会完全屏蔽强度较小的从地球反射的光。正如前面提到的,除非他们碰巧是我们银河系的最近邻。而他们得到的有关地球的信息将是数十万年前的过时信息。

直接观察太阳系以外的行星(**外行星**,exoplanet)是很困难的,因为它们会被它们的宿主星的光所掩盖。多数这些行星的存在是从它们对宿主星的运动或光的影响间接推测出的。

这些行星和它们的宿主星在引力的作用下围绕一个称为质量中心的点运动,运动的方式类似氢分子的原子围绕它们的质量中心旋转,中途相连接。恒星质量比它们的行星大得多,因而质量中心很靠近恒星,它们的运动轨道比行星要小得多,如图5.12所示。

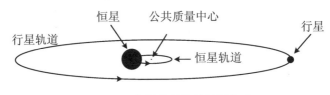

图 5.12　行星绕其他的恒星转动

第一个与**主序星**(main-sequence star)(如太阳)关联的外行星是在1995年被确认的。当时发现一颗巨大的行星围绕飞马座51号恒星做周期为4天的轨道运行,通过测量它在轨道上运行时由于靠近我们和远离我们而产生的光波长的明显变化而探测到该行星①。恒星发出的光表征了它的构成成分,而波长围绕它们的已知波长摆动,当恒星靠近我们时波长变短(蓝移),远离时则变长(红移)。这种"星球摆动"技术到目前为止还是探测外行星最有效的方法。

令人惊奇的是,探测出的第一颗外行星(1992年)环绕一颗脉冲星②运行。像任何其他伴随有行星的恒星一样,脉冲星将会摆动,并且在它发射无线电电脉冲期间这个运动会产生微小的异常。

外行星还可以用**透射光度**(transit photometry)来测定。一颗绕着恒星运行的行星会导致恒星发出的光周期性地变暗(日偏食),这种现象是可以被测出的。最有利的测试条件是当我们看到它时轨道平面是"侧立的"。用这种方法来检测小行星要困难得多,因为它们使恒星光变暗的程度要比像木星那样的大行星小得多。

第一次直接观察外行星是在2004年,是利用红外成像技术在非常合适的条件下得到的。这颗巨大的行星尺寸大约是木星的5倍,它绕褐矮星(一颗非常暗的恒星)运动,其轨道的大小仅是它的5倍。人们在随后的观察中发现了其他外行星,

---

① 由于光源的运动导致光波长的明显变化称为多普勒效应,将在第7章介绍。
② 脉冲星将在本章后面讲述。

其中,在 2008 年人们就直接用可见光成像发现了一颗外行星。

2012 年 5 月,美国国家航空和宇宙航行局(NASA)发布直接观察到一颗小的外行星,其直径大约是地球的 2 倍。它总是同一面对着恒星做轨道运行,所以这一面非常热。观察是在红外波长范围进行的,行星热的一面非常亮,而恒星发出的光在可见光区域的强度就要低些。(行星被照亮的一面温度可高于 2 000 K,其热度足以把金属熔化。)

5.3.2 其他星系

银河系并不是宇宙中的唯一的恒星簇。埃德温·哈勃(Edwin Hubble,1889～1953)在 1924 年证实了当时被认为是**银河系外星云(extragalactic nebulae)**(如**仙女座星云,Andromeda nebula**),实际上是类似于我们银河系的巨大恒星的集合体。光从星系的一边到达另一边需要十几万年。

离银河系 17 万光年的**大麦哲伦星云(Large Magellanic Cloud)**是我们的最近邻。在组成我们的"本星系群"的四个成员中,最大的是 M31——仙女座星系——在大约 220 万光年的远处。(图 5.13 中许多明亮的星星是属于我们星系的,要近得多。)

哈勃是第一个认识到在广袤的宇宙中银河系只是数十、上百亿个星系中的一个小小的星系的天文学家(图 5.14)。我们现在知道,宇宙中有着比我们银河系包含恒星数目更多的星系。在离我们两百多亿光年远处有很多星系。

图 5.13 M31—仙女座星系(提供者:NASA 马歇尔太空飞行中心,NASA-MSFC)

图 5.14 HCG87 星系群(提供者:NASA/ESA)

1929 年,哈勃有了惊人的发现:在其他星系发出的光中,基础元素特征谱线的波长有系统性的变化(他发现,测量到的波长比预料的长,谱线"红移")。他把这种现象归因于**多普勒效应(Doppler effect)**,推断几乎所有的星系都朝远离我们的方向移动。星系越远,移动越快。在 100 或 200 光年远处的星系正在以接近光速的速度后退。

哈勃导出了远处星系的后退速度 v 和它与我们的距离 r 之间关系的方程。他结合自己测量的距离和另一美国人维斯托·斯里弗尔(Vesto Slipher)测量的红移,建立了**哈勃定律**(Hubble's law):

$$v = Hr$$

H 为**哈勃常数**(Hubble's constant),他估计的值是每千秒差距 150 千米每秒(即 150km/s/kpc)[①];更新的估计值是平均约 75 km/s/kpc。(1 kpc = 3.09×10^{22} m。)对于 H 没有被普遍接受的值。

"星系距离越远,远离我们的速度越快,红移的程度也越大。"

距离我们近些的恒星红移程度较小,有时会由于地球绕太阳运动而被掩盖。

一个引人瞩目的推论

证据表明,星系正以一种总体的方式离我们远去,由此得出一个不可避免的推论:

"宇宙,即整个太空,质量和时间正在以可观的速度膨胀。"

5.4 重构过去

物理定律可以用来预计一个系统将来如何发展。同样,也可以用来重现过去。通过对现在宇宙的观察,人们可以构建远古时代宇宙的模型。这是一个令人着迷的运用,一个基于观察我们周围的世界的线索的史诗般的侦探故事。

在 20 世纪中期,对于宇宙的起源有两个相互矛盾的理论。

5.4.1 稳态宇宙论模型

最初一个模型由詹姆斯·琼斯(James Jeans,1877~1946)在 1920 年代提出,1948 年由弗雷德·霍伊尔(Fred Hoyle,1915~2001)、托马斯·高(Thomas Gold,1920~2004)和赫尔曼·邦迪(Hermann Bonding,1919~2005)修正,这个模型假定宇宙是并且一直是具有空间和时间上的有效均匀性。宇宙没有开始也不会有终止,它总是处于平衡状态,基本上始终不变。这个模型的预测之一是物质正在不断

[①] 译者注:千秒差距(kpc)是表示长度的天文单位。1 秒差距=3.2616 光年=3.2616 光年=308568 亿千米。1 千米差距=1000 秒差距≈3.09×10^{22} 米。

另:1 光年是光在 365.25 天所走的距离。

创造真空。这种创建过程超级慢,慢的程度达到每 10^{10} 年每立方米(移除)一个氢原子;然而我们也不断得到一些无中生有的东西,这样的模型必然违反能量守恒原则。

5.4.2 大爆炸理论

这个宇宙论的模型是把宇宙的膨胀归入它的框架中,在提出时有些争议。如果宇宙现在正正膨胀,就没有理由说它过去不曾膨胀。由于宇宙密度较小,物质的万有引力相对较小,以前宇宙的膨胀可能会比较慢,但膨胀总是存在的。

乔治·伽莫夫(George Gamow,1904~1968)和他的同事用数学方法逆推膨胀过程并发现,追溯到 150 亿年前,宇宙开始于一个无限致密和无限热的点。

可以推测,宇宙在那一瞬间诞生,发生了大爆炸。这意味着创建瞬间超越了物理学定律,这也是为什么大爆炸理论备受争议的理由之一。同时,也难以理解宇宙为什么还在继续创建,在这点上稳态模型应该是更容易被接受的。

假定大爆炸后物理定律立即适用,可以在第一时间进行重组,我们就可以再次返回到几分之一秒。在第一个百分之一秒,温度大约是一千亿摄氏度(10^{11}℃)。第一个三分钟后,宇宙快速冷却到十亿摄氏度(10^9℃)。像电子、正电子、中微子及后来的质子和中子等基本粒子都处

于激烈的运动状态。每对粒子不断释放出能量并迅速湮灭。核能产生出电荷相反的粒子对,而电荷运动则产生电磁波。终于,宇宙充满了光。

研究宇宙远古时期发生了什么是一种最激动人心的智力冒险。根据物理定律的数学模型能够做出设想,并在某种程度上在高能粒子加速器上进行试验。这就有了另一种方法,寻找这些早期瞬间的"宇宙遗迹"。

5.4.3 发生在过去的爆炸

1959 年,在新泽西的霍姆德尔的贝尔电话实验室建成了一个喇叭状天线,用以支持 NASA 的无源通信卫星项目的反射信号(ECHO)(图 5.15)。阿诺·彭齐亚斯(Arno Penzias,1933~)作为一个射电天文学家在 1961 年加入了贝尔实验室。他有意向利用喇叭天线来做研究,但遗憾的是当时它还不适合用来做纯粹的研究。

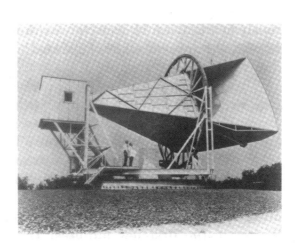

图 5.15　回声喇叭天线（提供者：NASA）

在 1962 年年中，一颗新的贝尔系统人造卫星被发射了，这是一颗通信卫星（TELSTAR），具有超高灵敏度，从此不再需要喇叭天线。用彭齐亚斯的话来说，就是"好运气来得正是时候"。同年，第二位射电天文学家罗伯特·威尔森（Robert Wilson,1936～）进入贝尔实验室。1963 年初他们筹备了一个合作项目。

他们刚一开始使用天线就注意到背景**微波噪声**的干扰，不管怎样尝试都无法消除它。背景噪声的波长是 7.35 厘米，远比通信频率低，因而不会干扰反射系统。他们让那个喇叭朝向纽约市的方向——它并不是都市的干扰。他们甚至移走在喇叭里建巢的鸽子，但噪声仍然持续，也不因季节而变化。唯一的解释是它们可能是一种来自四面八方的电磁波信号。

1965 年春天，普林斯顿大学理论家 P·J·皮布尔斯（P. J. Peebles,1935～）在不知以上"技术"问题的情况下，在霍普金斯大学做了个报告。在报告中他讲述了

罗伯特·迪克（Robert Dicke,1916～1997)和他自己的工作，他们预言了宇宙早期大爆炸的宇宙遗留物——电磁辐射的存在。这样的辐射需要在物质形成的初始几分钟内从核相互作用中获得能量。这个理论甚至预言了随着宇宙膨胀，辐射波长就会变长，直到目前变到微波波段。

1965 年以来，射电天文学家对彭齐亚斯和威尔森曾经努力消除的"烦人的"辐射进行了研究并做了记录。毫无疑问，这些辐射正是皮布尔斯预言的遗留物，远古时代的遗留物。彭齐亚斯和威尔森发现了金子——来源于宇宙最初时刻的信号。

他们获得了诺贝尔 1978 年的物理学奖。

5.5 恒星的生命和死亡

一颗恒星的核心就是它的"锅炉房"。在典型的恒星中,像我们的太阳,在热核反应中氢核相互撞击聚变成氦并释放出能量。结果,恒星的核心向外施加压力,而同时在压力和万有引力间又有一种微妙的平衡,这样就导致恒星向自身坍塌。

5.5.1 白矮星(white dwarf)

苏布拉马尼扬·钱德拉塞卡(Subrahmanyan Chandrasekhar, 1910~1995),出生于拉合尔的印度天文物理学家,是最早把量子力学定律与经典的万有引力和热力学定律结合起来用于恒星演变的物理模型的科学家之一。在从印度到英国的航程中,他发展了恒星"死亡"的理论基础,尤其是恒星的原始尺寸对过程的影响。

当氢"燃料"用尽后,"锅炉"内的压力下降,平衡就反过来了。恒星的中心充满了氦,它被引力进一步地压缩直到其密度远远大于地球上所发现的最重的材料。氦核进一步聚变形成碳和更重的元素并产生更多能量和向外的压强,但最终还是引力占优势,恒星就坍缩了。在坍缩期间,引力势能转换成辐射和热能。恒星核外的材料被炸飞。如果恒星的质量

小于太阳的 1.44 倍(钱德拉塞卡极限),恒星的"死亡"要相对慢些。它将变成白矮星并在数十亿年后消失。我们的太阳同样等待着这样的命运,最终它也会死亡,变成一个寒冷黑暗的球体。

白矮星上的一块方糖大小的材料,如果被带到地球上将会有约 5 吨重。

5.5.2 超新星(supernovae)

如果恒星的质量大于钱德拉塞卡极限,那么就会有更猛烈的"死亡"等待着它。其结果,"死亡"来临得很剧烈,坍缩发生在瞬间,其星球的核收缩直到电子被迫与原子核中的质子结合。在恒星的核心,万有引力要比电力和核力量都强大。恒星剩下的残片被喷射入太空。这样,恒星在它生命的后期大约几周内通过辐射将能量耗

尽,变成超新星。

仅仅留下完全由中子构成的恒星的核心——中子星。它的密度相当于原子核的密度,约 10^{17} 千克/米^3。一块方糖大小的中子星的物质重量约有 1 亿吨。形象的比喻,经历二次世界大战的最重的坦克,德国的虎王 2,重量也就是 70 吨。一块浓缩中子方糖的重量相当于一百多万辆虎王坦克的重量——事实上,它的重量要比 20 世纪所有参战的装甲车辆的总重量还要大得多!如图5.16 所示。

图 5.16 中子星质量的比较

过去一千年内银河系已有 5 颗这样的超新星被记录下来(表 5.2)。第一颗要追溯到 1054 年 7 月 4 日:

"至和元年五月己酉,客星辰出天关之东南可数寸(嘉祐元年三月乃没)。"[中国宋代记载。]

我们现在知道,中国人看到的是恒星的"死亡"而不是诞生。

表 5.2 银河系的超新星

年 份	超 新 星
1054	中国人
1151	
1572	第谷
1604	开普勒
1667	仙后座(从其残留物推断)

5.5.3 其他星系的超新星

利用现代的望远镜,每年都能观察到在遥远的星系有数百颗超新星爆炸。它们多数都如此的模糊以致很难研究它们。

1987 年，在大麦哲伦星云观察到了一颗超新星，它被命名为 SN1987a。它标志了一颗质量接近太阳 20 倍的恒星 Sanduleak-69202 的"死亡"。第一次是于 1987 年 2 月 23 日夜晚在智利观察到的，然后，随着地球的转动，先后在新西兰、澳大利亚和南非也被观察到。

图 5.17 是哈勃望远镜在 1991 年拍摄的。它显示有一个气体环围绕着 SN1987a，这个气体环是超新星爆炸数千年前的原始星球的前身。从气体环前沿来的光到达地球将近一年后，后沿的光才到达地球。这就给出了气体环很精确的物理直径。天文学家通过测量环的角直径，然后计算出从地球到达麦哲伦星云的距离大约为 169 000 光年（误差在 5% 以内）。接下来的几年里，随着扩张性爆炸的继续，包裹层会变得更透明，使天文学家能够最详细地研究这些宇宙遗迹。

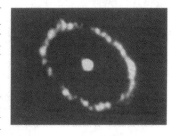

图 5.17　环绕 SN1987a 的气体环（提供者：NASA/ESA）

5.5.4　脉冲星（pulsar）

中子星（Neutron star）不"发光"，不像其他恒星发射稳定的光。它们发射特征脉冲电磁波，因而中子星常被称为"脉冲辐射星"或**脉冲星**。

所有旋转物体都具有角动量，恒星也不例外。在没有外界影响的情况下，角动量是常数（图 5.18）。这就意味着当恒星缩小时，它就会旋转得更快（就像一个滑冰者，如果她缩起外腿，而胳膊紧贴她的身体，结果就会旋转得更快）。

脉冲星的活动如同快速旋转的磁体，发出旋转的电磁辐射射线，像个"太空灯塔"（图 5.19）。它的质量来自原始恒星的核心，比太阳大 1.44 倍，但它的半径仅有 10 千米。如果地球刚好位于光束的线上，我们将会看到光源的每次脉冲掠过的光束。

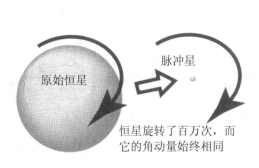

图 5.18　恒星的角动量

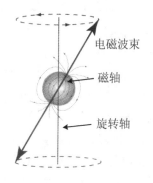

图 5.19　太空灯塔

图 5.20　约瑟琳·贝尔·伯奈尔
(提供者:Jocelyn Bell Burnell)

脉冲星的最初证据在 1967 年来自于英国剑桥的 4.5 英亩射电望远镜阵列。(发现者)约瑟琳·贝尔·伯奈尔(Jocelyn Bell Burnell,1943～)(图 5.20),生于北爱尔兰的贝尔法斯特(Belfast),硕士研究生,师从安东尼·休伊什(Antony Hewish,1924～),她发现了一个间隔时间为 1.3 秒的无线电波源。脉冲是有规律的,像个信号一样——也许来自另一行星?

这个源被暂定名为 LGM1 ("Little Green Man 1",小绿人 1 号),并被持续监视。在一个月内,又发现了第二个源,那时它已经是 100% 的清晰,可以看到那不是外星智慧生物,而是一个行为像快速旋转的磁体的中子星。

图 5.21 是一幅从约瑟琳·贝尔的原始记录的摘录图。底部的标记是以一秒为时间分度,因而 LGM1 的脉冲是一又三分之一秒。信号很弱并且常常会降低到低于检测的阈值,但当它重现时仍是同步的(节拍)。

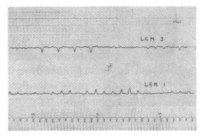

图 5.21　原始记录图的摘录(提供者:约瑟琳·贝尔·伯奈尔)

1974 年,诺贝尔物理学奖"因脉冲星的发现"授予了安东尼·休伊什和"因在射电天文学上的开创性的工作"授予了马丁·赖尔(Martin Ryle,1918～1984)。而约瑟琳·贝尔因建立了射电望远镜并最先注意到脉冲中子星的信号的贡献也应该获得此奖项。

1963 年,中国**超新星**的**残余物**被发现。它位于 5 500 光年远处的蟹状星云。追溯它的膨胀过程的计算表明它应该在 1054 年被从地球上观察到过。因此,确切的爆发发生在 5 500 年前,约公元前 4 500 年。

5.5.5 黑洞

运动,静止,与重力竞争!

中子星并非恒星的生命和死亡的"尽头",万有引力仍在工作,把物质压缩得越来越紧密。物质越紧密,向内拉力越大。如果原始恒星足够大,由它产生的中子星也只不过是处于中间阶段,它在引力作用下不稳定。钱德拉塞卡曾做过计算,如果原始恒星质量超过太阳的3倍,它产生的"电子简并物"(中子星)就再也不可能存在。它将进一步坍缩——最终牺牲于引力。由于如此大的质量浓缩于如此小的体积,引力处于支配地位,没有任何东西可以阻止它。越往后的塌缩过程,引力越大,结果密度变成无限大。我们到达一个宇宙中的窗口,它朝向我们外面的另一个世界,一个无法交流的世界。物质可以被吸入,但没有任何东西可以离开,甚至于光。于是有了一个**黑洞**(black hole)。

罗伯特·奥本海默(Robert Oppenheimer,1904~1967)(图5.22),他后来在曼哈顿计划的工作可能使他更加闻名,他第一个把广义相对论用于研究巨大恒星崩塌时发生了什么。最终的结果和经典牛顿力学预计的相同,但力学较难于把它形象化。时空曲率(有四个维度,将在第15章介绍)急剧增大。这很难想象,但有个很有用的二维模拟,即用一根编织针推动平面膜。膜的形变越来越大,最终被刺穿。二维空间不复存在。

黑洞是一个时空奇异点。正如我们所了解的空间和时间不复存在,正如我们所了解的物理定律也不再适用(图5.23)。

图5.22 J·罗伯特·奥本海默(提供者:洛斯阿拉莫斯国家实验室)

图5.23 艺术家印象中的一个正在吸积物质的黑洞(提供者:NASA/JPL-加州理工)

奥本海默的工作已成为许多物理学家和数学家理论研究的丰富资源。斯蒂芬·霍金(Stephen Hawking)、罗杰·彭罗斯(Roger Penrose)、约翰·A·惠勒(John A. Wheeler),以及钱德拉塞卡(Chandrasekhar)是一些与这个课题相关的比较著名的科学家。

200多年前,皮埃尔·西蒙·拉普拉斯(Pierre Simon Laplace,1749～1827)假定:

"一个密度与地球相同的发光恒星,直径是太阳的250倍,由于它的引力,不会有任何光线到达地球。由于这个原因,在宇宙中哪怕是最大的发光体,也可能是不可见的。"

5.5.6 逃逸速度(escape velocity)

如何从大的质量中逃逸

对未来的太空旅行者来说,所要面临的第一个障碍就是地球的引力。克服引力的能量可以由火箭燃料提供。或者你可以水平加速,然后翻转火箭向上远离地球,再关闭发动机,利用动能来克服引力。能克服引力所需的速度称为逃逸速度。某些相关的逃逸速度列于表5.3中。

表5.3 某些逃逸速度

逃逸地	速度(km/s)	速度(mph)
地球	11.2	25 000
月亮	2.4	5 400
木星	58	130 000
太阳	620	1.4×10^6
中子星	$\approx 150\,000 \approx 0.5\,c$	3.4×10^8
黑洞	$> c$	

注:c 为光速;1 km/s=2 236.9 mph(miles per hour,英里每小时)

5.5.7 怎样"看到"不可见的现象

黑洞不再是科学的推测。即便光不能从黑洞内部逃逸，我们还是能通过观察在它的周围发生了什么来确定它的存在。靠近黑洞的物质被吸入并且像塞孔里的水绕着它旋转。当电荷发生旋转时它们会发射电磁波——一种"最后挣扎"的信号返回宇宙。X 射线和其他辐射不是从黑洞发出的，而是从旋转进入它的物质的**吸积盘**(accretion disc)发出的。

钱德拉 X 射线天文台 2002 年 2 月份的报告提供了强有力的证据，表明在银河系中心附近有一个超大质量的黑洞，人马星座 A*。据最近估计，这个黑洞比太阳重 370 万倍并且非常致密，直径至多只是 45 AU。人们普遍认为，多数的星系中心都隐藏着超大黑洞。

5.5.8 银河系中的奇异事件

2002 年，位于麒麟星座的一颗距离太阳两万光年的恒星 V838 突然变亮（图 5.24）。它的最大亮度是太阳的 100 万倍，它当时是银河系中最亮的恒星之一。

随后的一系列过程，例如哈勃望远镜的记录等（图 5.25），已在前面叙述过。对辐射谱线的检测得到一个有趣的结果，表明有高浓度的 Li、Al、Mg 和其他元素存在。这就导致了这样的假设：这些元素来自曾经绕这颗恒星运行的行星，因这些行星爆炸而蒸发出来的。大约 50 亿年前，我们的太阳系也可能经历过相同的命运！

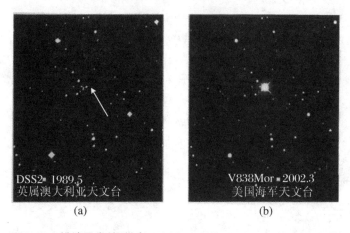

图 5.24 麒麟星座（提供者：NASA, USNO, AAO, Z. Levy(STScI)）
(a) 麒麟星座，1989；(b) 麒麟星座爆发，2002

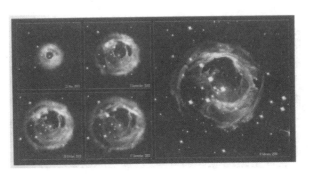

图 5.25 哈勃观察到的爆发进程(提供者:NASA,哈勃遗留物团队(AURA/STScI)和 ESA)

5.5.9 时间是静止的

对于黑洞,预计还有其他一些奇异的特性。根据广义相对论,在一个强引力场中,时间会变慢。在黑洞这样的极端环境下,我们只能得出这样的结论,时间对于我们是静止的。做个"思维的实验",让我们想象有一个太空旅行者正在接近一个黑洞。对我们来讲,他的最后的动作将变得非常缓慢。他的脉搏慢了下来,而他的心脏每百年才跳动一次。最终他"凝固在时间里"。他的最终形象就永远停留在他被吸进黑洞前的样子!

历史的插曲

艾萨克·牛顿(Isaac Newton,1642~1727)

艾萨克·牛顿(图 5.26)于 1642 年 12 月 25 日①圣诞节出生于林肯郡伍尔索普村他母亲的房子里。他出生前三个月,身为农夫的父亲刚刚去世。在牛顿两岁时他母亲改嫁并把他托付给了他的外祖母,他因被母亲和继父(Barnabas Smith)抛弃而愤恨。他后来非常明显地坦诚了这种憎恨:"威胁我那姓史密斯的父母亲,要把他们连同房子一齐烧掉。"

在 1656 年牛顿回到他父亲农场期间,他把他的大部分时间用于修补机械设备、解答数学问题和设计自己的实验上。他的舅舅威廉·艾斯库(William Ayscough)注意到了年轻的艾萨克·牛顿对务农不感兴趣,他的兴趣在别处,于是艾斯库在 1661 年安排牛顿到自己的母校——剑桥大学三一学院学习。

图 5.26 牛顿(提供者:科学博物馆/SSPL)

---

① 根据 1752 年在英国采用的公历,这个日期应该是 1643 年 1 月 4 日。

尽管他的母亲似乎在经济上富裕,牛顿还是不得不去工作以维持他作为一个大学减费生的费用,为较富裕的学生服务。他坚持写日记,从中我们知道了他不喜欢学生生活,喜欢一个人独处,他专注于阅读所有他能找到的包括逻辑学、哲学和数学的书籍。他尤其对欧几里得几何的精彩逻辑着迷,他感到欧几里得几何导出的结论是无可争辩的真理。可能因此促使他写了题为"若干哲学问题"的论文,在论文的序言中他用拉丁文写道:"柏拉图是我的朋友,亚里士多德也是我的朋友,但我最好的朋友是真理。"

牛顿在1664年获得数学学士学位。接下来,学校由于严重瘟疫关闭了两年。当时仅伦敦一地在两年期间有超过三万人死于黑死病。牛顿回到林肯郡,在自己家里继续学习度过了1665年和1666年这两年。结果证明,这些年是他生命中最有效率的几年。他不仅广泛地学习了数学,而且有了一系列的发现。随后,在他不到25岁时就创建了他在光学方面的见解和可能是最重要的运动定律及宇宙万有引力定律。同时,他还致力于研究微积分计算的数学基础,他把它称为"微分法",并把它用作普通技术来计算似乎不相关的项目如面积、曲线的切线以及函数的极大和极小值。

直到许多年后,牛顿还没有发表他的任何结果。除了他给朋友的信中提到他在光学方面的一些工作外,他总是保留自己的想法没有外传。这就导致了他和德国哲学家戈特弗里德·莱布尼茨(Gottfried Libnitz,1646~1716)的优先权的争论。

当剑桥大学在1667年瘟疫过后重新开课后,牛顿申请了奖学金并立即得到高级研究员的头衔。这就允许他在研究员的桌上就餐——与一个减费生相比,地位相当高。更快的晋升几乎是在一瞬间,当巴罗(Barrow)1669年辞去卢卡斯数学教授(Lucasian Chair of Mathematics)席位时他就被委派到该席位,当时他年仅27岁。

1670年元月,牛顿作为卢卡斯数学教授开始讲授他的第一门课程。课程讲授他在瘟疫的几年期间所做的实验。他一个人在自己的房间中仅用了最简单的设备,发现了有关光的一些新的与传统观点不同的特性。1672年,他发表了他的有关光和颜色的第一篇科学论文,文中他以形象的风格讲述了他的实验:

"我得到了一块三角形的玻璃——棱镜片,然后使我的屋子变暗并在窗门上钻个小孔以使适量的阳光透入……起初我很高兴地观看它鲜艳而明亮的颜色,片刻后我便慎重地去研究它们。"

光通过棱镜片产生彩色光谱的古老的"解释"是基于这样的一种假设:一束光线通过像玻璃这样的一种介质时逐渐被改性。这种改性表现为颜色的改变。在棱镜的薄边光线变化明显,变成了红色;当光线通过中间部分时会变得暗些,并变成绿色;当它通过最厚的部分时变得更暗,变为紫色。这不能被称为"解释",因为它没有涉及任何光的本性,而且显然是错的,这可以很容易地用光线通过不同厚度的玻璃的现象来说明。然而,当时并没有合适的实验来测试这个自然法则。假说没有被检测,而是简单地接受像亚里士多德那样权威的哲学家的观点。

牛顿提出了光通过玻璃一类的物质时并没有改性,而是发生了物理分离的观点。根据他的观点,白光是由不同颜色的光合成的,每一种光产生一种不同的颜色。这些射线以稍微不同的角度被折射,当它们进入玻璃,它们的组分就分离,然后继续不变地向前传播。他还发现,颜色不影响光亮和黑暗。

牛顿精心设计的方法可以用他自己的话来说明:"我时常把我研究的课题放在面前,并等待直到黎明的第一缕曙光渐渐到来,渐渐地,天完全亮了。"

牛顿不依赖假设,而是坚持用他的实验现象来证实。他利用第二个反向棱镜片就可以把彩色光再合成原始的白光。"这就证实了白色是光的通常的颜色。所以光是各种颜色光线的杂乱的聚合,因为当这些颜色从发光体不同部分投射出来时是混合在一起的。"

后来牛顿还尝试了另一个实验,说明了一种颜色一旦被分离它就不能发生进一步的变化:"然后我放置了另一个棱镜,让光线也能通过它并在它到达墙壁前再次被折射……当某一种颜色的光线从其他种类那些颜色的光线中分离出来后,它始终顽固地保留它原来的颜色,尽管我尽最大的努力去改变它……"

许多和牛顿同时代的人不能接受和已有观点不同的新思路。可以想象得到,人们是不愿意容许某一个已建立的学说不仅被修改,甚至被认为是完全错误的。剑桥的另一个物理学家,罗伯特·虎克(Robert Hook,1635~1703)与牛顿卷入了一场激烈的辩论。争论变得激烈并恶意化成人身攻击,没有什么力量能够阻止任何一方。正因如此,牛顿的常用语"如果我看得比别人远,是因为我站在别人的肩膀上"被怀疑是蕴含讽刺,因为虎克是个矮小、驼背的畸形人。

批评和争吵使牛顿封闭了自己,尤其是他不再发表任何更多的想法。他的《光学》(Opticks)一书直到30年后,即1704年才出版。在他给他当时的朋友戈特弗里德·雷布尼茨(Gottfried Leibnitz)的信中,他透露:"我被由我的有关光的理论的出版物所引起的讨论所困扰,以至于我谴责自己的鲁莽,因为它使我远离了美满、安静的物质生活而去追寻那个虚无缥缈的影子。"

牛顿最大的成就是他建立的作用力和运动定律,这还要追溯到躲避瘟疫期间他独立进行的并保留多年未发表的工作。苹果下落的故事来源于他的朋友威廉·斯图克雷(William Stukeley)所写的传记,他叙述了他和牛顿在苹果树下喝茶的故事。他们讨论的主题是远距离作用的奥秘,即物体在不互相接触的情况下为什么能相互施加作用力。可以使用同样的力施加到月亮和下落的苹果吗?

牛顿继续了伽利略未完成的研究。伽利略发现了地球上所有物体在重力作用下具有相同的加速度;牛顿则建立了一个普遍的定律来解释其原因。不仅如此,他还计算了为什么月亮绕地球一周需要用大约27天。著名的《自然哲学的数学原理》(Philosophiae Naturalis Principia Mathematica)最终在1687年出版,似乎是由于有关光谱的争论导致了出版的推迟。1692年牛顿得了慢性病,他患有失眠、抑郁症和烦躁不安。他决定放弃科学生涯去寻找其他工作。但是,伦敦贵族学校——卡特尔修道院的校长的位置不符合他的要求。他有些不客气地写道:"……除了教师,我都不考虑,只是每年200英镑的年薪,就被禁锢在伦敦这样的空气里,这种生活不是我想要的……"

1699年,他以1 500英镑的巨额年薪签约了皇家造币厂的主管职位。他工作得非常认真,并且利用他的天赋和想象力发明了防止伪造假币的方法。1703年,他被选为皇家学会主席,这是英国科学界享有巨大权力的职位。他连任直到去世。牛顿于1704年被安妮女皇(Queen Anne)封为爵士——是第一个获得此殊荣的科学家。

牛顿和戈特弗里德·莱布尼茨之间谁是微积分的发明人的争论占据了牛顿的大部分晚年生活。莱布尼茨在1684年发表了他的论文"一种求极大和极小值的奇妙的计算方法"(Nova Methodus pro Maximis et Minimis itemque Tangentibus)。它包括了我们现在称为微分计算的基本概念。这些概念,特别是计算切线的方法和牛顿的方法都是根据相同的原理。两年后,1686年,莱布尼茨发表了关于积分计算的文章,第一次出现了现在熟悉的积分符号。

考虑历史背景:牛顿写于1671年的未发表过的有关微分的著作直到1704年才出版,然后作为两个数学附录出现在他的《光学》一书中。约翰·柯林斯(John Collins)在1736年,牛顿去世9年后出版了它的英文版。

同时,约翰·凯尔(John Keill)在1710年《皇家学会哲学学报》(The Philosophical Transactions of the Royal Society)上发表了一篇文章谴责莱布尼茨剽窃牛顿的成果,仅在符号上做了改变。当莱布尼茨读到这篇文章时,他做了强烈的抗辩,他立即写信给学会秘书声明他从未听说过微分,要求对方道歉。在尽可能与牛顿本人沟通后,凯尔的回复以更激烈的预言重申了他的谴责。莱布尼茨立即要求收回谴责,强烈的争议从此开始了。

皇家学会成立了一个委员会来研究这个案件。由于牛顿是学会的主席,案件很难处理得公正,不出所料,报告的结果倾向于牛顿。为了确定这个事件,1712年牛顿写了个匿名报告发表在皇家学会学报上。

牛顿是坦率、诚实的,同时也是严谨的,只是他不愿意放弃他的信念或向他的对手妥协。据说他曾是以下名言的原创者,"策略是表明观点而不是树敌的技巧",但他还是容易被激怒。他的许多朋友最终还是变成了敌人。

正如人们所预料的,他变得健忘,常常会忘掉他的想法。据说有一次他请客人吃饭,自己却从饭桌边走开去做他的研究工作而忘记返回餐桌。

显然，牛顿沉湎于思考他的发明和有关的自然定律是如何应运而生的这样一个深层次问题：

"是否盲人偶然知道了光和什么是光的折射，而给所有生物装上眼睛，然后以最奇妙的方式使用它？所有这些以及类似的想法都已经或即将说服人类相信，世界上存在着一个人，他创造了一切，他掌管一切，因而他受到人们的敬畏。"

第 6 章
波的概述

波是什么？由于波的种类繁多，我们计划将不同种类的波分在几个互相独立的章节来叙述。某地区遭到地震毁坏和某种乐器发出和声这些事件有什么相同之处？在这一章我们将揭示这些事件以及其他一些现象之间的基本的共同点。

波可以把能量从一个地方携带到另一个地方，它们也可以作为信使来传递信息。我们关注不同种类的波是怎样产生的、它由什么东西"组成"，以及它们如何实现携带能量和担当信使的功能。

为了叙述波在某些方面的行为，我们首先需要用数学方法描述波的性质，然后才能对自然界观察到的与波有关的许多现象做出定量的预测。在对波进行数学分析时，通常采用波的最简单的形式——连续的正弦波。令人感到惊奇的或者至少也是让人感到高兴的发现是，用许多这样的正弦波通过简单地相加可以构成非常复杂的周期性的波。

6.1 波——通信的基本方式

在谈论**波**(wave)的时候，我们最有可能联想到海滨的景象：拍岸的惊涛骇浪，大概还有在暴风雨中颠簸的轮船(图 6.1)。当调查者被问及"最普通的通信方式是什么？"时，不大可能得到"波"这一答案。但是，太阳发出的光和热是通过波携带的。没有光波和声波，人们彼此之间既看不到也听不到。即使是触觉，神经对刺激的传输也是由波包组成的。

电磁波(electromagnetic wave)弥漫在整个空间，没有电磁波宇宙就不可能存在，电磁波是本书论述的主要课题，而光是这一家族的成员之一。电磁波是以某种不可思议的方式传播的，我们将在以后的章节中讲述。

我们已经学会制造电磁波并将其应用于多个方面，其中的大部分用途都被认为是理所当然的。无线电波促进了远距离的通信,使我们可以听到和看到最近的新闻,可以观看自己喜欢的电视节目,我们可以从空间探测器接收到月球表面的信息。在医药领域,激光产生的波用作外科手术刀,X射线用于检查身体的透视图片和放射性诊疗,红外波用来对肌肉做热敷和缓解疼痛,微波用来烹调食物,雷达用来为飞机和舰船导航。最后,但并非微不足道的是,从遥控器发出的一束细小的红外线可以使我们即使坐在电视机前的扶手椅上就能轻易改变电视频道。

图 6.1 乌拉圭凯博波洛尼奥(Cabo Polonio)沙滩的波浪
(提供者:Johntex,2006)

我们一旦意识到波的种类看起来有无穷多,就会产生这样一个问题:所有这些波都具有哪些共同点? 我们怎样用数学方法来处理这些波?

有什么理由说光是一种波呢?

6.1.1 介质中的机械波(mechanical waves)

当介质被波扰动时,一些分立的粒子围绕其平衡位置振动,并通过它们之间的相互作用传播能量。

如果将一块石头丢到水塘中间,那么在水面上就会产生一圈一圈向外扩展的圆环状的波(图6.2)表示了一根胶带在水中形成的表面波。明显地表现出有某些东西在传播,但那并不是水本身。处于波的路径上的鸭子随波起伏,但在波传播方向没有产生明显的移动。孤立的水粒子在确定位置的振动产生能量传播,而这些粒子本身并没有从水塘中央向边缘移动。

图 6.2 往水中丢进一根胶带产生的表面波(提供者:Roger McLassus)

借助于维持在平衡点附近的往复振动,机械波把能量、动量和信息从一个地方传输到另一个地方。

无论是自然产生的波还是人工制造的波,都可以根据所传播的扰动的种类,以及扰动本身的变化方向与能量传递的方向之间的关系来进行分类。

当分子被外来的周期性变化(有规律的重复)的力激发时,它们开始振动并形成移动的机械波。每个分子个体保留在原地不动,而能量由一个分子传递到另一个分子,因而从一个地方传输到另一个地方,这样,能量就通过分子间的相互作用在材料中传输。这种相互作用的细节与材料有关。所以,利用显微镜中的标度得出分子响应的程度就可以衡量材料的弹性。

机械波是通过分子与相邻分子间的相互作用而传播的,所以它在真空中不存在。

6.1.2 横波(transverse waves)

波的能量传输是通过粒子沿垂直或平行于能量传输方向的振动而产生的。在由石头引起扰动的情况下,水面上下起伏而波沿水平方向运动,这种波称为横波。

横波是这样一种波,它在固定点的局部扰动方向垂直于能量传播的方向。

要想产生横波,就需要分子以某些形式连接在一起,当分子被连接在一起时就可以传播横波。这种连接应该做到:当某个分子上下运动时,会尽力牵引临近的分子和它一起运动。这就需要一种力——学术上被称为**抗切变应力**(**resistance to shearing stress**)——使分子产生扰动,在固体和液体中都可能存在这种连接。

一列小孩手牵着手,如果一个小孩跳起来,在他两边的小孩会被拉起来,这时的连接就是牵在一起的手(图6.3(a))。

(a)

(b)

图 6.3

如果小孩们没有牵手就不存在连接,于是,其中一个小孩的跳跃不会作用到其他小孩身上(图 6.3(b))。在体育活动中经常看到的"墨西哥人浪"是横波的另一个例子。

6.1.3 纵波(longitudinal waves)

横波不能在气体中传播,因为气体实际上不存在切变应力。空气分子间的距离远大于固体和液体中的,因此相邻空气层之间的牵引力太小以至于不足以传递横波的扰动。然而,分子之间存在抗压力。一辆满载乘客的公共汽车是靠轮胎中的压缩空气支撑起来的,气垫船则悬浮在由压缩空气形成的气垫上(图 6.4)。

1887 年,约翰·邓禄普(John Dunlop)为他儿子的三轮车开发出一种充气轮胎,并在 1889 年申请了专利。他在专利的叙述中写道:"这是一个包在轮子周边的部件,把骑车人从突起的路面上垫起来,减少了轮子的磨损和破裂,并且提供了车辆和地面间的摩擦力。"

压缩气体的脉冲或者一系列这样的脉冲在气体中穿行的速度取决于气体的弹性性质及气体的温度。人类的耳朵是非常灵敏的仪器,它可以探测到这种气体的压缩,我们把这种感觉称之为声音。

图 6.4 一艘托起在压缩空气上的气垫船(提供者:气垫船博物馆,The Hovercraft Museum Trust)

纵向脉冲传播的机理可以用一列按顺序排队等公共汽车的人为例子来说明。

当公共汽车进站时,排在队尾的人开始推他们前面的人(图 6.5(a)),到汽车停稳时,这一压缩传到队伍的前部,每个人都在向与压缩相同的方向运动(图 6.5(b))。

声波(sound wave) 以一系列压缩的形式传播。一个振动的簧片,例如吉他的弦,向周围的空气施加不断变动的压力,这些压力的变化以纵波形式传播。

(a)

(b)

图 6.5

纵波是这样一种波,它围绕确定点的局部扰动平行于能量传播的方向。

固体中每个分子与它周围所有的分子束缚在一起,所以向任何方向施加的力都会破坏平衡状态,这就意味着固体可以传播横波和纵波两种波。例如,地下发生的爆炸可以产生横波和纵波两种地震波,并在地球中穿行。同步的横波和纵波可以用图 6.6 所示的螺旋弹簧来说明。

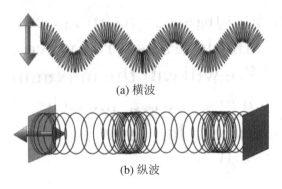

图 6.6　螺旋弹簧上的横波和纵波

水波可以由横向和纵向的振动混合而成。每一个独立的水单元以圆或椭圆形状运动,其振动可同时垂直和平行于水面(如图 6.7 所示的海浪的运动)。

图 6.7　太平洋的风暴（提供者：Mila Zinkova）

当海浪接近海滩时，水颗粒的运动随水深减少而变化。在确定的地点，沙子的摩擦使波浪"消失"（图 6.8）。

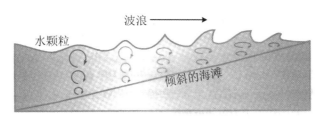

图 6.8　海浪似乎要进入但并没有进入大海

6.2　行波的数学处理

6.2.1　波的表示

波的数学表达基于这样一种假设，即**行波**(travelling waves)是由许多围绕空间给定位置连续振动的基本单元组成的。

让我们来考虑在某种介质中有一列简单的横波，我们称每一个粒子振动的最大距离为**振幅**(amplitude)A（图 6.9）。

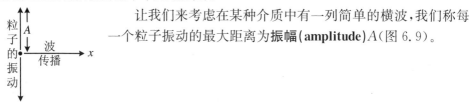

图 6.9

6.2.2 从角度正弦到波的图像

许多物理现象,例如折射,都借助于角度正弦来描述(也就是第 3 章中的斯涅尔定律)。以角度 θ 表达的函数 $\sin(\theta)$ 称为**正弦函数(sine function)**,它是描述具有周期性的波的物理性质的基本函数。

6.2.3 正弦函数的产生

最简单的波是用单一正弦函数来描述的波。如果这种波进入可以传输横波的介质,它将推动粒子使它们产生位移。这种位移传递到相邻的粒子,从而引发**简谐波(simple harmonic wave)**。

如果我们能在某些瞬间快速拍摄到振动的粒子,就可以看到排成一串的连续的粒子偏离平衡位置的横向位移是怎样变化的,于是我们就可以用曲线形式把它表示出来,如同图 6.10 中所画的结果,其中 y 表示横向的位移,它具有正弦波的形状。当波沿粒子排列方向前进了极短的时间后拍摄第二幅快照,则显示出整个图形向右移动,位移(a)是两个波之间的**位相差(phase difference)**。

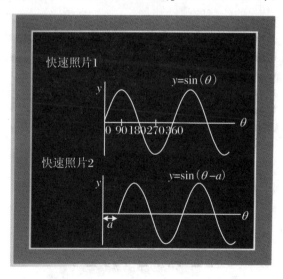

图 6.10　正弦波的形状

6.2.4 运动的正弦波的描述

迄今为止,我们的数学描述局限于表达时间被"冻结"时的波——给定的瞬间拍的照片。

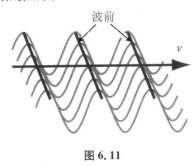

图 6.11

一个以速度 v 运动的波在某个时间 t 传播过距离 a，于是就有 $a=vt$。我们可以借用位相差随时间的变化 $a=vt$ 来描述这种运动的波，通常在表达式前面乘上粒子振动的最大振幅 A。

一般习惯用**波前**(wavefront)来表达波的图像(图 6.11)，波前是指在任意时刻波中具有相同位移的那些点所组成的面。

6.3 波的叠加

6.3.1 叠加原理

叠加原理是指任何一个粒子同时受到不止一个波的扰动时，它的总位移等于由每个单独的波所引起的位移的线性相加。

当雨滴落在水塘表面时，它们将产生一个个环形的表面波，这些表面波扩展开来并互相重叠(图 6.12)。每一个波都不受其他波的影响，并且各自推动水中的粒子。为了得出任意一个粒子的总位移，我们只要简单地将每个独立的波产生的位移相加起来就可以了。

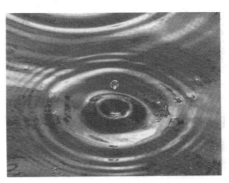

图 6.12　雨滴(提供者：Piotr Pieransky)

6.3.2 同向传播的两个波的叠加

两个完全相同的正弦波沿同一方向传播,叠加状况如图 6.13 所示。

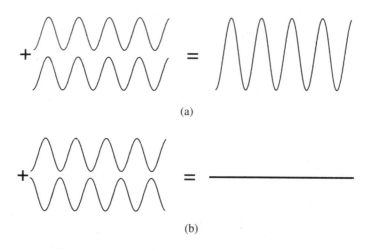

图 6.13

(a) 位相相同的波:两个同向传播的正弦波叠加;(b) 位相相反的波:两个同向传播的正弦波叠加。

6.3.3 路程差和位相差

如果两个源以相同的位相发射出周期波,在这些波覆盖的区域内任何一点的扰动的总振幅取决于这些波之间的位相差。

这一位相差与每列波从它的源出发走过的距离有关。当两个源发出的波走过的路径的长度之差为零或者为波长的整数倍($\lambda, 2\lambda, 3\lambda, \cdots$)时,这些波是同相的;如果路径差等于半波长或者任意奇数个半波长($\lambda/2, 3\lambda/2, 5\lambda/2, \cdots$),这些波的位相完全相反(图 6.14)。

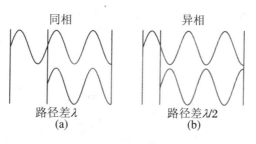

图 6.14 路径差和位相差

6.3.4 当两列反向传播的波相遇时

如果向绳子的一端发送一个横向的脉冲,这一脉冲会被反射而向相反方向返回。根据牛顿的运动第三定律,反射点处的作用力和反作用力相反。(相对于下面所要进行的论述,反射产生返回脉冲的事实并不特别重要,重要的是返回脉冲的传送速度与发送脉冲的速度相同。)如果支柱足够坚硬,只会有很少的能量被吸收,脉冲的振幅不会明显地减弱(图 6.15)。

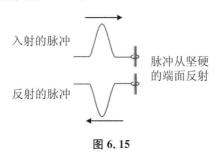

图 6.15

如果用连续的波代替单个的脉冲,使波从坚固的界面(例如墙壁)反射,就会产生反射波。我们得到的结果似乎难以想象:两个完全独立的波以相同的速率在同一根绳子上沿相反的方向传播。

入射波和反射波将相互叠加,结果如图 6.16 所示。该图为三个瞬间拍摄下的照片,下面针对此图加以说明并叙述两列波相遇时发生的情况。向右传播的波用实线表示,向左传播的波用点线表示,合成的波用粗线表示。

第一幅照片是在两列波完全相同的瞬间拍摄的,合成波具有相同的波长,而振幅是任意一列波的两倍。在两列波的扰动均为零的那些点,合成的扰动也为零。这些点用虚线表示,并称之为**节点(nodes)**。

在其后相隔很短的时间拍摄的第二幅照片中,两列波发生了移动(用实现表示的波向右而用点线表示的波向左)。现在假设你正站在空间中的节点处,随着时间的推移,其中一列波产生的位移将你推向上方,而另一列波的位移将你推向下方。(例如在第一个节点处,点线的波上升而实线的波下降。)但是,由于两列波的形状完全对称,位移被抵消了,合成的结果仍然为零。于是,你由于"站在节点上"而没有产生扰动!节点在空间保持不动。

在两个节点的中间位置,合成的波的扰动达到最大值,而绳子振荡的振幅等于每一个独立波的两倍。这些点被称为**波腹(antinodes)**。

其原因可以用更为简单的原理来说明:因为向左和向右传播的波是完全相同的,不存在使节点优先移动的方向,所以它们将保持在原来的位置。

最后,第三幅照片显示了实线和点线波完全反相的瞬间,合成波在任何位置均为零。

这种分析仅仅对有限长度的绳子有效。事实上,它仅持续到返回的波再次被反射为止,然后另外的波进入观察范围。

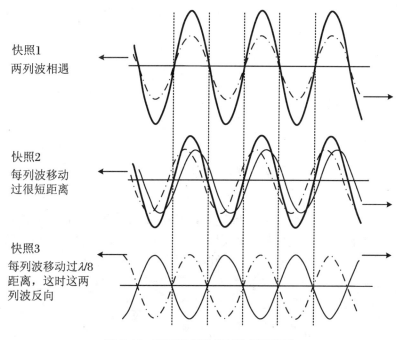

图 6.16 两列波相遇及其位相的移动

6.3.5 两端固定的绳子

上面叙述的情况只不过是一种人为的设想,在该设想中我们忽略了反射波到达绳子的另一端时所发生的情况,这一端也应该固定在或附着在某个物体上。波在此端点再次产生反射,于是波在两个端点间连续地往返——原则上永不停息!这时在空间的不同位置上出现节点和波腹,而振动将很快消亡。

当绳子的长度等于两个节点间距离的某些倍数时,由绳子远端反射的波形成的节点及波腹的位置与初始波和反射波产生的节点及波腹的位置完全相同。此时,这些波合成驻波。

6.3.6 驻波(standing wave)

虽然绳子上的粒子(也和行波一样)以相同的方式连续振动,但是(驻波相对于行波)有一个很重要的差别,那就是所有的粒子都以波的频率做位相相同的振动

（图 6.17）。那些黑点表示绳上的粒子经过相等的时间间隔依次出现的位置,黑点所在的浓淡不同的阴影线表示不同时间的波。那些位于如 A 所标示的波腹处的粒子以最大的振幅振动,而那些位于如 B 所示的节点处的粒子一点也没有振动。同一时刻相邻粒子的位置在同一个阴影线上。驻波独特的性质就是能量不被传输而是以粒子的振动能量存储起来。

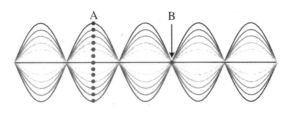

图 6.17　振动绳子上颗粒的位置随时间的排列

驻波是以两列波的扰动所产生的粒子振动的方式存储能量的。
（事实上不存在这种绝对刚性的支撑,每一次反射总有少量能量"逃离"绳索。）
一根固定长度的绳子产生大量简谐振动模式,如果这些模式的半波长的整数倍"精确地适配于"绳子的长度,在绳子两端振动的振幅必定为零。
当绳子的长度 L 刚好为一个半波长时产生**一次谐波**(first harmonic)（低频模式）,二次和三次谐波分别为绳长对应于两个和三个半波长（图 6.18）。

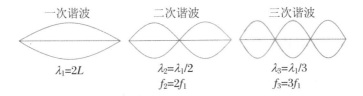

图 6.18　绳子振荡的固有频率

因为波速＝频率×波长＝常数,所以,如果波长稍许变小,则频率相应增加。
谐波（或简正模）的频率称为绳子的**固有频率**(natural frequency)。（图 6.19 黑板中给出了绳子固有频率的计算公式。）

图 6.19　绳子的固有频率

虽然更完满的数学处理不会加强对物理图像的理解,但它确实清楚地给出了行波和驻波之间的区别,并使我们能够计算出任何一个粒子在任何时间的位置。

6.4 强迫振动和共振

我们可以用一个振荡器在绳子或其他材料中(例如空气)产生波,如果绳子或其他体系具有固有振动频率,那么它之后的行为就取决于振荡器的频率是否和某个固有频率相匹配。

假设某个振荡器驱使绳子振动起来,就会有波沿绳子传播并从远端反射回来,因为这一端是被固定的,所以它是节点。当入射波和反射波汇合时,每过 $\lambda/2$ 距离就会形成一个节点。反射波返回到振荡端,这一端也是节点(假定振荡所产生的波的振幅非常小)。在与前面相同的条件下将形成驻波(图 6.20)。

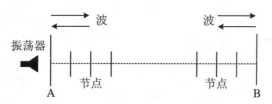

图 6.20　节点必须匹配以便形成驻波

如果振荡频率不等于绳子的某个固有频率,即固定端 B 和固定端 A 之间的距离不等于一个或多个半波长,则不具备形成驻波的条件。绳子上返回的反射波与由振荡器产生的波的位相不同。于是,虽然振荡器不断地向绳子注入能量,但这些能量主要在绳子的两端被吸收。这样的波是振幅很小的行波。这种行为也可以在电子线路中看到,在这些线路中有许多振动的特征模式,能量被电路中的电阻吸收掉。

6.5 振动和共振的固有频率

所有受到某种形式外力作用的柔性的力学体系,例如悬索桥、吉他的弦或者管风琴风管中的空气等,都有其固有频率,在输入合适频率的脉冲时,它们将以固有频率振动。

我们以多种方式利用到共振,例如在乐器中利用共振腔放大声音;利用电路的共振传输和接收收音机、电视和电话的无线电通信信号;激光也是根据共振原理来工作的。

有些时候共振系统会发生一些我们无法控制的情况,出现一些由无法控制的共振所引起的毁灭性事件。

6.5.1 塔科马港海峡(Tacoma Narrows)大桥的灾难

在民用工程的历史上,最惊人的错误之一就是塔科马港海峡大桥(图6.21)的设计。该桥造价700万美元,当它开通时是世界上第三长的悬索桥,支撑塔之间的距离超过半英里(805米)。就在大桥开通之前,发现它规律性地产生振幅约1米的振荡,由于这一惊人的运动被人们冠以"飞翔的吉蒂"(Galloping Gertie)的绰号,并因此吸引了大批游客。

1940年11月7日,在大约每小时40英里(64千米)的稳定风速下,大桥开始剧烈地扭曲(图6.22)。以它的中心为节点线分成两等份,分别做彼此位相不同的振荡,致使大桥倒塌,中部600英尺(183米)长的桥面掉入190英尺(58米)下的水中(图6.23)。所幸只有一条狗遇难。

图6.21　1940年7月1日正式开通(提供者:华盛顿大学图书馆,特殊收藏,UW22310z)

图6.22　剧烈的扭曲(提供者:华盛顿大学图书馆,特殊收藏,UW21413)

图6.23　后果(提供者:华盛顿大学图书馆,特殊收藏,UW21417)

调查委员会1941年的报告把灾难归因于某种形式的共振,它并不是简单的受迫共振的情况(就像一队士兵迈着整齐的步伐过桥,步伐的周期频率与悬索桥的共振频率一致时的情形),风不可能始终保持足够大的有规律的激励使大桥出现简单的共振振荡。

塔科马港海峡大桥的根本弱点是它的极度柔韧性,倒塌的可能原因是空气动力学性质的不稳定性,虽然这依然是存在争议的问题。

6.5.2 墨西哥城的地震

在 1985 年 9 月 19 日墨西哥城大地震(图 6.24)期间,很多新的建筑被损毁。虽然远离震中约 300 千米,在短暂的两秒内地震波使墨西哥峡谷经受了超过 17%g 的重力加速度。造成墨西哥城巨大毁坏的是一种单色型地震波,在地震最强烈的时段,引发墨西哥城中心的建筑物产生 11 次谐波共振。墨西哥城市中心的地下有一层 30 英尺(9 米)厚的松散的沉积层,是 15 世纪的一处湖泊的所在地,地面加速度在那一层被放大,造成许多建筑物倒塌。(George Pararas-Carayannis,私人通信。)[①]

图 6.24 墨西哥城地震(提供者:George Pararas-Carayannis)

6.6 衍射——波可以拐弯绕过尖角

所有的波都可以围绕一个尖角扩展开——这个现象称为**衍射(diffraction)**。衍射的典型例子就是入射波可以通过岩石或其他障碍物之间的缝隙抵达海岸。图 6.25 表现了美国弗吉尼亚州切萨皮克(Chesapeake)海湾金斯米尔(Kingsmill)地区海岸边由一系列石头组成的防波堤,它是作为切萨皮克海湾控制海岸侵蚀计划的一部分而建造起来的。入射波的能量由于摩擦作用、折射和衍射而消耗掉。照片中的半圆形

---

① Pararas-Carayannis, G. 1985. 提交给联合国教科文组织(UNESCO)的报告:1985 年 9 月 19 和 21 日墨西哥地震引发海啸的原因(http://drgeorgepc.com/Tsunami1985Mexico.html)。

结构是海浪对防波堤后面的海岸线侵蚀的结果，它是衍射作用的明显证据。

图 6.25　切萨皮克海湾(提供者：切萨皮克海湾资料库，海岸线研究计划，弗吉尼亚海运科学研究所，www.vims.edu)

6.7　魔术般的正弦函数及其简单的性质

现在你也许会涌现出这样一个问题：为什么我们选择单纯的正弦波作为描述常规波的手段，而那些常规波的行为常常与正弦曲线相差甚远。虽然单纯的正弦波在数学上相对比较容易处理，但是选择正弦波还有更加重要的原因。

一位年轻的大提琴演员非常珍惜她得到的第一次演奏机会，想在事先做一次

完全不受干扰的练习。她在公园里找到一个僻静的角落,但很快就引来了一条狗(图 6.26)。

图 6.26 一个意想不到的二重奏

这个"二重奏"的波形与正弦曲线相去甚远,但是令人十分奇怪的是,如果它具有周期性,我们就可以用许多个不同振幅和不同频率的正弦波相加之和来描述这一二重奏的波形。

多个正弦波相加

为了说明如何形成复杂的波形,我们采用方波为例。我们用图示的方式来说明具有确定频率和振幅的正弦波是如何相加并逐渐成为方波的。

图 6.27 分别画出了 2 个、3 个和 7 个正弦波的组合以及由它们相加得到的波形,我们可以看到随着正弦波数目的增加,合成的波越来越接近方波。

所有正弦波元素的频率都是方波的谐波频率。把任何一个谐波分解成正弦波元素的数学方法称为**傅里叶分析**(Fourier analysis)。

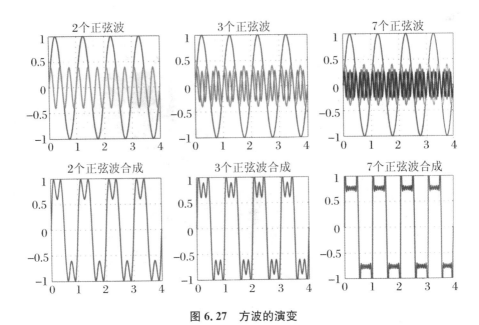

图 6.27　方波的演变

简单的正弦波被证明是用数学方法描述任何一个周期波的基础,即使这个周期波犹如乐器发出的声波一样复杂。表述这些波的关键步骤是弄清每一个相关的正弦波元素的振幅和频率。这是获得正确的谐波和简化性质的基本要素,当我们了解了所关心的问题后,这一点就变得更加清楚了。

历史的插曲

让·巴蒂斯特·约瑟夫·傅里叶
(Jean Baptiste Joseph Fourier,1768~1830)

傅里叶(图 6.28)出生在欧塞尔(Auxerre),一个位于法国中部勃艮第(Burgundy)地区教堂密集的小镇。他起先就读于一个以培养教堂乐师而闻名的学校,后来他去了皇家军事学院(École Royale Militaire)。

傅里叶从学校毕业后曾经打算按照惯例去参军,但由于其社会地位低下,他的申请被拒绝了。1787 年,他进了位于圣贝努易苏洛尔(St Benoit sur Loire)的本笃会大修道院(Benedictine Abbey),两年后他离开了修道院,开始献身于数学。他回到出生地欧塞尔成为他曾就读的学校的一名教师。他的理想是在数学领域做出惊人的成就,他在给欧塞尔一位数学教授伯纳德(Bonard)的信中写道:"今天是我 21 岁生日,牛顿(Newton)和帕斯卡(Pascal)在这个年龄已经取得了许多不朽的功绩。"

在1789年法国大革命之后的动乱岁月里,傅里叶积极投身于政治,并且在1793年参加了地方革命委员会。他的政治理想正如他所写的:"出于一个平等发展的自然想法,它在我们中间孕育出建立自由政府的崇高希望。废除国王和祭师,把欧洲土地从这双重势力的长期束缚下解放出来。我热衷于这一目标。我想,还没有任何国家开始进行这一伟大而壮丽的事业。"

图6.28 让·巴蒂斯特·傅里叶(提供者:科学博物馆,SSPL)

在那个时期,法国的政治非常复杂,有许多"解放者"团体,尽管他们的基本目标相同,但他们之间仍发生激烈的斗争。1794年"公民"傅里叶因支持恐怖主义的受害者而被逮捕和囚禁。当时,在罗伯斯庇尔(Robespierre)实施恐怖统治期间,监禁和被送上断头台之间往往只相隔很短的时间。幸运的是,在傅里叶被关押之后不久罗伯斯庇尔本人被送上了断头台,政治风云发生了变化,傅里叶获得了自由并来到巴黎的高等师范学校,在著名的数学家拉格朗日(Lagrange)、拉普拉斯(Laplace)和蒙日(Monge)的指导下学习。傅里叶被分派到新成立的巴黎综合理工学院(École Polytechnique)任教,他继续他的研究工作直至再次被捕和监禁(由于同样的罪名),但很快被释放,并在1795年底回到工作岗位。两年内,傅里叶继承拉格朗日成为巴黎综合理工学院的"分析和力学"教授。

在法国革命后,傅里叶不再像年轻时那样置身于军事生涯之外。1798年他作为一名专家(科学顾问)被选中参加了拿破仑赴埃及的远征军团。作战行动在开始阶段进行得很顺利。1798年6月,法国在占领马耳他之后紧接着攻陷亚历山大港,三周后占领了尼罗河三角洲的一些地方。然而,当法国舰队抵达亚历山大港后,运输舰载运着士兵和军需品拥挤在港口内将军队送上岸,而战舰停留在阿布吉尔湾的锚地附近,他们派遣多达三分之一的船员上岸寻找食物和水。不久,英国舰队在纳尔逊勋爵(Lord Nelson)的指挥下于8月1号到达亚历山大港,并且立即向法国舰队宣战。法国舰队在这场尼罗河战斗中被摧毁,拿破仑和他的军队滞留在了埃及,被切断了与法国的联系。然而,拿破仑仿造法国的体系在埃及建立了一个行政机构。傅里叶被委派管理埃及,同时作为创办人之一在开罗建立了埃及研究所。他开始对热产生了新的想法,不仅研究热的数学解析方法,而且探讨将其用作治疗疾病的热源。

拿破仑留下的大约3万部队被困在埃及,自己秘密返回法国。傅里叶随之在1801年回国,希望继续他在巴黎综合理工学院的教授工作。他在那里没能待多久,拿破仑注意到他在埃及表现出的卓越的管理才能,委派他担任伊泽尔省(Isère)的部门行政长官,在那儿,他负责一个大面积沼泽的排水工程和从法国格勒诺布尔(Grenoble)到意大利都灵(Turin)的道路的部分建筑。

在格勒诺布尔期间，傅里叶抽时间继续他的数学研究，而且还写了一本关于埃及的书。1815年，在滑铁卢战役失败前不久，傅里叶被授予伯爵爵位，并被任命为罗纳的行政长官。滑铁卢战役失败后，傅里叶辞去了头衔和职务，返回巴黎。在巴黎他只拿到少许退休金，没有工作，是一个不受欢迎的政治异类。由于他以前的一个学生的担保，他得到了一个无足轻重的行政职位。在那段时间里，傅里叶完成了他最重要的数学研究。他的主要成就是利用微分方程描述热传导（类似于波动方程），而不是刻意去探寻热究竟是什么。他的这项工作可以总结为：这些方程可以依据周期函数求解，而这些周期函数本身能够由简单的正弦函数构成。傅里叶于1830年卒于巴黎。

第 7 章
声　　波

不讨论声波就不可能完整地了解波及其性质。人类耳朵感知声波的频率范围为 20~20 000 赫兹,许多动物和鸟类可以发出和探测到高于或低于这个频率范围的声波,这为它们提供了通信和生存的手段。

声音的感知遵循生物学中有关感官刺激的一般法则。我们将关注真实的和感觉的变化之间的关系,以及音量、音高和音质等怎样和声波的可测性联系起来。

露天音乐会演奏的乐曲听起来与室内演奏的同一乐曲有很大差别,室内的反射可能使波形失真。设计高保真度的听众席既是一门科学,也是一门艺术。

由于声源或听众的运动使声音的频率发生明显的变化——多普勒效应(Doppler effect)——经常或有时会提供非常重要的信息。这一效应被某些动物或鸟用来导航和寻找食物。当某种飞行器速度超过当地空气中的声速时,听到的"爆鸣音"也和多普勒效应有关。

7.1　声音和听觉

7.1.1　声音是一种压力波

空气中的声波是纵波。它可以通过例如扬声器膜片的振动而产生。当膜片开始振动时,它使临近的空气分子产生往复运动,从而交替生成高压(压缩)和低压(舒张)区间。根据机械扰动的传播原理,这些压缩和舒张的区间被向前推动。图 7.1 中表示高压区间的点的分布密度大于低压区间的点的分布密度。(平均压力通常为大气压。)

膜片、空气和耳膜振动的振幅是全然不同的,粒子在低压区间比高压区间更容易移动位置,所以,低压意味着高位移,反之亦然。

声波在耳膜上施加不断变化的压力使它产生振动,这一振动传送到被称为耳道的管腔中,然后沿着一系列很小的、互相关联的骨骼传导,最终被大脑以神经脉冲的形式接收到。

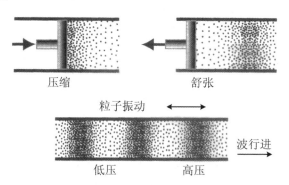

图 7.1 压力波从声源向听众运行

7.1.2 声音的速度

在不同材料中,声音的速度不同。和人们设想的结果相反,声音在液体和固体中比在气体中传播的速度要快,因为固体和液体中粒子结合得更紧密,能够有更快的响应。从图 7.2 可以看到声速的某些测量值。声音在气体中以纵波传播,然而它在固体中可以作为横波传播,因为固体可以抵抗任何形式的切应力。

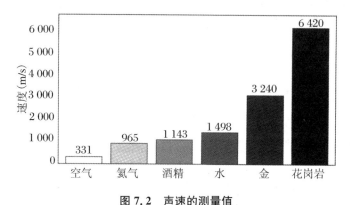

图 7.2 声速的测量值

声音在给定的介质中的速度与它的频率无关。

7.1.3 超声波和次声波

频率范围为 20~20 000 赫兹的声波是人类可以听见的声音。超过 20 000 赫兹的频率被称为**超声波**(ultrasound)。在石英晶体上施加振荡的电场可以产生超声波,或者像振动簧片那样改变石英晶体的形状也可以产生超声波(压电效应)。许多动物利用超声波传递信息;超声波也被广泛用于制药和工业生产中。**次声波**(infrasound)则是对频率低于 20 赫兹的声波的定义,它们常常与人类听得见的低频声波混在一起。自然界的次声波源包括海浪、闪电和大型哺乳动物;人工制备的次声波源包括马达、超音速飞机和爆破。次声波能够引起一些不愉快的效应,例如晕船和使驾驶员疲劳;次声波能穿透护耳罩一类的防护装置;次声波在大气中穿行几千英里也不会有明显的衰减。

7.2 声波用于工具

声波从障碍物反射,这一点在遥感领域有很大用途,由所在位置就可以探测很远处一个物体的位置和运动状况。

对声波反射后的强度和频率的详细分析是图像分析领域的基础。在大多数应用中,声波都是以一系列脉冲发出的。从发出声音脉冲到接收到回声的时间可以计算出声源和反射面之间的距离。术语**"回声探测法"**(echolation)是为了描述利用回声确定距离的方法而造出的词汇。回声探测法通常用来测量船舶下面水的深度。

我们可以通过测量从反射面不同位置反射回声所需的时间画出反射面的等高线。回声强度的变化使我们能够确定表面的性质,高反射率的表面回声强,高吸收的表面回声弱。我们还可以通过测量发射和反射声波之间的频率差确定反射面的运动速度(多普勒效应)。

7.2.1 声波导航和测距(声呐)

声音在水中传播得很远。早在 19 世纪就有了利用声音的水下通信系统,当时的信号船装备了水下的鸣钟用于导航,它所发出的响亮的声音可以被过往船只用听筒听到,这就是现代被动式声呐系统的前驱。

被动式声呐(passive sonar)

这是一种本身不发出声波的听音器,它可以用于研究海洋生物或用在潜艇上以降低探测的风险。被动式声呐在战争中意外地揭示了许多未知的水下噪声的来源,例如所谓的虾子的"咀嚼"(snapping)。噪声有许多种来源:人为的(如船舶的螺旋桨、引擎和地震钻探)、生物的(鲸鱼和其他海洋生物)和自然界的(如潮汐和海

啸)。海岸的回声增加了水下噪声的程度。许多现代化的被动式声呐系统具有非常先进的信号识别能力和增强了的接收器,这有助于改进方向性和扩大接听范围。

主动式声呐(active sonar)

大多数声呐系统是主动式的,靠回声收集信息(图 7.3)。发出的声波是强度很高、宽度很窄的脉冲束,通常是超声波。第一台主动式声呐系统是 1917 年保罗·朗之万(Paul Langevin,1872~1946)开发出的超声波潜艇探测器。超声波的发射和探测都是由同一台称之为传感器的装置完成的,利用**逆压电效应(inverse piezoelectric effect)**实现对反射波的探测,根据这一效应,入射的超声波"挤压"探测器中的石英晶体,使之产生振荡的电信号。这是逆压电效应的首次应用。

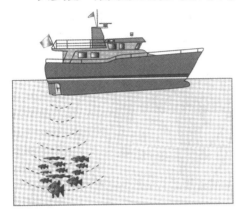

图 7.3　用回声探测的声呐扫描

现代的主动式声呐有很多种用途,被广泛地用于军事,如潜艇和水雷的探测、导航和声控炸弹;民用方面包括精密的水下测量、航海通信,以及用于寻找鱼群、沉没的飞机和轮船。传感器被固定安装于轮船龙骨的旋转平台上,或者放在一条小"拖鱼"①中紧靠海底拖动向前(侧向扫描声呐)。

这艘沉没的"Mikhail Lermonotov"号游轮的"幽灵"般的图像(图 7.4)是用侧向扫描声呐以 675 赫兹的频率工作时记录下来的,购置该声呐装置原本是用于绘制海洋生物栖息地的研究项目。

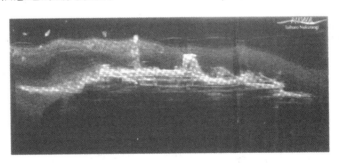

图 7.4　沉没的游轮(提供者:肯·格兰杰(Ken Grange),新西兰,纳尔逊,水和大气国家研究所)

---

① 译者注:"拖鱼"(towfish)是放在水中装有测量仪器的小箱子。

超声波比可听得见的声波被吸收得更快,但它的分辨率高,是探测水雷一类小型物体的理想方法。而猎潜装置工作在较低的频率(通常为可听见声波的高频端和超声波的低频端)。

7.2.2　自然界的超声波

蝙蝠在飞行中利用超声波辨别猎物和障碍物(图 7.5),它们可以将回声从一般的背景声中分离出来。在一个装满蝙蝠的盒子中,每个蝙蝠都可以区分出自己的和与它在一起的其他蝙蝠的信号。蝙蝠的声呐装置的时间分辨本领(大约百万分之二秒)和定位猎物的精度是人工制备的声呐装置望尘莫及的。

图 7.5　蝙蝠

7.2.3　医药领域中的超声波

超声波的能量在骨骼、肌腱等组织以及胶原蛋白质密度高的组织边界处吸收得较快,这为诊断和制订治疗方案提供了依据。超声波不会像诸如 X 射线一类的电离辐射那样产生毒副作用。

低强度超声波用作诊断的工具

身体中组织的图像和流体速度的测量已经成为极其重要的医疗手段。诊断时所用的超声波的强度应尽可能低,以减少热吸收。回声返回的时间和相对强度提供了组织结构的详细图像,超声波图像的精细程度随频率的增加而增加,但其穿透能力随之下降。举例来说,频率 1 兆赫的超声波进入身体约 4 厘米后能量被吸收 50%,而同样能量的频率为 3 兆赫的超声波进入 2~2.5 厘米就被吸收了。这一点限制了该技术的效能。

超声波扫描(sonography)是一种超声脉冲反射成像技术,它被广泛用于临床治疗。自首次用超声波观察到发育中的胎儿的图像(图 7.6)至今已有大约 50 年了,现在它已成为常规的医疗手段。如图 7.6 所示。将传感器紧贴在患者被检查区域的皮肤上,在皮肤上涂上一种耦合凝胶以保证 99.9% 的超声波能量进入体内。在患者的整个腹部移动超声波探头,从而得到胎儿图像各部分的透视图。

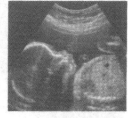

图 7.6　胎儿图像(提供者:Princess Anne 医院,Wessex 胚胎医学部,南安普顿)

多普勒超声波(Doppler ultrasound)

超声波脉冲进入体内后部分被人体组织和体液反射,如图7.7所示。被血液中流动的粒子所反射的声波的频率不同于声源所发射的声波的频率,两种频率之差正比于血液流动的速率。主动脉、颈动脉、脐带和大量的其他血管中血液粒子流动的速度可以通过测量到的频率差计算出来。

血液粒子的速度依赖于测量点血管的直径及血管壁的均匀性。利用这种技术可以测量血流速率分布图以及发现由于脂肪堆积在动脉血管壁等原因造成的血流异常的情况。

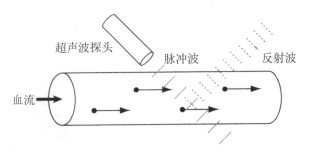

图7.7 多普勒血流检测

热处理(heat treatment)

当超声波通过身体时使体内组织每秒钟膨胀和收缩几千次,从而产生热量。聚焦后的高能量超声波能够在目标组织中产生超过100 ℃的温度而不会损伤周围的组织。一个放大镜以同样方式聚焦太阳光后可以在纸上烧出一个洞,而聚焦后的超声波能够杀死细胞,并被用来治疗某些癌症。

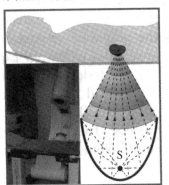

图7.8 碎石机(提供者:Mark Quinlan,都柏林大学医学院,都柏林)

冲击波碎石(shock wave lithotripsy)

冲击波碎石就是利用超声波对肾结石进行无创破碎。体外产生的冲击波可以将结石粉碎成无害的粉末。为了避免损害周围的身体组织,超声波聚焦在结石上而不是简单地直接对准整个肾脏。超声源放置在镀银的椭圆反射镜的一个焦点上,使患者的肾结石位于椭圆反射镜的另外一个焦点上,超声波被镀银的表面反射后聚焦在结石上并将它粉碎。没有被镀银表面反射的超声波会扩散开并减弱。图7.8中的阴影区域表现了波前汇聚在肾结石上(只画出了那些到达结石的波)。

声空化作用(acoustic cavitation)

把液体加热到合适的温度或降低周围环境的压力有可能使液体沸腾,上述任何一种情况都可以引起空化作用,也就是在液体中形成气泡。波所引起的那些局部压力的变化就能够产生气泡。所以当液体暴露在很强的超声波中时就会产生声空化作用,并反复出现气泡的形成、长大和衰竭。气泡在长大时从波吸收能量,在衰竭时放出能量,于是气泡的衰竭或破裂使局部区域发热。研究表明,一个差不多完全衰竭的气泡的内部温度可达到 10 000 开尔文(K)。当低频的超声波气泡膨胀和压缩时可以看到蓝色的闪光,这一现象被称之为**声致发光(sonoluminescence)**(源自希腊人有关声和光的工作)。

表面腐蚀和清洁(surface erosion and cleaning)

船舶螺旋桨被水腐蚀的现象是人们认识到声空穴作用造成表面腐蚀的早期例证之一。螺旋桨运动时产生声波和气泡,气泡反复破裂所产生的热量造成螺旋桨表面的腐蚀。声空穴是一种有效而无毒副作用的清洁方法。将某个设备浸在含有柔和的洗涤剂的浴盆中用高强度的超声波辐照 5~10 秒钟有可能去除表面的污垢,通常可以看到污垢从表面脱离。声空穴的另一个应用是抽脂术,用一个插入体内的探头发出的声波攻击和侵蚀脂肪细胞。

控制害虫

有许多控制害虫的器件,它们发出强烈的超声冲击波,其频率可以使啮齿类动物(如老鼠)的神经系统全部遭到破坏(图 7.9),但是对人类和其他哺乳动物(如猫和狗)是无害的且大都是听不见的。

7.2.4 自然界的次声波

鸟类在夏季和冬季迁徙时可以飞越数千英里——多么壮丽的航行。最好的鸟类航海家是鸽子,一度被用来传送信息。由于鸽子具有非凡的归航能力,得以产生普遍流行的信鸽比赛。鸽子可以在多云和大风的天气飞回家,也可以被训练在夜间飞行。众所周知,鸽子是利用地球磁场作为指南针的,但其方向感不足以使它们返回其所住的阁楼,它们必须把它们的位置与目的地联系起来,也就是它们需要一张地图。一

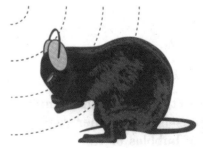

图 7.9 设备精良的捕鼠器

般认为,次声波在这一非常精确的归航过程中起部分作用。自然界中由地震活动和海浪等声源产生的次声波在空气中传播,它们被山坡一类的特殊地貌所反射并成为为鸽子导航的目标。也有一些例证表明,很多鸟莫名其妙地迷路或延误。1997年6月,在法国释放了60 000只英国的鸽子,其中大约有三分之一没有返回英国(图7.10)。有人①提出,这是因为鸟群在穿越由协和式超音速飞机发出的低频冲击波时迷失了方向。

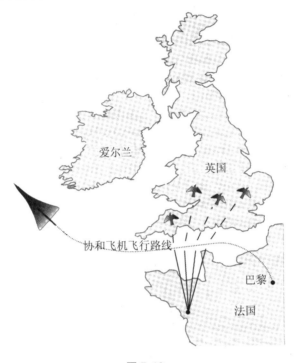

图 7.10

大象和次声波

大象以紧密结合的家族生活在一起,这一家族有时散布在几千米的范围内。它们常常统一活动,这说明它们具有完善的通信系统。它们的视力很差而借助于声音进行远距离通信,环境保护计划就是利用这些呼叫的声音来监控大象的数量、位置和行为的。

大象大多数呼叫的声音,其基频范围在5~30赫兹,处于或接近于次声波的范围,而且可以传出很远的距离。图7.11显示了森林中象群呼叫时发出的一种特征

---

① J. T. Hagstrum, The Journal of Experiment Biology(《实验生物学杂志》),203:1103-1111(2007);马萨诸塞州,剑桥,海洋研究院2007年第63届年会论文集。

声谱,图中的频率单位为赫兹,对应的时间单位为秒,音量通过所显示的浓淡程度来表示。

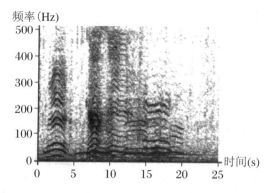

图7.11 大象的叫声(提供者:大象听力研究项目,www.birds.cornell.com)

监听灾害

监听站网络最初是为了监听地下核试验而建立的,现在已成为诸如飓风、地震、流星等潜在性灾难事件的重要信息来源。除了用于科学研究外,这种网络有能力成为即将到来的自然灾害的早期预警系统。

1999年,荷兰皇家气象服务中心的科学家们探测到一颗流星在大气层爆炸所产生的红外线噪声(图7.12)。

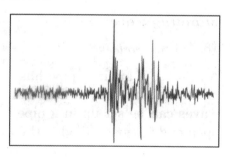

图7.12 流星的噪声(提供者:Hein Haak,荷兰皇家气象服务中心)

7.3 声波的叠加

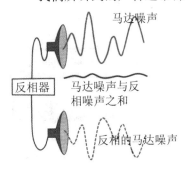

图 7.13 噪声消音器

我们所听到的声音通常都是由许多声波叠加后的结果。声波经过叠加后强度可能被放大,也可能被减小。利用被动的方式,例如可以减弱背景声音的耳罩等,不足以克服低频噪声,飞机驾驶员广泛采用**噪声消音器**(noise cancellation)(图 7.13),这是一种主动抑制噪声的方法,用来抑制马达的低频噪声。装在飞行员耳机中的微型麦克风将座舱中的环境噪声转换成电信号,这种电信号被反转后通过小型话筒发射出与振动位相相反的噪声,飞行员听到的噪声是环境噪声和反相噪声合成的结果,它远远低于座舱中的噪声。这一技术非常有效地抵御了马达所产生的稳定的低频噪声。

7.3.1 驻波(standing wave)

两端开口的管子

类似于两端固定的绳子所发生的现象,管子中的一列空气也具有固有的共振频率,在一端或两端开口的管子中可以形成驻波。在开口端(或稍微外面一点)的空气分子可以自由振动,因为只有空气的弹性可以产生受迫振动,所以开口端是波腹。图 7.14 显示了长度为 L、两端开口的管子中的前三种谐波。

管子两端的距离最大,所以其基本的对称性类似于两端固定的绳子,绳子上波节的位置就是等长的管子中波腹的位置。半波长的任何整数倍都能够和管子匹配。

一端封闭的管子

封闭端是差不多完整的界面,所以它应该是波节,这种情况完全不同于长度相同的开口的管子。因为一端是波节而另一端为波腹,所以对称性被破坏了。图 7.15 表示一端封闭的管子中容许存在的第一个和第二个振动模式。

在一端封闭的管子中只存在奇数次谐波。

破坏对称性将会有一半固有频率消失。

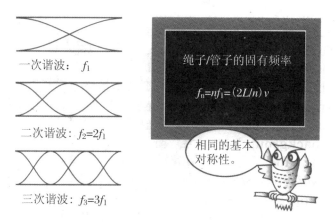

图 7.14 两端开口管子中的驻波

图 7.15 一端封闭的管子中的驻波

如图 7.16 所示,可以根据有机玻璃管中存在的等间距的肥皂膜辨认出声波的波腹,彩色薄膜标记出波腹的位置。这张照片证明这是一个测量管道中的驻波并将其可视化的奇妙的实验[①]。

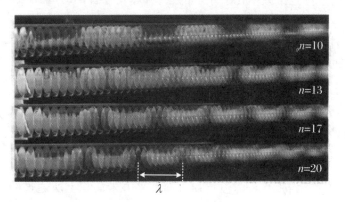

图 7.16 管道中的驻波(提供者:Stefan Hutzler,都柏林剑桥大学三一学院)

---

① Elias F,Hutzler S,Ferreria M S,利用有规律间隔的肥皂膜使声波可视[J]. Eur. J. Phys. 2007,28:755—765.

7.3.2 差频振荡(beats)

当两个频率几乎相等的音符被同时播放时,结果产生具有周期性间隔的有声和无声的脉动的音符,被称为**差频振荡**。用图 7.17 的例子可以很好地证明这种效应。

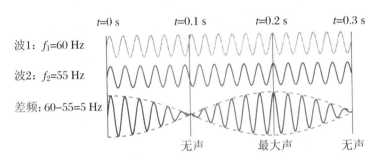

图 7.17　差频振荡——振幅调制的一个实例

假定 60 赫兹的波和 55 赫兹的波叠加起来,60 赫兹的波 0.1 秒振动 6 次,而 55 赫兹的波在相同的时间间隔内只振动 5.5 次。假如两列波在某些特定的时间同相,0.1 秒后它们将完全反相,再过 0.1 秒它们又会同相,如此不断地重复,周期性交替出现有声和无声。

如果同时发出几个频率几乎相等的音符,爆发强音的时间比由两个音符形成的结果要短。在两个强音之间,当其中部分波同相时会产生微弱的声音。当波的数目非常多时,只有在所有的波都同相时才有一个明显的爆发性强音,其他任何时间处于同相的波的数目都是很少的。

7.4　声音的强度

声音的强度是指垂直于声波传播方向每平方米面积上所通过的功率(单位时间的能量)(图 7.18)。

点状声源发出的声波

如果点状声源发出的声波在所有方向以相同的速度运动,则波阵面组成向外扩展的一系列同心球。随着离开声源的距离增加,能量分布的面积增大而使能量被"稀释"。

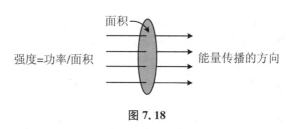

图 7.18

$$I = P/A$$

其中,$A = 4\pi r^2$,是圆球的表面积。

因为通过每一个扩展的波阵面上的总功率保持不变,所以在离声源确定的距离处的强度是$P/4\pi r^2$,并随距离的平方而减小。

例如,设 I 是距声源 1 米处的强度,那么在距声源 2 米处的强度将下降 4(即 2^2)倍,在离声源 4 米处下降 16(4^2)倍,如图 7.19 所示。

当我们离声源的距离为原来的 2 倍时,强度下降 4 倍。

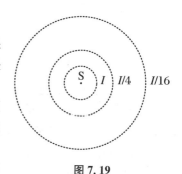

图 7.19

7.4.1 实际的和感知的声音强度的差别

一些没有意义的事

任何一种生理上的感觉都具有主观性并且不能被直接量化。例如,医院的护士经常要求患者用 1 到 10 的数字来量化他们感觉的疼痛。患者的回答千差万别。即使是同一个患者,所选用的数字也只有象征性意义。假如注射一针时疼痛等级为 2,难道注射两针时总共产生的疼痛等级为 4?

右边(图 7.20)这四句话尝试在没有定义单位的情况下定量地表达生理感觉。这些数字基本上是任意的。"我十倍地爱你"可以替换为"我一百倍地爱你"而不会改变其意思。这些测试是不可重复的。

这台收音机有两倍音量

这碗汤味道好两倍

我十倍地爱你

我的牙齿两倍坏

图 7.20

一些有意义的事

- 你找到了收音机,我可以听了。
- 在汤里放盐使其有味道。
- 我喜欢莉莎而不喜欢詹妮。

- 我想阿司匹林已经开始起作用了。

这些句子同样定量地表达了生理感觉的变化,但这一次引进了作为量度单位的**标准最小步长**(standard minimal step)。例如在第二句中,我们比较汤里放盐的味道和没有放盐的味道,这一测试可以重复任意多次而得到相同的结果,味觉的变化是非常明显的。最小步长的大小强烈地依赖于周围的环境。一支蜡烛将照亮一间黑屋子,但在白天的太阳光下就感觉不到了;咳嗽能够打扰小提琴独奏,但在摇滚音乐会中几乎听不到。

7.4.2 感觉的定量描述

"刚好可觉察的差别"(just-noticeable difference)的概念是(莱比锡的一位生理学家)恩斯特·韦伯(Ernst Weber,1795～1878)提出的。他致力于解释某种物理量刺激的大小与人类各种感官感受到的强度之间的关系。

在他的第一个实验中,韦伯在一个蒙住双眼的受试者的双手上放上相同的重物,然后在一端增加重量,而另一端重量不变。他记录受试者"刚好可觉察的差别"的那一步长。他发现:当原有的重量很小时,受试者能感受到一端增加的很小的重量;而当他举起的重量很重时,却感受不出所增加的相同的重量(图 7.21)。**韦伯-菲希纳定律**(Weber-Fechner Law)(将在后面讲述)涉及生理感觉,而在物理学范围没有得到应用。

图 7.21　相同的重量差别但感觉到的重量差别不同

韦伯观察到,对所有的感觉,**最小可探测的**(smallest detectable)变化正比于刺激的实际强度。在上面的举重的例子中,只有当实际重量足够小时,才能感受到增加的很小重量。

古斯塔夫·西奥多·菲希纳(Gustav Theodore Fechner,1801~1887)跟随韦伯学习医学。他提出:感觉的大小是可以测量的,即测量获得某种感觉所需要的阈值之上有多少个**恰好可感知步长**(**just-perceptible step**)。

菲希纳将韦伯的观测提升为**韦伯-菲希纳定律**(**Weber-Fechner law**),这一定律把感知量表述为刺激量的对数。

图 7.22 是韦伯-菲希纳定律的图形表示,感觉量 S 对应于刺激量 I,而 ΔS 表示恰可感知的感觉量增量。

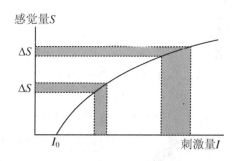

图 7.22 感觉量和刺激量

由图 7.22 我们可以看到,随着刺激量的增加,产生恰好可感知的感觉量增量所需要的刺激量的变化增大。

对我们来说最重要的是对感觉的生理感受,因为我们最终响应的不是刺激量的差别而是对这些差别的感觉。

7.4.3 强度等级(响度)

强度等级(**intensity level**)或**响度**(**loudness**)这一术语有时被用于对声音感觉的测量。耳朵是一个卓越的器官,它能探测广阔的声强范围。韦伯-菲希纳定律告诉我们如何感觉到声音,它们有多响。

强度等级可以用一个无量纲的单位分贝(dB)来表示。

分贝(decibel)是用苏格兰人亚历山大·格雷厄姆·贝尔(Alexander Graham Bell,1847~1922)的名字命名的。贝尔(图7.23)终身致力于聋哑人教育,他被普遍认为是电话的发明人,该发明1876年获得专利。然而美国国会决议却倾向于认为这项发明是意大利裔的美国发明家安东尼奥·穆齐(Antonio Meucci)所做的贡献。穆齐在1860年演示了基本的通信环节,纽约的意大利文出版社对此作过报道。

由于不能为他发明的"teletrofono"提供正式的专利申请,穆齐在1871年12月28日提交了一份一年期的专利再生通知,但他在1874年后没有支付为保留延期生效所需的广告费10美元,专利被授予了贝尔。为此,穆齐提起了法律诉讼。1887年,美国政府启动程序撤销贝尔的专利。此案被最高法院发回重审,但这一法律程序因1889年穆齐的去世而终结。

图7.23 亚历山大·格雷厄姆·贝尔(源自爱尔兰邮政的一封邮件)

2002年6月11日美国政府正式确认了穆齐所起的作用。

决议:"美国众议院认为安东尼奥·穆齐(Antonio Meucci)的一生及其贡献应该得到确认,他在电话的发明中所做的工作应该被承认。"引自美国国会图书馆,托马斯·杰弗逊(Thomas Jefferson)的文件。

7.4.4 计算强度等级

在有关声音的问题中通常是通过韦伯-菲希纳定律将声音的强度等级或响度L与强度联系起来的。任何地点声音的响度表达为该点声音的强度与人类耳朵能听见的最小强度的对数。响度的单位为分贝(dB)。

人类耳朵能听见的最小强度I_0大约为每平方米10^{-12}瓦,对应0分贝。

最小强度的10倍强度对应为10分贝,100倍强度为20分贝,以此类推(声音强度等级的划分由图7.24中公式给出)。

$$L = 10 \log(I/I_0) \text{ dB}$$

图7.24 声音的强度等级

"听到的阈值"对应强度等级0分贝,而"感到疼痛的阈值"对应强度等级120分贝。长时间暴露在强度级超过100分贝的环境中,听力将受到永久性损坏,大约在150分贝下耳膜可能破裂。（图7.25给出某些常遇到的声音的强度。）

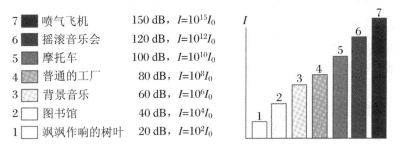

图7.25 某些经常遇到的声音的分贝数

7.4.5 举例——哭泣的婴儿

2个哭泣的婴儿的声音的强度是1个婴儿的2倍，他们的响度也是2倍吗？3个婴儿呢？

1个婴儿　　$L_1 = 10 \log I_1$ dB

2个婴儿　　$L_2 = 10 \log I_2 = 10 \log 2I_1 = 10 \log I_1 + 10 \log 2 = L_1 + 3.01$ dB

3个婴儿　　$L_3 = L_1 + 10 \log 3 = L_1 + 4.77$ dB

做一个合理的估计，若1个婴儿的响度等于工厂中的平均背景噪声，大约为80分贝，则2个婴儿仅仅增加到83分贝，3个婴儿大约增加到84.8分贝（图7.26）。

图7.26 哭泣的婴儿

(a) 1个婴儿强度 I_1；(b) 2个婴儿强度 I_2；(c) 3个婴儿强度 I_3

7.4.6 "烦恼因子"(annoyance factor)

响度不是影响我们对声波承受力的唯一因素。

以下几项中，你感到更讨厌的是什么？

1. 58分贝持续5秒钟还是55分贝持续5小时？
2. 下午3点钟的58分贝还是早上3点钟的55分贝？

3. 某人用指甲刮黑板的 55 分贝？
4. (德国作曲家)汉德尔(Handel)的水上音乐, 58 分贝？

对噪声厌烦的程度计量无法简单地用分贝数来测量。没有人会对我们说我们没有被某些声音打搅是因为读出的分贝数表明我们不会被打搅。这一点很重要，因为支配噪声等级的法则很可能只是以声音的分贝数为基础而不是我们的感觉。

7.5 听觉的其他参量

7.5.1 音调(pitch)

音调是我们对声音频率的感觉，在一定程度上音调依赖于声音的强度和所包含的谐波成分。音调随频率的增加而增加。"纯"的**音色(tone)**是正弦波并具有确定的音调。绝大多数声音都是由许多不同的音色混合而成的，而且不会只有一个音调。由一些乐器产生的复杂的音调给出单一音调的感觉，这和它的基频频率有关。

(古代希腊哲学家)毕达哥拉斯(Pythagoras)做了最早的声学实验。那不勒斯歌剧院中一幅 1429 年的木版画表现出他建立了和谐的音乐与各种频率所占数学比之间的关系。

音程(musical interval)是两个音色之间音调的差别。它是和音色的频率比而非频率本身有关的(例如，200 赫兹与 400 赫兹间的音程与 2 000 赫兹与 4 000 赫兹间的音程相同)。和谐的音色的音程具有较小的整数比，如 2∶1 或 3∶2(图 7.27)，并组成了整个音乐的基调。许多对具有相同音程的音色在一起演奏时声音相同。例如，440 赫兹和 660 赫兹一对音色与 330 赫兹和 495 赫兹一对音色的声音相同(两者的音程都是 3∶2)。

图 7.27　频率的比率 2∶1 和 3∶2

最重要的音程是八度音阶(octave)。如果将八度音阶的每个音符同时演奏，那么它们的音色的差别几乎察觉不出来。一个音阶由音乐的一组单音组成。八度音阶通常是重复的音程。(在自然音阶中 do-re-mi-fa-sol-la-ti-do′, do 和 do′之间的音程是一个八度)。耳朵能辨认一个音阶中彼此相关的那些音符。

古代的爱尔兰风笛

2004 年，在爱尔兰东海岸维克洛郡一处青铜时期的考古发掘中发现了一组 6 个古老的风笛。这一遗址被确定为布局规整的早期住宅建筑，在一个木制水槽底部发现了 6 个用红豆杉木做成的管子，放射性碳断代测定得出，用作房屋衬里的木桩的年代可追溯到公元前 2120 年到公元前 2085 年之间。管子没有穿孔，但是有证据表明它们最初是组成一组的。图 7.28 显示了这些管子并附有厘米分度。

图 7.28　古代的管子(提供者：Margret Gowen & Co. www.mglarc.com)

7.5.2　音质(tone quality)

每种乐器都有它自己的特征音色(图 7.29)，音调完全相同的单个音符在用不同乐器演奏时声音不同，我们说这些音符具有不同的音质。术语"低沉的"、"柔和的"和"醇厚的"被用来描述音质。我们常常可以根据我们所认识的人的声音音质来识别出他们。

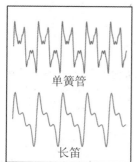

图 7.29　乐器发出的平滑的波形

声音的音质依赖于波形的形状。最简单的波形——正弦波，被称为纯的音色。其余所有的周期波(复杂的音色)都可以表示为一个正弦波与它的某些谐波相加之和，如同我们在第 6 章已叙述过的。谐波的数量及其相对强度决定了波形的形状。借用音质的概念，我们可以说复杂的音色是由纯音色组合而成的。不同人分辨不同音色的能力不同。

7.5.3 声音在露天和有限空间内的传播

声音在露天完美的再现

在露天,声音可以直接从声源到达听众耳中,他听到的几乎是完美再现的声音。声音的响度取决于声源与听众之间的距离(除非两者紧贴在一起)。当听众离声源远去时,响度减小(图 7.30)。

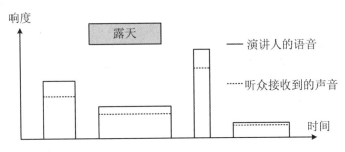

图 7.30　露天情况下"讲"和"听"的语音的比较

在封闭的空间,周边的反射能够对声音产生严重的干扰。一个著名的例子就是声音在一个大盒子中的回声,任何一句话的回声在盒子中来回反射产生一连串的语句(图 7.31),有可能形成非常混乱的声音。

当我们在房间、大厅或礼堂中听乐器或其他声音时,我们被由墙壁、天花板、地板等表面从各个方向多次反射的"环绕声"轰击,单独的词汇可能被扭曲;声音在狭窄的空间中被放大,而且不会像露天那样很快消失(图 7.32)。

图 7.31

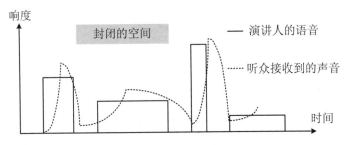

图 7.32　封闭空间中"讲"和"听"的语句的比较

反射的类型和大小与反射面的性质有关。反射定律(入射角等于反射角)仅适用于光滑的平面,粗糙的表面向各个角度反射声波。在一个大礼堂中,听众听到的声音的大小与吸音面的性质及其分布有关(图 7.33)。我们可以确定三种不同的参数——声音达到差不多稳定的水平的时间,此时的响度值,声音最终消失的时间。

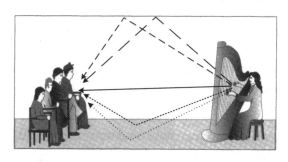

图 7.33 "环绕"声

声音的延迟称为**回响(reverberation)**,它是一个非常重要的参数。某个音符或单词的回响常常会在下一个音符或单词发出时被听到。为了定量描述回响,我们把回响的响度减少 60 分贝所需的时间定义为回响时间。图 7.34 表达了一串语音在两种不同回响时间下的振幅随时间的变化(图 7.34(a)记录了回响时间短的情况)。

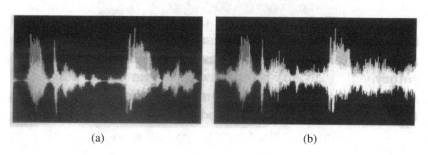

图 7.34 回响量级增加后扰乱演讲(提供者:James Ellis,都柏林国立大学物理学院,都柏林)

7.6 弦乐和管乐

7.6.1 弦乐器(strings instruments)

拉伸的弦能够产生具有特征频率的振动。因为振动的弦的表面积太小,不可能有效地压缩周围的空气,所以弦乐器靠音箱把振动放大。

弦线被安装成与音箱平行而且箱体可以产生共振的乐器称为琵琶。最早的琵琶有一个长颈子,是用兽皮和龟甲一类的材料做成的。有证据表明,早在公元前2 500年前的埃及和美索不达米亚(现在的伊拉克)就出现了琵琶。欧洲的琵琶是由阿拉伯的古典乐器——一种由木棍、短颈和很轻的木头箱体组成的乐器——仿制而成的,同时欧洲人改进了阿拉伯人的设计,加进了琴格(在乐器的脖颈处嵌入金属细条)。

目前仍保存完好的古典吉他(6弦)是18世纪末在那不勒斯制造的。塞利维亚的西班牙吉他演奏家和制造者安东尼奥·德·托雷斯(Antonio de Torres,1817~1892)在19世纪中期至晚期确立了现代吉他的标准形状。

原声吉他(acoustic guitar)(图7.35),没有使用任何外在的放大声音的方法。拨动琴弦产生的振动传到吉他的音箱,并在音箱里发生共振,音箱的腔体内产生的声音通过传声孔发送到空气中。琴弦被拉紧后固定在颈部的顶端和桥之间,通过向琴格处按压琴弦使弦的振动长度变短,从而发出不同音调的声音。

图7.35　原声吉他(提供者:Massimo Giuliani)

现代小提琴的雏形起始于16世纪中叶,早期的小提琴制作于北意大利。在1600年前,小提琴制作中心位于克雷莫纳(Cremono),Nicolò Amati(1596~1684)和Antonio Stradivari(1644~1737)等著名的琴师都曾在那里工作。值得关注的是,这些一个世纪之前制作的小提琴因其优美的音质直到现在还受到珍爱。斯特拉迪瓦里(Stradivari)等小提琴制作大师们虽然仅仅了解一点实用物理学和声学知识,但他们却能够制作出至今仍极其昂贵的乐器。一把名为"The Hammer"的Stradivarius小提琴在2006年佳士得拍卖会上投标开始后不到5分钟就以超过350万美元的价格被拍走。

7.6.2 吹奏乐器(wind instruments)

一列空气柱就像绷紧的弦一样,也可以产生多种频率的振动,其频率值取决于空气柱的长度以及空气柱是一端开口还是两端开口(参见**驻波**)。

木管乐器,例如单簧管和竖笛等,具有细而长的空气柱并带有一系列音孔。我们可以通过打开或闭合这些音孔来改变音调。当所有的孔闭合时,会产生最低的音调(基调)。

单簧管(clarinet)是一种簧片乐器,簧片的振动形成驻波。演奏时管口是封闭的而且偶次谐波受到强烈的抑制,这和预料的空气柱一端封闭的情况一样。**长笛(flute)**则是另一种情况,它的两端开口。当空气从开放的管口吹出时形成驻波,相邻的奇次和偶次谐波完全同等地表现出来。

7.7 多普勒效应

当一辆救护车冲向现场时,人们听到它所发出的汽笛声的频率高;而当它离开现场时,人们听到的汽笛声的频率低。声音的这种由可能因为声源或观察者运动而引起的表观频率的变化,被称为**多普勒效应(Doppler effect)**。

多普勒效应起源于澳大利亚物理学家克里斯蒂安·约翰·多普勒(Christian Johann Doppler, 1803～1853)(图7.36)。他首次论述了声源和观察者的相对运动如何影响所听到的声波的频率。仅仅在3年后,这些论述就被荷兰气象学家克里斯托弗·亨里克·迪特里希(Christoph Heinrich Dietrich)证实了。他用喇叭作为声源,并用火车依次运送号手和观察者。

图7.36 克里斯蒂安·约翰·多普勒(提供者:澳大利亚邮局)

一级方程式赛车的爱好者当赛车经过时感受到同样的表观频率的变化,当赛车接近观众时表观频率增加,而当赛车离观众远去时表观频率降低。

7.7.1 运动的观众

如果一名观众跑向声源,则每秒振动的次数增加。这就像您跑进大海时每秒钟穿过的碎浪的数目(频率)增加,离开碎浪区时情况则相反。两种情况下碎浪之间的距离(波长)是相同的,这就意味着频率发生了表观的变化。当观察者接近声源时频率变高,当观察者从声源后退时频率变低。

7.7.2 运动的声源

一个点声源发射球面波。当声源静止时,波前是一些以声源为中心的同心球面。当声源开始运动时,声源基本上是在追逐它自己产生的波前,从而使声波被压缩。

图 7.37 中表示了连续的波如何被向右压缩。波速不变而声源前方的波长变小。位于声源前方的观察者每秒钟接收到更多的波并且比位于声源后方的观察者测量到更高的频率。

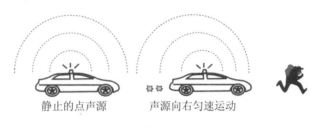

静止的点声源　　声源向右匀速运动

图 7.37

通常情况下,声源和观察者相互接近时频率变高,而当它们相互离开时频率变低。

7.7.3 以几乎等于声音的速度远离声源的运动

飞机的前端产生压缩的波,这就类似于声源的作用。如果飞机以接近声速运动,那么它的前端几乎"抓住"它自己产生的波,则表观波长变得非常小而频率非常高(图 7.38)。

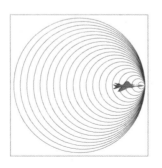

图 7.38　声源在空气中以 0.9 倍声速运动时发射的波的图像

7.7.4 冲击波(shock waves)

假如飞机运动速度大于声速,它将会"超过"它自己的波前,从而产生冲击波(图 7.39)。此时重叠的球面波前相互增强形成向外传播的高压圆锥面,其压力远大于单独压缩的结果,同时波的强度可能达到每平方米 1 亿瓦(对应约200 分贝)。**声爆(sonic boom)** 是由这种压力波所产生的可以听得见的声音,这种压力波被限定为以飞机为顶点的圆锥面,称为**马赫圆锥(Mach cone)**,以澳大利亚物理学家恩斯特·马赫(Ernst Mach,1838~1916)(图 7.40)的名字命名。马赫是第一个认识到,如果一个物体在空气中以大于当地声速的速度运动就会产生圆锥状的冲击波(图 7.41)。飞机的速度常常用**马赫数(Mach number)** 来确定,1 马赫等于当时环境条件下空气中的声速。

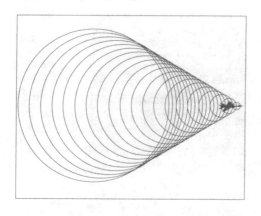

图 7.39　飞行速度为 2 马赫时的冲击波

图 7.40　恩斯特·马赫
(提供者:澳大利亚邮政)

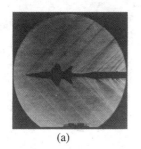
(a)

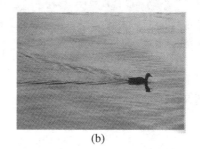
(b)

图 7.41　冲击波

(a) X15 喷气飞机(源自美国国家航空和宇宙航行局喷气推进实验室);(b) 用力划水的鸭子(取材于 Piotr Pieranski)。

因为超音速飞机产生的压力波尾随飞机扫过地面,压力的变化足以造成明显的破坏,所以,协和式喷气客机以超音速飞行时只被容许飞越无人区或海洋。

当速度增加时马赫圆锥的半角宽变小。

7.7.5 冲击波和光

当高能电子和质子以超过当地光速的速度穿越材料时,有可能形成光的冲击波。这种波被归为**切伦科夫光(Cerenkov light)**。

帕维尔·阿列克谢维奇·切伦科夫(Pavel Alekseyvich Cerenkov,1904～1990)是获得1985年诺贝尔物理奖的三名俄国物理学家之一。1934年,切伦科夫做博士研究期间发现,当高速电子穿过透明的液体时会出现很弱的蓝色辉光,诺贝尔奖的合作者伊戈尔·塔姆(Igor Tamm)和伊利亚·弗兰克(Ilya Frank)解释了他的发现。

切伦科夫光由核反应堆的核心部分发出,在全功率运行时这种核反应每秒钟产生超过10^{15}次裂变,裂变中产生的高能电子的运动速度超过水中的光速,引发了很强的蓝光发射。

一些天体物理的研究对象(如中子星和黑洞等)发射出高能的伽马射线,这些射线在地球的高空大气中相互作用,产生传播速度超过当地光速的电子。一些陆基成像望远镜阵列,如美国亚利桑那州南部的VERITAS(图7.42),探测到由这些电子辐射出的切伦科夫光。

图7.42 VERITAS成像阵列(提供者:VERITAS的合作者,福瑞德·劳伦斯·惠普天文台,亚利桑那州杜桑市)

历史的插曲

声障(Sound Barrier)

位于海平面空气中的声速是每秒 360 米,或者每小时 760 英里。在 4 万英尺(12 192 米)的高空,空气寒冷而稀薄,声速是每小时 660 英里。

当飞机的速度越来越快,接近达到 1 马赫时,会发生似乎不可思议的事情。据第一次世界大战中一些飞行员报告,当他们急剧地俯冲时战斗机中的控制系统冻结了,甚至有传闻说在这样的速度下控制会逆转,但后来发现这一传闻是假的。

1940 年年末,已经有能力制造出速度超过每小时 600 英里的喷气式飞机,此时,急需查明飞得与声速一样快或比声速还快是否安全,如果飞机超越了自己产生的声波后会发生什么?声源以超过波的速度运动时所产生的声波的干涉图像已经被预测出来了,它们将组成"马赫圆锥",就像船在水中以大于水波的传播速度行驶时形成的弓形波。然而,没人敢说飞机是否会遇到新的、反常的力。这种力的作用一般通过风洞来检测,但它无法仿制超过 0.85 马赫的风速。

有一些推测认为,飞机会遇到"声音壁垒"(sonic wall),飞机不可能穿透它,反而会被它摧毁。1946 年,一位英国试飞员杰弗里·德·哈维兰(Geoffrey de Havilland)驾驶一架 de Havilland DH-108 喷气机试图超越 1 马赫。很悲惨的是,飞机解体,他也牺牲了。这一声障(sound barrier)的神秘事件成为另一个具有挑战性的探索。

1947 年,美国制造出一种型号为 X-1 的新型火箭喷气飞机,它被认为可以超越 1 马赫。在加利福尼亚州沙漠中的爱德华空军基地建立了该飞机的检测中心。试飞员必须具有在未知环境下飞行的勇气和钢铁般的意志,以及当飞机的速度越来越接近 1 马赫时对没有预料到的问题做出快速反应的能力。查克·伊格尔(Chuck Yeager)(图 7.43)是一位首席试飞员,他拥有传奇般的飞行技能。人们形容他一进入驾驶舱就成为飞机的一部分,不论这架飞机是陌生的还是已经熟知的。查克拥有战斗机驾驶员的杰出经历,他曾经在

图 7.43 查克·伊格尔(提供者:美国国家航空和宇宙航行局,NASA)

法国上空被击落,但在法国地下组织的救援下逃到西班牙,然后转到英国。军事条例禁止他重返战斗岗位,但他例外地得到艾森豪威尔将军的特殊批准,作为一名战士重返他的空军中队。查克是西弗吉尼亚人,一口悠闲的南方口音,轻松而自信,

在飞行员同事中极受尊重。如果有什么人能够操纵 X-1 穿越声障,那就一定是他。

与现代计算机技术相比,飞机的试飞检测和最终的记录都是很原始的。为了快速起飞,X-1 飞机计划被钩挂在 B29 轰炸机的弹仓下面,并被提升到 25 000 英尺的高空。在此预定地点伊格尔将爬下 B29 弹仓中的梯子进入 X-1 的驾驶舱,锁住舱门,等待像炸弹一样被投下去,某种意义上它就是一颗装满高挥发性燃料和液态氧的炸弹。当伊格尔被投下并脱离母机时,他将点燃喷气引擎并飞离母船。如果引擎没有被点燃,因为装有燃料的 X-1 不可能滑翔,那么最终将以一个毁灭性的自旋而结束。(图 7.44 是 X-1 型飞机和它旁边的母机。)

图 7.44　X-1 和它旁边的母机(提供者:美国国家航空和宇宙航行局,NASA)

1947 年 10 月 14 号,按计划伊格尔要驾驶飞机冲刺 0.97 马赫。按惯常的做法,在试飞两天前他和妻子 Glenniss 一起去骑马。但那匹马失足把他摔了下来,跌断了两根肋骨,他几乎不能举起右手,而他隐瞒了这一事实。他清楚地知道,如果这件事传出去,他会因为身体缺陷而被停飞。他决定继续参加试飞,因为这可能是他这一段时间内的最后一次飞行。他向他最亲密的朋友飞机机械师杰克·雷德利(Jack Ridley)透露了这一秘密,后者承诺保持沉默并尽可能地帮助他。一个不起眼的但是很关键的问题是,若他一个人进入 X-1 的座舱后,伊格尔很难用右手推上位于头顶的舱盖并把它锁起来。杰克心灵手巧,给了伊格尔一个扫帚把当作杠杆,使伊格尔可以用左手操作。关闭座舱的问题解决后,在飞机自由下落时点燃引擎似乎没有多大问题。

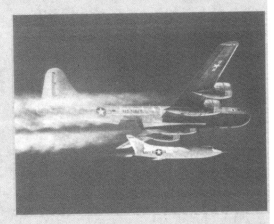

图 7.45　X-1 被投下的瞬间(提供者:美国国家航空和宇宙航行局,NASA)

试飞那天,严峻的时刻到来了,飞机开始从轰炸机弹仓下方自由落下(图7.45),伊格尔随即打开了喷气引擎,马赫表指针上升:0.88,0.92,…,0.96马赫,出现了一些振动,但他飞得越快飞机越平稳。因为还有一些燃料,所以他进一步加速,指针超出了马赫表的最大量程——1马赫,并保持了20秒。跟踪站报道听到遥远的爆鸣声——这是第一次来自一架飞机的音爆。声障被突破了。

伊格尔后来写道:"真正的声障不在空中,而是在我们对超音速飞行的认识和经验中。"

一旦声障被突破,制造越来越快的飞机的进展非常迅速。飞机可以利用本身的功率起飞并加速到1马赫及更高速度。

美国洛克希德马丁公司的星座式战斗机 F-104 是第一架在爬升中速度达到1马赫的飞机,它的巡航高度可达100 000 英尺(超过30 480 米),其飞行速度大于2倍声速。1963年12月10号,查克·伊格尔驾驶F-104做例行试飞。飞行速度超过2马赫时,他点燃了位于机尾的推进火箭把飞机上升到海拔104 000 英尺(31 700米),此时飞机失控并迅速坠落。后来,数据记录器显示,飞机在坠落到沙漠表面前做了14次水平螺旋,伊格尔在被弹射出来前坚持住了其中的13次螺旋。正如他在他的自传中写道:"我悔恨自己失去了一架昂贵的飞机,但我无能为力。"他设法使自己成功地弹射出来,虽然他的脸被弹射装置的火箭发动机严重烧伤。伊格尔不是唯一一个从X-系列飞机试飞灾难中逃生的驾驶员。图7.46是飞行员杰克·麦凯(Jack McKay)在内华达州泥湖紧急降落后的 X-15 飞机的残骸。

图 7.46　X-15 的残骸(提供者:美国国家航空和宇宙航行局,NASA)

伊格尔首次飞行差不多正好50年后,在1997年10月15号,声障在陆地上被突破。由英国空军飞行员安迪·格林(Andy Green)驾驶的喷气发动机汽车往返穿越了内华达州的黑岩石沙漠,汽车加速了6英里多,然后在已测定的英里内计时,最后6英里停止。计时的行程中速度达到每小时759和766英里,都超过了声音的速度，按当时最满意的条件计算出的声速是每小时748英里。后来检查时发现，坚硬的沙漠地面已被马赫波冲击成粉末。

安迪·格林(Andy Green)所驾驶的 Thrust Super Sonic Car 汽车有54英尺(16.5米)长,12英尺(3.7米)宽,它由一对劳斯莱斯(Rolls-Royce)喷气发动机驱动,这种发动机用于幻影式歼击机,可产生50 000磅的推力和110 000马力的功率。

(该汽车的)空气动力学的设计必须是完美无缺的,如果汽车的前部被举起不超过半度,前轮将承受不到一点重量,那时汽车会"飞起来"并向后翻转。另外一种情况,如果汽车前部向下倾斜,它将会向前翻滚。正如一名工程师当时的评论:"如果前端抬起,你就会飞起来;同样的,如果它下沉,你将会去啃泥巴。"

第 8 章
光的波动性

我们已经花费了一些时间研究波,现在当我们遇到波时我们应该能够认识它!本章我们将关注光束具有波的行为的证据。

为了帮助我们了解光的波动性是如何表现出来的,我们采用了由荷兰数学家克里斯蒂安·惠更斯(Christiaan Huygens)最早提出的波的结构。他提出这样一种假设:一列波不断地自我更新,波中的每一点的行为都可以看成是新的**次波**(**secondary wave**)的波源。利用惠更斯结构可以导出光的折射定律(斯涅尔定律)——它间接地,即使不是绝对的,证明光具有波的行为。

还有一个更加有说服力的证据。如果我们确实相信光是一种波,那么应该能够安排出一个光波干涉相消的实验——换句话说,一束光和多束光相加有时会变暗。

当我们将一束光穿过非常小的孔径(例如狭缝)时,由惠更斯叠加原理可以得出奇异的结果,因为狭缝的壁将阻断某些次波,并在出射光束中出现不平衡,它们不仅会产生横向传播(**衍射**(**diffraction**)),而且不相匹配的波还将会干涉相加或相减,形成特征花样。

尤其是光的波动性将限制光学仪器的分辨率,因此不可能制备出具有无限放大能力的显微镜和望远镜。无论光学系统多么精细,我们不可能用光波来检测比光波本身的结构还要小的结构。

在杨氏试验中,两个狭缝作为相干的光源,当它们发出的光相遇时形成增强或相消的干涉,在衍射图形中出现暗线——这个例子就是光 + 光 = 黑暗!

光通过由大量狭缝组成的衍射光栅(diffraction grating)后形成的干涉使我们得以研究原子结构。利用 X 射线使我们能够更加深入地进行探测,而且,非常幸运地,自然界为我们提供了晶体这样一种完美的衍射光栅。

8.1 光的波动性

许多世纪以来，自然哲学家们面临两种互相矛盾的理论：一种认为光是一种波，另一种认为光是由粒子流组成的。本章将表述光的波动理论的证据。

不需要任何介质的神秘的波

波把能量和信息从一个地方传递到另一个地方，而光也正是这样做的。太阳以光的形式把能量传给地球，同时我们所看到的每个物体的信息也是被光送入我们眼睛的。当然，携带能量和信息并不是波独有的性质，粒子也可以携带能量并有可能被用来传递信息！

可以找到强有力的证据说明光不可能是波。因为光可以在真空中传播，太阳光穿越的1亿英里的空间中事实上不存在物质的粒子，既没有原子也没有分子。声波和其他一些存在于气体、液体和固体中的波需要有某种介质使得振动从一个粒子传递到另一个粒子。如果没有介质就没有可以振动的东西，那么振动怎么可能传递呢？

波的理论的倡导者们力图用一种简单的但是并不令人满意的方法解决这种自相矛盾的说法，那就是认为宇宙中充满一种看不见的介质，这种假想的介质被称为"**以太(ether)**"，但并不清楚它除了可以携带波以外还有什么性质。如果一种理论仅仅适用这一种或那一种现象，它就是不圆满的。为了证实以太假说，就必须找到独立的证据，并设计出一些用以观察以太的某些信息的让人信服的实验。

在19世纪80年代，艾伯特·迈克耳孙(Albert Michelson)和爱德华·莫雷(Edward Morley)在俄亥俄州克利夫兰市做了一系列这类实验。他们设想当地球沿自己的轨道绕太阳自转和公转时会有吹过地面的"**以太风(ether wind)**"，他们试图探测到这种"以太风"。（我们将在第15章中详细论述他们的实验。）尽管迈克耳孙和莫雷尽了全力，却没有找到"以太风"的任何证据，他们迫不得已做出结论：要么以太不存在，要么它虽然存在却既看不见也探测不到！我们只能留待哲学家来确定是否有什么东西既看不见也探测不到却被认为是存在的。[①]

[①] 乔治·贝克莱(George Berkeley，1685～1753)曾写过一个条约，题目是"人类的认知法则"，它成为唯心主义哲学的基础，谈论物体的真实性以及观察不到的事物的存在性。

8.2 波的与介质无关的性质

8.2.1 叠加原理

我们可以避过有关以太的所有证据,只考虑波的那些与介质无关的性质。波通常遵从**叠加原理**(principle of superposition),叠加原理指出:两列或更多列波重叠后的有效作用是每列波单独存在时所具有的作用的简单相加。这一原理适用于绳子上的波、水中的波以及所有种类的横波和纵波。这就意味着每列波相交后仍然继续独立传播,不受它们相互作用的影响。关于这一点的例子已经在第6章雨点在水面产生的重叠的波的图像中表达出来了。

我们不需要建立特殊的实验说明光有相同的行为。图 8.1 表示了一个普通家庭的情况,父亲对电视的观看没有被那些与他的视线相交的带有感情的视觉信息所干扰。

图 8.1　没有什么能干扰爱情

世界充满了光。各种波长的光束交叉往来于宇宙空间的每一点。现在,人们又有了无线电波、电磁波、雷达、红外线和其他一些电磁辐射,所有这些辐射独立地相互叠加或者叠加在自然背景之上。然而,叠加现象不能决定性地证明光是一种波,它只是和波的假设相符合。

8.2.2 惠更斯原理(Huygens' principle)

克里斯特安・惠更斯(Christiaan Huygens,1629~1695)是一位荷兰的天文学家和数学家,他相信光是发光体振动时产生的机械波,围绕以太运动。在他 1690 年出版的《光论》(*Traitè de la Lumière*)一书中,惠更斯叙述了他怎样用波前重构的几何方法导出几何光学的原理,这种方法就是著名的**惠更斯结构**(Huygens' construction)。

根据惠更斯原理,向前运动的波前上的每一点都可以看成是一个产生**球面子波**(spherical secondary wavelet)的次波波源。在前进方向上任何瞬间的一个波阵面正好对应前一时刻发出的并且以波速扩展的那些次波的包络面。这些次波用来解释波前重构的机理,与它们是否为物理实体无关。

我们可以用惠更斯结构解释均匀介质中平面波的传播。在图8.2中,AB表示一列无穷大的平面波的波前的横截面,在此情况下的次波的包络面是这些次波的公切线,它代表平面波以原来的速度朝前运动。

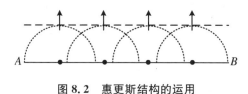

图8.2 惠更斯结构的运用

在无限大的平面波的情况下,我们可以根据对称性得出这些次波的公切线是一条向前方运动的直线。

8.2.3 惠更斯原理和折射

当光从低密度介质传播到高密度介质时,其方向会发生变化。我们已经由斯涅耳折射定律得出光的方向的变化,导出这一定律的依据是光在两点之间沿最快的路径传播。现在我们将说明根据波的理论利用惠更斯结构原理可以得出相同的结论。

在图8.3中,A和D是入射的平面波到达透明的光密介质玻璃的表面时的波前上的两点,当该波前上的C点到达表面时,从A点发出的球面次波向玻璃中扩展走过了AE的距离。

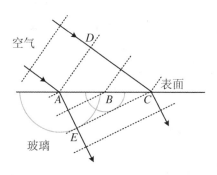

图8.3 惠更斯原理和折射

连接E和C的连线是所有次波的公切线,同时根据惠更斯原理它形成新的波前。

我们立刻可以看到,当波从空气进入玻璃时改变了方向,弯向法线方向(即远离了表面),正如折射定律所预言的那样。

弯曲度取决于比率 DC/AE,也就是

$$\frac{空气中的速度}{玻璃中的速度} = \frac{v_1}{v_2}$$

然后可以通过下面表达的几何方法(图 8.4)得出折射定律。光进入光密介质后向内弯向法线的事实支持了光类似于波而非粒子的论点。例如,当一颗子弹以任何角度落入水中时,虽然速度变慢但方向不变。也许我们可以说"按照概率平衡的观点",折射可以被当作波的理论的证据。但是,它并不是波的理论的无可辩驳的证据,也不能完全排除粒子理论!

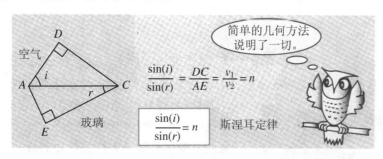

图 8.4

8.2.4 衍射(diffraction)

在第 6 章中,我们看到铺展开的海浪绕过障碍物进入海湾入口。波在尖角处发生弯折是水波的共同性质。典型的情况下,当波前到达狭窄的开口或海港的入口时,它会以此为新的源点按照半圆的形式扩展开来。不知为什么,它似乎"忘记"了它到达入口之前是平面波前,现在它至少有一部分向侧面扩展!

水波箱实验

通过水箱中的一个可操纵的实验能够清楚地看到衍射现象(图 8.5)。使平面波通过狭窄的开口("狭窄"的意思是指"不大于波长"),新形成扩展的波,类似于海滩上形成的波。

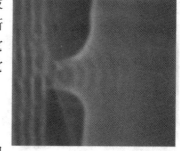

图 8.5 水波箱中水波的衍射(提供者:James Ellis,都柏林大学物理学院,都柏林)

8.2.5 惠更斯原理和衍射

我们可以运用惠更斯结构得出通过狭缝后新生的波(图 8.6)。

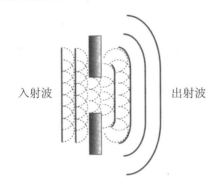

图 8.6 平面波通过很窄的狭缝

靠近狭缝边缘发出的球面次波其旁边不存在其他次波,因此无法维持平行的波前,结果次波的包络面围绕狭缝边缘逐渐弯曲,波扩展到狭缝后面的"几何阴影区域"。

我们可以用惠更斯方法重构由狭缝出发的水波的图形,在计算机处理的重构图形中我们看到与水箱实验惊人相似的结果(图 8.7)。

如果我们仔细观察,可以看到两条射线组成的 V 字形的尖端,沿着这两条线水波被"擦除"了,即这两条线上的干涉相消,成为水面平静的区域。这些区域在水面上静止不动,类似绳子上一维波的节点。

更加令人惊奇的是,我们还看到了中心区域两边分别存在波的第二和第三个区域。

图 8.7 计算机重构的水波

8.3 针对光的讨论

8.3.1 光的衍射

为了用光做这样的实验,我们对装置做了少许改动,将一个明亮的光束通过很窄的竖直狭缝,在狭缝后面一定距离处放置屏幕,屏幕与光束间有一合适的夹角。如果光束通过狭缝后发生衍射并出现如同水波产生的衍射图形,我们就能从屏幕上的最终图形看到光衍射的证据。

第一个观察到衍射效应并提出"衍射"这一术语的可追溯到意大利人弗朗西斯科·玛利亚·格里马迪(Francesco Maria Grimaldi),他是一位耶稣徒,在意大利博洛尼亚教数学。1665 年,在他去世两年后,有关该实验的详细介绍才得以出版。格里马迪在总结中说道:

Lumenpropagatur seu diffunditur non solùm Directè, Refractè, ac Reflexè, sed etiam alio quodam Quarto modo, diffractè.①

利用惠更斯原理按照和处理水波相同的方法我们可以预言衍射图形的形状,按照计算机重构图我们可以画出屏幕右半边的图形,当重叠的子波在屏幕处相干增强则出现亮线,屏幕上的暗区对应水面静止的区域,中心的亮线比其他的亮线更亮,这是因为沿正前方传播的光比沿其他方向传播的光更多。根据衍射规律我们可以得出中心为亮线,两边的次极大亮度非常小,并且宽度大约只有中心极大的一半(图 8.8)。

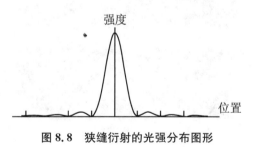

图 8.8 狭缝衍射的光强分布图形

衍射花样的宽度取决于波长与狭缝宽度的比。

---

① 可译为:光的传播和扩散不仅有直线传播、折射和反射,还有第四种方式,即衍射。

8.3.2 用光做实验

实验装置非常简单,如图 8.9 设置好狭缝和激光光束,用放置在屏幕处的照相底片记录衍射图像。照片中看到强度最大的中心亮斑以及左、右两边较弱的一些峰。这些较弱的峰处在次波相干增强的位置,它们之间被一些由相干相消形成的节点分开。需要注意的是,狭缝是竖直的而干涉花纹按水平方向扩展。

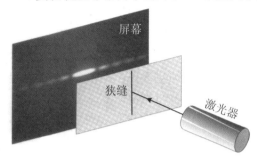

图 8.9 单缝衍射实验

与直观感觉相反,狭缝越窄,中心极大的角宽度越宽。最终,极限情况下,光源为等效的点光源,而中心极大扩展到整个屏幕的宽度。图 8.10 中的三张图片显示了随着狭缝宽度的减小衍射花样是如何横向扩展的(图中从上到下的顺序)。

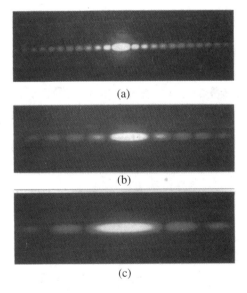

图 8.10 不同狭缝宽度对应的衍射花样

8.3.3 其他形状的开口

方形孔的衍射花样是垂直和水平单缝衍射花样的叠加。对称的花样反映了开口的比例。如图 8.11 所示。

 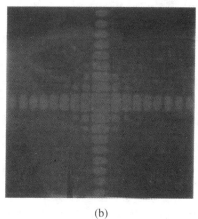

(a) (b)

图 8.11　方形孔的衍射花样
（a）实际情况；(b) 计算机模拟结果。

圆形开口（圆孔）的衍射花样（图 8.12）是一系列明暗相间的同心圆环，这和我们根据对称性所做出的预测相同。

图 8.12　圆孔的衍射花样（提供者：James Ellis, 都柏林大学物理学院，都柏林）

8.3.4 不透明圆盘的奇怪现象

看似一种完满的、合理的解释是：不透明的小圆盘的衍射花样应该和尺寸相同的圆孔的衍射花样具有相同的对称性，中心应该是暗斑。但波的理论却得出不同的结果。

1818年,奥古斯丁·菲涅尔(Augustin Fresnel,1788~1827)投寄了一篇有关波的衍射理论的文章用于参加法国科学院赞助的竞赛。评判委员会委员西米恩·泊松(Simèon Poisson,1781~1840)将菲涅尔理论用于小圆盘的光衍射现象,根据对称性,圆盘周边上所有的次波波源发出的子波到达圆盘后方的中心点时,它们是同相的。于是,该理论预测圆盘衍射图形的中心应该是亮斑!泊松不相信光的波动理论,他认为这一结论是荒谬的。幸运的是,同是评判委员会委员的多米尼克·阿拉果(Dominique Arago,1786~1853)很快地用一个简单的实验证实了这一"荒谬"的亮斑的存在。菲涅尔赢得了比赛,同时光的波动理论也再次获胜。具有讽刺意义的是,这一亮斑通常被叫作泊松亮斑。如图8.13所示。

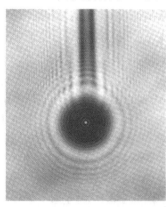

图 8.13 泊松亮斑:悬浮在针尖上的滚珠的阴影(提供者:C. C. Jones,联合大学,斯克内克塔迪,纽约)

8.4 我们能够分辨的极限是什么?

光学系统能够将两个紧邻的物体区分开来的程度受到光波性质的限制。

8.4.1 图像可能重叠

光学仪器的分辨率表示该仪器将两个相邻的点分开的本领。穿过某种光阑(例如眼睛的瞳孔、照相机的镜头、望远镜的物镜)进入光学仪器的光被衍射。点光源的图像绝不是这一点本身,而是伴随有许多同心亮环的光晕。图8.14是位于银河系中心的一些星球的哈勃望远镜精细图像。

8.4.2 瑞利判据(Rayleigh criterion)

约翰·威廉·斯特拉特(John William Strutt,1842~1919),即瑞利勋爵(Lord Rayleigh),他由于发现了惰性气体氩而获得了1904年诺贝尔物理学奖。他既从事实验也从事理论工作,几乎涉及了物理学的所有方面。瑞利建立了一种理论,解释了天空之所以是蓝色的是因为大气中的微小颗粒对太阳光的散射。火星和月亮上的环形山以他的名字命名。

当把望远镜对准一组星星时,每一颗星星发出的光通过光阑后各自产生衍射,每一颗星的图像能被区分开的程度取决于它们的衍射图像重叠了多少,反过来也就是取决于两颗星发出的光束之间的夹角的大小 θ,即**角间距**(angular separation)的大小(图 8.15)。

当这一夹角很小时,分属每个星球的衍射花样合并成一个。

根据瑞利提出的能将两个亮度相同的点光源分辨开的经验判据,当第一个物体中心的衍射峰与第二个物体的衍射峰的一级极小重合时,这两个物体"恰巧被分辨开"。

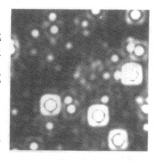

图 8.14 银河系中心的星球的图像(提供者:美国航空和宇宙航行局喷气推进实验室)

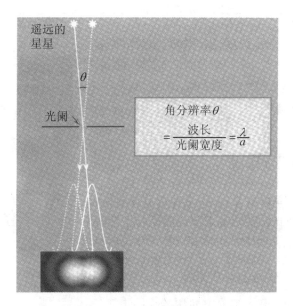

图 8.15 "刚好能分辨开"的星星

由图 8.15 可以看出,根据这一判据,两颗星星在刚好能被分辨开时,它们所发出的光线之间的夹角等于衍射主极大角宽度的一半。(公式近似地表达了角宽度的数学推导。)

望远镜刚好可以将物体分辨开的最小角度称为**角分辨率**(angular resolution)或**衍射极限**(diffraction limit)。为了改进角分辨率,我们可以增加光阑的孔径或者减小波长。

8.5 其他种类的电磁波

有一些其他的电磁波,它们和光波具有相同结构和传播速度,但它们与光波的产生方式不同,波长有很大差异。在这些波中,**伽马射线(gamma ray)** 能量最高,而**无线电波(radio wave)** 能量最低(图8.16)。

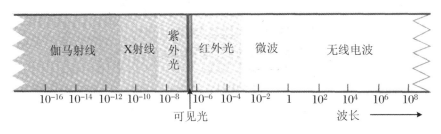

图 8.16 电磁波谱

无线电波可用于收音机和电视,红外光可用于夜视望远镜,紫外光可晒黑皮肤,微波可用于烹饪,而 X 射线和伽马射线可用于医疗领域。

8.5.1 来自星球的信息

我们在第 10 章将会看到,当电荷被加速时就会产生电磁波。宇宙中充满了这类电磁辐射,其波长囊括了电磁波谱的范围。这些辐射来自一些自然界的辐射体,它们跨过几亿光年的星际空间,带来了各种天文现象的信息。

无线电波是第一种被探测到的"看不见的"宇宙辐射。

卡尔·嘎斯·詹斯基(Karl Guthe Jansky,1905~1950)是贝尔电话实验室雇用的无线电工程师;他被分配去研究一种神秘的静电,这种静电发出的稳定的噪声干扰了贝尔实验室横跨大西洋无线电话系统的短波无线电信号。詹斯基发现这种噪声来自宇宙空间——来自我们银河系的中心。

詹斯基的发现被做成 1933 年 5 月 5 号《纽约时报》(*New York Times*)杂志的封面,NBC 电台随后广播了"詹斯基星球噪声"的报告。尽管得到赞扬和宣传,但詹斯基的雇主没有允许他继续从事天外无

图 8.17 詹斯基天线(提供者:国家无线电天文学实验室/AUI/NSF)

线电波的研究。很久以后，在 1998 年，贝尔实验室认可了他的工作，在第一次探测到宇宙无线电波的地点(图 8.17)竖立了卡尔·詹斯基的纪念碑。

宇宙无线电辐射的偶然发现并没有随之出现真正的进展，直到第二次世界大战结束之后人们才发现了大量强烈的宇宙无线电波源。今天，位于西弗吉尼亚州绿滩(Green Bank)的美国国家射电天文观察站拥有世界上最大的、具有全方位旋转的蝶形信号天线的射电望远镜(图 8.18)它的直径达 100 米。詹斯基天线建立 30 多年以后，在离此天线不到 1 英里的地方，彭齐亚斯(Penzias)和威尔逊(Wilson)首次探测到来自宇宙的微波，揭示了宇宙大爆炸残存的遗迹(参看第 5 章)。

图 8.18　绿滩射电望远镜(提供者：国家无线电天文学实验室，AUI/NSF)

8.5.2　其他一些宇宙窗口

地球上的大气吸收空间的高能电磁辐射，许多重要的天文学结果最初都是通过建立在山顶上由气球或火箭携带的设备发现的。1961 年，装备有宇宙伽马射线探测器的人造卫星Ⅺ被发射，这开创了一个使人们可以对所有波段的电磁辐射进行持续观测的新纪元。

无线电波是由天线中能量相对较低的电子发射的，天线不发射光和 X 射线以及任何形式的高能电磁辐射。发射无线电波的粒子不可能因"积蓄"能量而产生光或其他形式的电磁波。探测特定能量的电磁波意味着波源中包含许多至少具有这种能量的单个粒子。

现代技术使我们有可能检测各种能量的电磁辐射，类似于"**多波长(multi-wavelength)**"的观测对于研究复杂体系是至关重要的，不论这些体系远离我们几百万光年或者就在我们身边的实验室中。

一个具有重大意义的发现是探测到位于蟹状星云中心的脉冲星发射出能量大于可见光能量 10^{11} 倍的伽马射线。

8.6　两个光源发射的光

英国医学博士托马斯·杨(Thomas Young,1773～1829)在伦敦皇家学会

图 8.19 两光波相加产生明暗相间条纹

1803 年的具有历史意义的会议上演示了光波之间的干涉。杨把一张很薄的卡片竖着插入由百叶窗的小孔中射入房间的太阳光束中,由此产生两个等效光源,在放置在卡片后面的屏幕上看到的彩色条纹证明发生了光的干涉(图 8.19)。

8.6.1 杨氏实验

图 8.20 中显示了水波槽中两个点波源产生的水波的图案,水波相互重叠并产生干涉。离开波源 S_1 和 S_2 的波到达 P 点时通常是不同相的。

波重叠时同相产生相干增强的那些点是最亮的点,如果路径差$(S_2P - S_1P)$为零或者等于波长的整数倍,则波在 P 点同相,如图 8.21 所示。

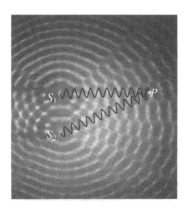

图 8.20 两个点源发出的波(提供者:Chris Phillips,伦敦帝国理工学院物理系)

类似的方法被用于比较常见的杨氏装置中。一个钠灯发出的光通过单缝产生衍射,并照射在两个"次级"狭缝上。穿过这两个狭缝的光离开狭缝后在空间重叠,位于狭缝后面一定距离的屏幕上看到明暗相间的干涉条纹。

两个次级狭缝到达 P 点的路径差为波长的整数倍时产生相干增强,也就是要求:
$$d\sin(\theta) = m\lambda$$
其中,$m = 1, 2, 3, \cdots$。

通常两个狭缝的距离要远远小于狭缝与屏幕间的距离,以使得 θ 非常小,而 $\sin(\theta)$数值几乎和 θ 的数值相等,相干增强的条件变为 $d\theta = m\lambda$。

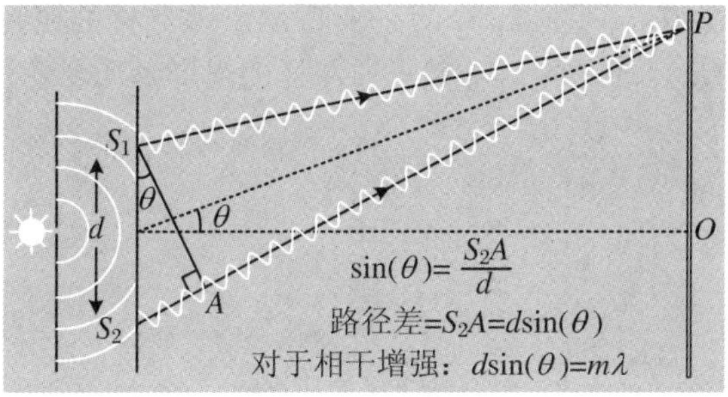

光的波动性

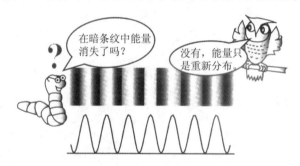

图 8.21　双缝干涉

杨氏装置可以通过测量两个或更多个亮纹间的角间距(θ)而测出光的波长。

一般情况下,在振幅相等的两列波叠加时,扰动的大小基本上在单列波振幅的两倍(两列波完全同相)和零(两列波完全反相)之间。

如果到达屏幕中心的波同相,则光在这一点的强度最强。随着我们从中心向侧向移动时,波之间的位相差逐渐变化,总振幅慢慢地减少到零,光强最小,随后又逐渐增加到最大值。

振幅的这种循环变化穿过整个屏幕不断重复,产生大范围的、有规律性间隔的、明暗相间的条纹。图 8.22 显示了在屏幕上看到的条纹和光强沿着屏幕横向的变化。

图 8.22　双缝衍射图形横向的光强变化

太阳光(牛顿实验所使用的)之所以产生彩色条纹,是因为它包含了或多或少的可见光连续谱,除了勉强估计波长外,很难得到其他信息。

从 19 世纪中叶开始,光的波动理论被普遍接受。

由于艾萨克·牛顿(Isaac Newton)的声望,也许这不是唯一的因素,将光的波动理论被普遍接受的时间推迟了将近一个世纪,直到托马斯·杨证明了光的干涉。

8.6.2　衍射图形内部的花样

衍射是把两条狭缝发出的光合在一起并产生干涉。单缝衍射图形合并成一个,在亮峰旁边出现暗带。图 8.23(b)是典型的干涉花样的照片,而图 8.23(a)是相应的强度分布的示意图。我们看到干涉花样的强度被衍射花样所"调制"。

图 8.23　从一对"较宽"的狭缝发出的光之间的干涉

只有在两个狭缝的衍射光重叠的地方才能产生干涉,所以随着从中心亮纹距离横向增加,光强逐渐减小。在上面的例子中,狭缝间的距离只有狭缝宽度的 4 倍,造成重叠部分相当小,因此光强迅速减小。

关闭一个狭缝,我们可以使暗纹重新变亮。

8.7　薄膜

8.7.1　薄膜干涉

通常在肥皂泡一类的薄膜上出现的明显的彩色图案也是干涉的反映(图 8.24)。薄膜上表面反射的光和下表面反射的光发生干涉,产生几乎包含了所有颜色的干涉图形。

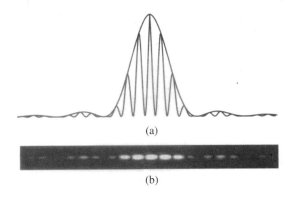

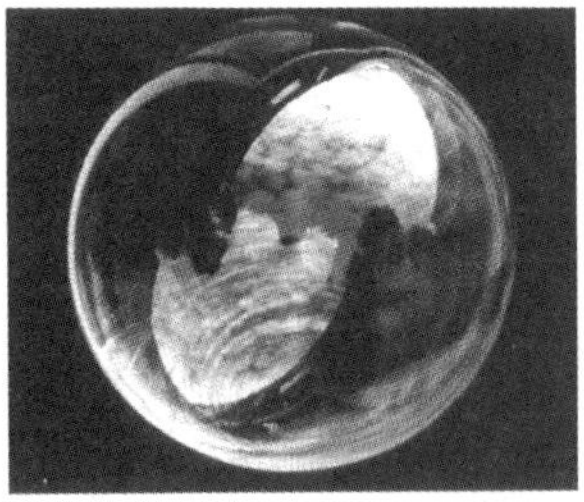

图 8.24　肥皂泡上的干涉花样
(提供者:Mila Zinkova)

图 8.25 表现了在垂直的谐振管中水平放置的肥皂膜上的令人惊奇的图形[①]。当高频(>850 赫兹)声波穿过管中的薄膜时,使薄膜厚度发生变化。

这些图像(图 8.25(a)和图 8.25(b))是由两种不同频率的声波产生的。任何一个频率产生的图形的精细模式都与薄膜的厚度以及波的振幅有关。相邻条纹的间距反映了薄膜厚度的变化。

---

① 利用有规律放置的肥皂膜使声波可视[J]. Eur. J. Phys,2007(2):755-765.

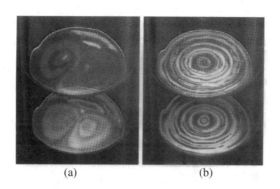

图 8.25 声波使肥皂膜变化（提供者：Stefan Huzler，都柏林三一学院）

8.7.2 抗反射涂层

最早记录薄膜的光效应的文献是由瑞利（Lord Rayleigh）在 1886 年发表的。他注意到玻璃由于长时间放置而表面变得晦暗，使反射光的总量下降。他把原因归结为玻璃表面生成折射率不同的表面层。目前普遍采用在玻璃表面涂敷折射率低于玻璃的电介质材料以改进其光学性质。

当光通过玻璃片时，每个表面大约反射入射光强的 4%，加起来共有 7.7% 的光强被反射。复合的摄影镜头的多个表面的重复反射有可能在照相机或其他类似的设备中产生可观的杂散光。

为了减少反射光的强度，玻璃表面可以涂覆一层密度大于空气而小于玻璃的电介质薄膜，如图 8.26 所示。在这里不会产生反射的位相差，因为两束光都在高密度介质的表面发生反射，同时产生 180°位相突变（类似于机械波在固定表面的反相）。

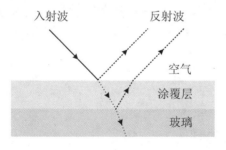

图 8.26 抗反射涂层（只有那些通过涂层反射到空气中起主要作用的反射光被表示出来）

如果薄膜的厚度为 $\lambda/4$，那么垂直入射的两列反射波之间的路径差为 $\lambda/2$，相消的干涉极大地减弱了反射光的强度。一层抗反射层只能消除一种波长的反射，但它将局部破坏相邻波长的干涉。一层涂层可以使总的反射率减少到大约 1%。

反射光之间完全相干相消的条件与光的入射角度有关。在很多情况下，这不是一个严重的问题，因为大多数入射光都垂直于表面。

分色滤光片是精确设计的多层膜，只有选定的波长范围很小的光透过，其余的光被反射。图 8.27 显示了几种表面覆盖了不同分色滤光膜的玻璃滤光片。

图 8.27　分色滤光片(提供者：美国航空和宇宙航行局喷气推进实验室，NASA/JPL)

可以制备出对整个可见光范围(400～700 纳米)反射率小于 0.5% 的多层膜。

8.8　衍射光栅

8.8.1　光栅的工作原理[①]

两个狭缝产生的干涉花纹是一系列较宽的亮带和暗带。如果狭缝的数量增

---

① 注：译者加的标题。

加,相同的相干增强的条件将适用于所有缝间距相等的每一对狭缝。

无论多少条狭缝,强度最大的点将在完全相同的位置,这与相应的实验结果相同。当狭缝数目增加时,有更多的光透过并集中成狭窄的亮带,如图 8.28 所示。

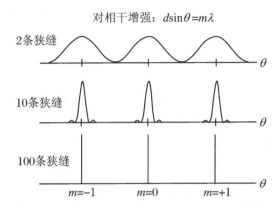

图 8.28 不论多少条狭缝,最大值都位于相同的位置

衍射光栅(diffraction grating)(更恰当地被称为干涉光栅)通常具有几万条狭缝,可使最大值条纹成为非常窄的一条线。

衍射光栅将光分成各种颜色,因为不同波长的干涉增强位于不同的角度。

光源光谱中零级($m=0$)亮线(图 8.29)的颜色反映了光谱中谱线的相对强度,因为在这一点上所有的光是同相的(钠灯发出橙色光,因为它发射的最强谱线是 589.0 纳米和 589.6 纳米)。

图 8.29

图 8.30 中表示了一个具有三种很强的原子谱线的虚构光源的光谱。因为所有的光束在衍射图形中央位置是同相的,所以零级谱线的强度比其他任何谱线都强。高级衍射可以把谱线分得更开,但它们的强度下降。

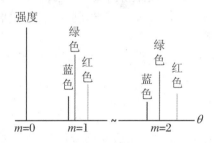

图 8.30 一个具有三种强发光线的虚构的光源的光谱

原子中的电子在容许的能级间跃迁时发射出光。每一种原子具有自己的特征光谱或者"指纹",通过特征光谱可以确认原子。衍射光栅可以用来分析这类光谱。

8.8.2 实际的衍射光栅

光栅的基本要求是要有一系列规则排列的点,这些点起到散射中心和入射光的二次发射的作用。具体的细节要根据分辨率和光谱灵敏度来确定。典型的实验室用光栅大约有 600 毫米长。已经有可能制备出每毫米 3 600 条刻槽的高质量光栅。

透射光栅

透射光栅(transmission grating)是用玻璃一类的透明材料制作的。排布在玻璃表面的等间距的平行的刻槽像狭缝一样对光产生衍射;不同波长的衍射极大出现在不同的角度,如图 8.31 所示。

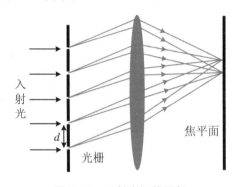

图 8.31 透射光栅的局部

光栅的作用类似于棱镜那样把光束中的所有颜色分散开,但它和棱镜不同,棱镜对长波的偏折大于对短波的偏折。为了达到高色散,我们需要非常多的彼此间隔很小、缝宽很窄的刻槽。

在这种光栅中,光透过玻璃。玻璃对光的吸收的程度与波长有关,这使得透射光栅局限于用在可见波长范围内。

反射光栅

反射光栅(reflection grating)比透射光栅有更多的灵活性,因为入射光不需要穿过玻璃。凹槽排布在玻璃表面溅射的铝一类的高反射率的材料上。当入射光照射时,凹槽边缘以和狭缝相同的方式起到相干光源的作用,但此时的光衍射图像和入射光在同一边。

由于对光的吸收可以忽略,所以反射光栅可以用来检测可见光和紫外光。

反射光栅还可以控制凹槽的形状,以改善高阶衍射的亮度。在高阶衍射区域,谱线分得很开,这对分析重原子和分子的复杂光谱是特别重要的。

光碟

光碟(compact disc)是在洁净的塑料碟片表面上以排列成螺旋形轨道阵列的一些小点的方式写入信息。每个小点间相距 1 微米,轨道间距约 1.6 微米,对应的轨道密度为每毫米 625 线。表面有一层铝的薄膜产生反射。当白光照射光碟(CD)时,会看到均匀的彩虹效应(图 8.32)。

图 8.32　光碟上的刻槽具有类似光栅的功能

8.9　另外一些"光"

一个光学仪器的分辨本领最终受到衍射的限制。用**角分辨率**(angular resolution)表示被测物体能够被分辨的最小尺寸,它受到辐射波长和仪器孔径的限制。对于发光体和反射体,能够变化两倍以上的参数就是孔径。建在亚利桑那州格瑞汉姆山上的巨大的双筒望远镜在 2006 年 10 月份开始运转("看到了第一束光")。它有一对 8.4 米的镜头,安装后的等价孔径等于 22.8 米。它跻身于世界上最先进的光学和红外望远镜行列。

8.9.1　X 射线衍射

在一定的条件下,我们可以用其他种类的"光"照射物体。X 射线的波长比可见光短 1 000 倍,从原理上讲可分辨非常小的物体。

晶体和衍射光栅

德国物理学家马克斯·冯·劳埃(Max Von Laue,1879~1960)是一位多才多艺的科学家,他的工作和爱好涵盖了广阔的领域。1912 年 2 月,他的研究生 P. P. Ewald 找他讨论有关晶体光学,"但是,在谈论过程中我突然想到一个显而易见的问题,就是那些波长比晶格常数短的波的行为……我立刻告诉 Ewald 预期会出现 X 射线的衍射现象。"

马克斯·冯·劳埃继续解释道:"……我们公认的科学大师威廉·维恩(Wilhem Wien)和阿诺德·索末菲(Arnold Sommerfeld)是怀疑论者。而要让瓦尔特·弗里德里希(Walter Friedrich,1883~1968)和保罗·克里平(Paul Knipping,1883~1935)最终同意按照我的计划用简单的装置开始进行实验之前,一定量的外交手段是必要的。"

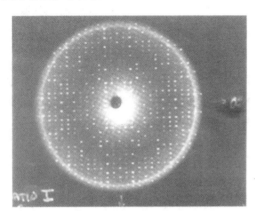

图 8.33　蛋白质晶体的 X 射线衍射花样(提供者:美国航空和宇宙航行局,马歇尔航天中心)

这一计划的成功超乎预期。两名研究生观察到与冯·劳埃预言相符的衍射花样。现在,利用波长只有分子大小的 X 射线可以看见晶体结构。所谓"看见",是指那些直接由分立的原子和分子反射的结果所产生的衍射花样(图 8.33)。由于在 X 射线晶体学方面独创性的工作,冯·劳埃获得了 1914 年诺贝尔物理学奖。

晶体是一种不同类型的衍射光栅,与在光衍射中使用较多的传统光栅不同,它是由数目巨大的原子的三维排列组成的。入射的 X 射线被每一个原子散射,产生复杂的衍射花样。岩盐是第一个晶体结构被完全确定的晶体。

晶体可以被想象成由许多独立的,如图 8.34 所示的**晶体元胞(unit cell)** 堆积而成,它多少有点像蜂巢。原子的基本排列以元胞的形式重复,而在衍射花样中出现的对称性反映了原子在元胞中排列的对称性。不可能有两个晶体具有完全相同的衍射花样,每一个晶体都有自己的"指纹",就像原子发光光谱的情况一样。

图 8.34　晶体元胞

英国物理学家威廉·亨利·布拉格(William Henry Bragg,1862~1942)从理论上解释了劳埃衍射斑。他和他的儿子劳伦斯·布拉格(Lawrence Bragg,1890~1971)因为用 X 射线确定晶体结构的工作共同获得了 1915 年诺贝尔物理学奖。当时劳伦斯 25 岁,是最年轻的诺贝尔奖得主。布拉格将 X 射线衍射发展成为系统研究晶体结构的一种工具。他们分析了晶体中大量原子中每一个原子表面反射的 X 射线,并能以一定的精度确定其内部结构。

布拉格定律

布拉格定律(Bragg's law) 将晶体考虑成由原子排列形成的许多不同组平行平面,从而简化了晶体衍射的数学表达,同时得出从这些平面反射的 X 射线之间发生干涉增强的条件。如图 8.35 所示,原子在每个平面中的排列类似于光学光栅中狭缝的排列。

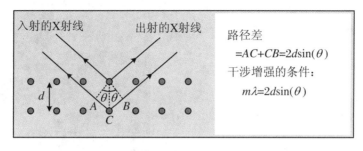

图 8.35 布拉格定律

用布拉格定律研究晶体结构并不像匆匆一看得到的结果那么简单，干涉增强的条件非常简单，但是我们基本上要把每一个狭缝都用一个元胞来替换，而且要形成很多组由原子在不同角度组成的平行平面。

用于医学科学的 X 射线

X 射线是德国物理学家威廉·康纳德·伦琴（Wilhelm Conrad Röntgen, 1845～1923）在 1896 年发现的。由于他发现了 X 射线，伦琴在 1901 年获得了最早的诺贝尔物理学奖。他是第一个将 X 射线用作医学成像工具的人。图 8.36 所示的邮票中显示了他妻子的手的 X 射线图像，我们可以清楚地看到她无名指上戒指的影像。这种 X 射线图像至今仍然广泛用于观察骨骼的结构。

X 射线衍射技术被用来分析复杂的脱氧核糖核酸（DNA）的分子结构。英国研究生弗朗西斯·亨利·康普顿·克里克（Francis Harry Compton Crick, 1916～2004）和美国研究动物学

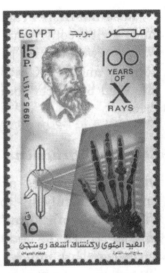

图 8.36 威廉·康纳德·伦琴（提供者：埃及邮政局）

的博士后詹姆斯·杜威·华生（James Dewey Watson, 1928～）（图 8.37）坚信 DNA 是极其重要的遗传基因。为了证实这一点，他们需要知道分子是如何自我复制、如何存储遗传信息以及如何产生变异的。莫里斯·休·弗雷德里克·威尔金斯（Maurice Hugh Frederick Wilkins, 1916～2004）是一位来自都柏林的英国生物物理学家，他是一位物理学家的儿子，他对 DNA 的 X 射线研究为确定华生和克里克提出的分子结构起了重要作用。由于这项工作，三位科学家分享了 1962 年的诺贝尔医学奖。

罗莎琳德·埃尔希·富兰克林（Rosalind Elsie Franklin, 1920～1958），一位分

子生物学家,对鉴定 DNA 做出了至关重要的贡献。她和威尔金斯在伦敦皇家学院从事生物物理学方面的工作,她的 X 射线衍射照片是关键的数据。她在获得诺贝尔奖的四年前死于癌症。

8.9.2 电子衍射(electron diffraction)

光学显微镜受到衍射的严重限制,放大倍数最多达 2 000 倍。具有 12 万电子伏能量的电子的波长比红光的波长小 10 万倍,所以,电子显微镜的放大倍数远远高于相对应的光学显微镜。

图 8.37　詹姆斯·杜威·华生(提供者:美国国家医学图书馆)

8.10　相干性

光波和机械波不同,它不是由波振荡器产生的某种固定频率的连续的波。以氖灯为例,当电流流过气体时,部分电能传递给各个独立的原子,使原子被激发。但是,没有办法知道哪个原子对刺激首先做出反应以及每一时刻到底有多少原子发光,也不知道发出的光的相位及方向。原子是"各自为政"的。如果某个原子发出光,与它紧邻的原子不会受到影响。所以,我们说原子没有合作的行为(或称相干性(coherence))。

就像观看一场盛大的焰火表演,你着迷于随机的、五彩缤纷的礼花,你不知道在什么时候、什么地方会出现下一个礼花以及它会是什么颜色和什么形状。

排成一排跳大河之舞(Riverdance)的演员可以用来描述相干性,因为她们在很长的时间段内重复地表演出协调的花样。对于很多排舞者,每一排舞者围绕一个在固定点跳舞的特殊人物旋转,所有围绕这个人转圈跳舞的演员不得不增加她们的步幅以保持一致。她们的身体虽彼此独立,但是她们的行动却彼此保持协调。

原子的激发对于形成相干光源是非常重要的。

有关位相的问题

根据以往的经验,我们也许能够设想杨氏可以在证明光的干涉的试验中使用两盏灯,因为以同样的方法用两个振动源可以证明机械波的干涉。他没有成功的原因在于产生光的方法,因为两个频率相同的波之间发生干涉的基本条件是它们之间的位相差保持不变,而两盏灯发出的光波之间的位相差是以完全任意的方式变化的。

一盏灯所发出的光包含大量各自独立的波列,这些波列之间没有固定的位相关系(就好像一群人进行足球比赛),而且位相以完全任意的方式变化,所以我们不能用两盏灯发出的光来证明干涉。在像杨氏狭缝这类的干涉实验中,两列光波产生于同一个光源,因而是相干的。两个狭缝发出的光的位相的随机变化也是同步的。

8.11 偏振

单词"偏振(polarization)"来自于"极化(polar)"和"带有方向性的(can have an orientation)"两个字的组合。
所有的电磁波都是横波,所以具有偏振性。

8.11.1 电磁波的偏振性

无线电波。第10章我们会接触到由麦克斯韦(Clerk Maxwell)在1864年建立的理论预言,他预言当一个电荷振动时会以电磁波的形式发射能量。大约20年后,海因里希·赫兹(Heinrich Hertz)建成了第一台无线电发射机,在这台机器中,电子沿着天线上下振动。因为电子沿一个方向振动,所以电场和电磁波在这个方向偏振。

光。光波可以是非偏振、部分偏振和全偏振的。在**非偏振光(unpolarized light)**中,电场的方向在垂直于传播方向的平面内任意变化。而**平面偏振光(plane polarized light)**的电场沿该平面内的某个单一方向振动。

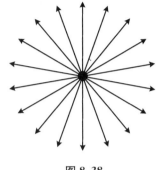

图 8.38

某些确定的材料具有**滤波器(filter)**的性质,用来透过偏振光。当非偏振光通过**偏振滤光片(polaroid filter)**时,会成为平面偏振光,其能量为入射光能量的一半。

8.11.2 当光通过偏振片时会发生什么现象?

我们用很窄的狭缝这种简单的模型来说明偏振片。入射的非偏振光的电场矢量杂乱地散布在垂直于传播方向的平面内的所有方向上。平行于狭缝的矢量可以不被散射地通过狭缝,所以,狭缝后只透过那些与狭缝平行的分量,这些振动是平行于狭缝的偏振,同时振幅减小,如图8.39所示。透出的光是沿狭缝方向的平面偏振光。

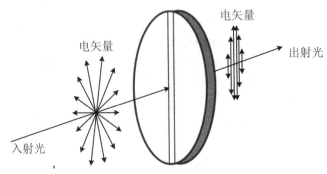

图 8.39 偏振过程的模型

改变偏振面

如果我们现在让平面偏振光通过第二个偏振片，透过去的强度的分量取决于偏振的相对方向（与狭缝的夹角）。由艾迪安·路易斯·马吕斯（Étienne-Louis Malus, 1775~1812）命名的定律可以从图8.40中得出。

平面偏振光到达狭缝时，它的电矢量方向与狭缝方向的夹角为θ，振幅为E，只有狭缝方向的**分量**（$E\cos\theta$）能够透过狭缝，而透过的强度则取决于透过的振幅的平方，由此导出如图8.40所示的马吕斯定律。

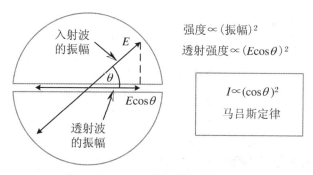

图8.40 马吕斯定律

"交叉"的偏振片

现在让我们来考虑偏振方向互相垂直的两个偏振片。通过第一个偏振片的光的偏振方向相对于第二个狭缝的夹角$\theta=90°$，所以没有光透过第二个狭缝（图8.41）。

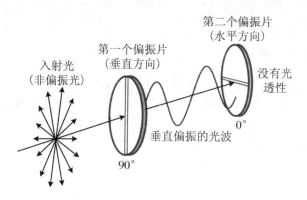

图8.41 "交叉"的偏振片

偏振材料

某些矿物（如电气石和硫酸碘奎宁）是天然的偏振器。电气石是单光轴晶体，任何振动方向垂直于该光轴的电场都会被强烈地吸收。

1929年，爱德文·兰德（Edwin Land,1909～1991）开发出一种新的偏振片并获得专利，他把它称之为人造偏振片（polaroid），这种偏振片是将硫酸碘奎宁的针状显微晶体埋在塑料薄膜中，并在制备薄膜的过程中使其成直线排列而制成的。

1948年，兰德建立了宝丽来公司，推广他主持开发的宝丽来照相机[①]。

偏振性和蜘蛛

图 8.42

一种名为 Drassodes cupreus 的蜘蛛（图 8.42）在它的主眼后面有一对光学传感器，它们不是普通的眼睛，而是可以感知太阳光偏振方向的过滤器，而太阳光的偏振方向是随着太阳的位置而变的。研究表明，这种"蜘蛛罗盘"在黎明和黄昏时对蜘蛛在户外寻找食物起到很好的作用。

8.11.3 反射产生的偏振

当白光照射到一个透明物体的表面时，光波中的电场和表面分子相互作用而产生部分偏振光。

从同一束非偏振光产生反射和折射，如果反射光是某个方向的部分偏振光，则折射光也是部分偏振的，其偏振方向和反射光互补。（如果这两种光再次组合，组成的光是非偏振的。）

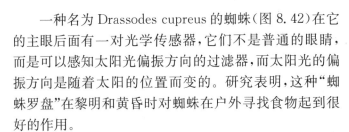

太阳镜减弱炫目的光线

偏振滤光膜用在太阳镜上。太阳光从光滑的水平表面（例如水）反射后具有很强的沿水平面方向的偏振性，而太阳镜是用具有垂直偏振轴的棱镜装配起来的。它使沿水平方向偏振的光分量大部分被吸收，从而减少了炫目的光刺激。

---

① 译者注：一种即显式胶片照相机。

历史的插曲

托马斯·杨(Thomas Young,1773～1829)

托马斯·杨(图 8.43),1773 年出生在英国萨默塞特郡(Somerset)一个富裕的教友会信徒家中。他是一个神童,当他两岁时就能流畅地阅读,不到 6 岁就已经读过两遍圣经。一年后,他被送到一所寄宿学校,学习数学和语言文学。他掌握了法语、意大利语、希腊语和拉丁文,他自主学习了物理学和博物学并学习制作望远镜和显微镜。离开学校后,他开始攻读阿拉伯和土耳其等语言文学。他在进入大学前已经是一名精通希腊文和拉丁文的学者,并且读完了艾萨克·牛顿的著作。临终前,他十分满意地表示,一生中他一天都没有浪费过。

图 8.43 托马斯·杨(提供者:科学博物馆/SSPL)

杨分别在伦敦、爱丁堡、哥廷根和剑桥大学学医。在大学期间,他逐渐疏远了他年轻时信奉的教友派教义,并参加了许多社会活动,如音乐、舞蹈和戏剧。实际上,他看起来像一个"绅士学者"。1797 年他从哥廷根大学毕业后,他的叔父理查德·布洛克莱斯比(Richard Brocklesby)去世,他继承了 1 万英镑的遗产和位于伦敦的一所房子。三年后,杨搬到伦敦并开始从医。由于无法获得病人的信任,他的从医经历以失败告终。

作为一个有独立思想的男人,杨能够继续从事其他的爱好并定期参加伦敦皇家协会的会议。在那里,杨得到了皇家协会主席约瑟夫·班克斯(Joseph Banks)和皇家研究院创始人本杰明·汤普森(Benjamin Thompson)的赏识。在他们的推荐下,1801 年他被任命为"自然哲学教授、学术期刊编辑和公共房屋的主管"。他讲授的课题很广泛,包括光学、动物学、植物学和测量技术。杨被要求向较为普通的听众讲述"通俗"的课程,但由于他的那些讲座常常很难弄懂,所以引不起听众的兴趣,这与由汉弗莱·戴夫在化学领域的通俗讲座形成了鲜明的对比。一年后托马斯·杨离开了伦敦,随后辞职,并重新开始行医。

杨热衷于语言文学。在 1813 年他开始研究罗塞塔(Rosetta)石碑上的象形文字(图 8.44),这是一块在埃及尼罗河入海口的小镇罗塞塔发现的黑色玄武岩石板。这块石板曾被拿破仑的士兵挖掘出来用于建造要塞。杨的工作被不署名地发表在《大英百科全书》(*Encyclopedia Britannica*)的附录中,为他在以后更加全面地破译象形文字的工作奠定了基础。最终确定,罗塞塔石碑是公元前 196 年为纪念埃及国王托勒密五世(Ptolemy V)一周年庆典而建立起来的。

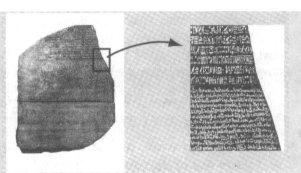

图 8.44 罗塞塔石碑(提供者:亚历山大图书馆,自然与文化遗产文档中心)

托马斯·杨的名字是和毫无疑义地证明了光的波动性的实验联系在一起的,但他也可以被认为是生理光学的创始人。杨解释了眼睛是如何通过改变晶状体的曲率而聚焦到不同距离的物体上。他描述和测量了散光现象,根据用几种主要颜色不同的混合所做的实验,提出了借助于三种不同的颜色感知神经产生色觉的理论。他在科学方面的成就得到了国际上的承认,1928 年他被选为法国科学院外籍院士。

从 1811 年到他去世,他一直是皇家外科医学院(Royal College of Surgeons)的医生。在不同时期,他分别担任过皇家协会外事秘书、经度委员会①的秘书、航海年鉴的编辑,以及计算器检察员和皇家钯保险公司的医生。

杨有如此广泛的兴趣,使得他没有在某个领域集中足够的精力始终如一地做出贡献。他是一个真正的学者,热爱所有学科的知识,无论它多么晦涩难懂。

下面引用他的位于威斯敏斯特修道院的墓志铭上的一段文字:

"一个在人类学问的每一个领域都同样杰出的人。"

---

① 译者注:一个复查地球经度的委员会。

第 9 章
制作影像

现在我们开始影像的制作。我们按照从古希腊到现代的影像制作这样的时间顺序来讲述。照片虽然是真实的艺术再现，但它只是二维的影像，从不同的角度观看时它的视图不会改变。

全息术或三维影像是匈牙利物理学家丹尼斯·盖博（Dennis Gabor）发明的。我们将讨论照片所缺少的信息，即它的第三维，以及我们怎样对信息编码以便获得完整的影像。我们看到，全息摄影这种技术已经迅速成长为一种艺术形式并成为实用的、具有商业价值的科学工具。

9.1 制作影像

成像的光学原理在公元前 4 世纪就已经知道了，那时亚里士多德（Aristotle）就描述了观察日食而不损伤眼睛的方法。他在金属片上钻出一个小孔，让太阳光通过小孔在金属片下方的地面上形成了影像。太阳的形状和位置的变化从影像中再现出来。用这个方法观察太阳可避免眼睛受到损害。

9.1.1 照相术

针孔照相机或"黑箱子"的光学原理可以归功于亚里士多德，但是使用这种照相机的最早记录是在列奥纳多·达·芬奇（Leonardo da Vinci，1452～1519）的手稿中找到的。它可以被简单地看作是一个箱子或屋子，在它的一面墙上带有一个很小的孔，光线进入这个箱子后被对面墙上的一面镜子反射，而在安装于箱子顶部的一块磨砂玻璃片上看到影像。照相机投射出的是二维形式的视觉影像（图 9.1）。在 17 世纪，针孔照相机被用于科学和艺术领域。

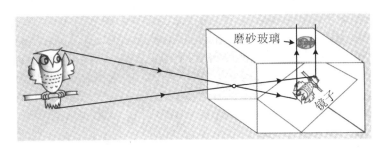

图 9.1 针孔照相机

约翰尼斯·开普勒(Johannes Kepler)在十七世纪六十年代早期就使用这类仪器对太阳进行了观察,也就是说,他是第一个给这种仪器命名的人。他的这种便携式针孔照相机具有独创的设计,其结构类似于一顶帐篷,既可以作为黑箱子,也可以作为"实验室"。

针孔照相机曾被用于作画。将影像投射到一张纸上,然后艺术家们临摹细节,通常被用来作为绘画的样本(仿照二维影像作画远比画三维的实物容易得多)。荷兰 17 世纪的著名艺术家约翰内斯·维梅尔(Johannes Vermeer)有可能使用了针孔照相机。(没有确实的文件证明这一点,但是,对他的绘画风格的研究使我们可以确认他使用过这种相机。)

针孔照相机有各种形状和大小,其中有一些大到可容纳十多个人。到 16 世纪,人们对其设计做了改进,在入射孔处安装了透镜,从而改进了影像的质量。

1685 年,德国修道士约翰·蔡恩(Johann Zahn,1631～1707)使用透镜组进一步改善了设计。他的照相机是现代照相机的原型,具有和今天的单反相机相同的设计,所缺少的是机械快门和永久保存物体影像的方法。

9.1.2 摄影的历史

尼埃普斯的日光制版(Niépce heliograph)

1727 年,德国内科医生约翰·海因里希·舒尔茨(Johann Heinrich Schulze,1687～1744)发现了光照下变黑的银盐,这是制备永久性相片的关键,但他并未认识到他的发现的重要性。第一张从自然界得到的永久性照片是由法国人约塞夫·尼塞佛尔·尼埃普斯(Joseph Nicéphore Niépce,1765～1833)实现的。1826 年夏天,他用针孔照相机拍摄他位于乐格拉斯(Le Gras)的乡村小屋,他将影像投射到表面涂敷了对光敏感的朱迪雅

沥青(bitumen of Judea)溶液的白蜡盘上,曝光部分的沥青逐渐变硬。8 小时后,

没有曝光的部分可以被水洗掉,从而显出影像。尼埃普斯把他的照片拿到伦敦,并向皇家协会提交了他称之为日光制版(Heliography)的处理过程的明细表,但是,他的发明遭人冷遇。

尼埃普斯非常沮丧地返回了法国,把日光制版留在了他的主人弗朗西斯·鲍尔(Francis Bauer)的房子里,它被束之高阁并被遗忘了。直到1952年,摄影历史学家黑尔穆特·戈恩赛默(Helmut Gernsheim,1913~1995)发现了它。戈恩赛默证实了它的可靠性,并把它作为自己的收藏。现在它被展出在德克萨斯大学的哈利·兰瑟姆(Harry Ransom)中心。它被密封保存在惰性气体中,而且必须在灯光受到控制的黑暗环境中观看。

图9.2(a)是1952年哈罗公学柯达研究室用胶质银印刷制作的尼埃普斯照片,这是原件的精确复制品,在某种程度上白蜡盘的纹理和不均匀性清晰可见。戈恩赛默对它不满意,在1977年前一直不容许复印它。图9.2(b)是通过戈恩赛默本人用水彩润色过的柯达印模。在这张印模的左边是住宅的左上角,在它旁边,一棵梨树向空中伸展出它的枝条,在中心部分我们看到位于房屋右翼另一侧的谷仓的倾斜的屋顶。

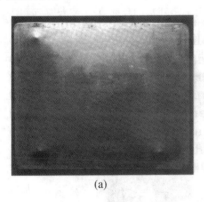 

(a)　　　　　　　　　　　　　　(b)

图 9.2　(提供者:奥斯丁市德克萨斯大学,哈利·冉萨姆人文研究中心)
(a) 尼埃普斯(Joseph Néphore Népce)创作的"乐格拉斯小屋窗外的风景"的复制品;
(b) 黑尔穆特·戈恩赛默(Helmut Gernsheim)用水彩润色过的相同的复制品

达盖尔银版照相术(Daguerreotypes)

路易斯·达盖尔(Louis Daguerre,1787~1851)(图9.3)是一位法国画家,他同时也热衷于照相术的实验,从1829年起到他1883年去世为止,一直与尼埃普斯一起共事。达盖尔发现表面镀有碘化银的铜盘在曝光一段时间后会产生影像,它可以在水银蒸汽中显影,再用普通的盐水定影,结果形成负片,用它来制作拷贝。由此诞生了实用的照相术。图9.4是达盖尔本人制作的达盖尔照相术的图片。著名的天文和物理学家弗朗索瓦·让·多米尼克·阿拉果(Francois Jean Do-

图9.3 路易斯·雅克·芒德·达盖尔(提供者:科学博物馆/SSPL)

minique Arago,1786～1853)在1839年法国科学院和法国艺术院在巴黎联合召开的会议上展示了该图片。

在此后的40年中,相片的质量得到了显著的改进。天文学家们立即享受到这一技术带来的好处。1840年出现了第一张用银版照相拍摄的月球照片,1850年则拍摄了织女星照片。由于光线非常暗,天文照片需要很长的曝光时间。但是,更加敏感的银盘研制出来后极大地改善了这一情况。

1879年,乔治·伊斯曼(George Eastman,1854～1932),一位银行小职员和热心的业余摄影家,被授予了他的第一个发明专利——涂敷照相乳剂的干板。其后,他从事干版的商业生产,并于1881年1月在富商亨利·A·斯特朗(Henry A. Strong)的赞助下在纽约罗彻斯特成立了伊斯曼干板公司。其中很重要的一项工作是开发了由伊斯曼和威廉·沃克(William Walker)发明的卷纸架,并于1885年获得专利。这是一个包含卷纸在内的盒子,它可以被附加在几乎所有商用干板照相机的背面放干版架的地方。伊斯曼感光板在天文学中得到了广泛应用。1880年,美国物理学家兼业余天文学家亨利·德雷伯(Henry Draper,1837～1882)拍摄到了猎户座星云中的猎人宝剑所呈现的弥散的光斑,使得该星云为肉眼可见。

图9.4 艺术工作室,达盖尔,1837(提供者:国家传媒博物馆/SSPL)

柯达相机

1888年,柯达相机投放市场,使摄影进入了千家万户。照相机加上曝光度100的底片总共25美元。人们在使用过后,将整个相机交给工厂,由工厂将底片显影。然后,以10美元的价格将照片和相机(包含新的底片)返还给顾客。柯达的广告口号就是:"您只需按快门,其余的由我们来做!"1889 年,用赛璐珞制作的透明胶片取代了纸质底片。

1900 年,伊斯曼(Eastman)出售了一种廉价的手提照相机,它的箱体是一个简单的盒子,底片盒可以拆卸下来交去处理。这种被称为"布朗尼(Brownie)"的照相机售价 1 美元,底片 15 美分(图 9.5)。

柯达相机和布朗尼相机在摄影史上确立了柯达的地位。

图 9.5 布朗尼盒体(提供者:Lynn Mooney)

彩色摄影(colour photograph)

詹姆斯·克拉克·麦克斯韦(James Clerk Maxwell,1831~1879)的贡献并不仅限于下一章所要讲述的光和电磁辐射的理论,实际上他对彩色的组成很感兴趣,并在 1860 年展示了一种彩色摄影的体系(图 9.6)。他用蓝、绿和红色滤光片做出了三种独立的黑白格子图形的条状绶带。通过照明每一个黑白图形使灯光通过合适的滤光片并投影在屏幕上,从而还原了物体的颜色。这是称之为混色合成法的最早的例子,它通过一定数量的各种彩色灯光合成了彩色影像。

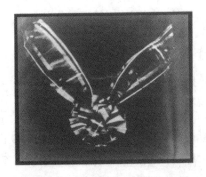

图 9.6 第一张彩色照片(提供者:国家传媒博物馆/SSPL)

实用的彩色摄影最早于 1904 年出现在法国,这一年,卢米埃(Lumière)兄弟——奥伽斯特(Auguste)和路易斯(Louis)向法国科学院提交了他们的奥拓克罗姆彩色胶片(Autochrome)处理方法,并于 1907 年开始进入市场。该方法是将滤色片和感光剂合成在同一个底板上。滤色片是将一些经过染色的微小的淀粉颗粒分散在玻璃底板上,然后用透明的感光剂覆盖起来后形成的。曝光后,底板经过处理形成透明的影像(幻灯片),可通过透射光来观看。它与更为基础的麦克斯韦方式类似,都是通过混色合成产生摄影影像,而且只能经过投影观看影像。当奥拓克罗姆彩色胶片可以用于现有的照相机时,它就开始流行起来,尽管它的曝光时间很长(即使在阳光明媚的情况下至少也要 1 秒钟,相比之下,黑白照片所需要的曝光时间少于 0.1 秒)。

再一次回到伊斯曼-柯达公司,正是该公司在 1935 年将最早的彩色负片——柯达彩色底片投放市场,才使得彩色摄影大众化。这些彩色底片是由三层不同的感光剂组成的,每一层对一种基色敏感,在显影过程中将某种合适的染料沉积在形成银的区域,由此产生"彩色耦合"。这种底片可用于相片或投影片(幻灯片)。

数码摄影（digital photograph）

近年来，数码照片几乎全部取代了基于光敏薄膜化学变化的照片。在数码相机中，利用排列在类似于视网膜的网格上的电子感应器（像素）来记录影像。曝光过程中照射在分立的感应器上的光转换为电子（光电效应，见第 13 章），这些光子形成电子信号。曝光后，这些信号被保存在内存芯片中，同时照相机准备迎接下一次曝光。

9.1.3 原子核照相乳胶（nuclear photographic emulsion）

在照相乳胶中，溴化银晶粒（含有少量碘化银）悬浮在胶体中。经过曝光的颗粒被改性从而形成"潜"影像，通过显影的化学作用使改性后的颗粒变成黑色的银颗粒，而没有经过曝光改性的颗粒被"定影"液冲洗掉。

1945 年，一种用于完全不同目的的照相乳胶被发明出来。当原子核大小的高速带电粒子穿过乳胶时，就会产生类似于光的作用，留下银颗粒的轨迹，经过显影出现类似于高空喷气飞行器留下的冷凝气体的轨迹。

依尔福德公司（Ilford company）为了自己的信誉，投入了大量精力开发非营利性的摄影乳剂用于基本粒子的研究。他们生产出一种感光剂，其乳胶中的银含量是通常的 8 倍。利用该感光剂，人们可以成功地在高倍显微镜中清楚地看到单个质子或电子通过时产生电离而形成的轨迹。我们将在第 17 章中看到，这一技术在粒子物理学的许多开创性实验中起到关键的作用。

9.1.4 对摄影图像的解释

我们从二维的影像中只能提取到有限的信息。通常情况下，大脑利用记忆中大量的相似的二维影像的数据来解释某种对应于三维的物体而得出的特定的二维影像。这种解释有可能不正确，因为二维影像中可提供的信息量有限。

图 9.7 中的毛毛虫可以对图 9.7(a)的二维影像赋予各种解释，但如图 9.7(b)中那样增加了圆锥后，则使毛毛虫想起以前见过的东西。

如同图 9.7 中的毛毛虫不能看到塔的周边一样，我们也不可能看到照片中物体的周边，无论我们如何努力观看（从上、从下、从左或从右），我们都看不到任何新的东西。

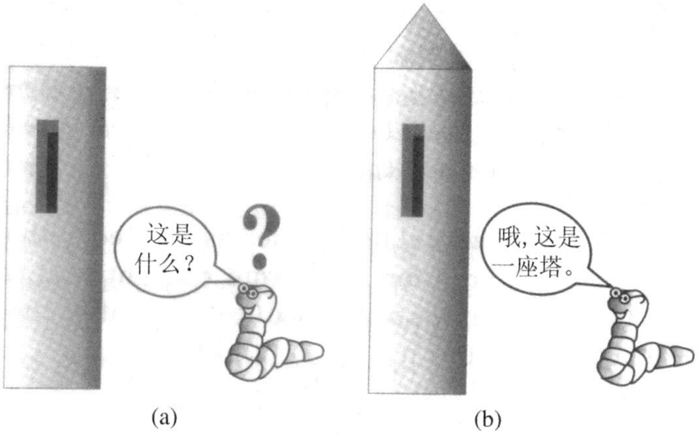

图9.7 问题的答案?

9.2 全息摄影

9.2.1 发明者

单词"hologram"来自希腊文"holos"和"gramma",是将它们拼写在一起而成的。

全息摄影(Holography)是由匈牙利科学家丹尼斯·盖博(Dennis Gaber,1900~1979)于1947年发明的,那时他正致力于改进"非透镜"成像的方法,以提高电子显微镜较低的分辨率。盖博由于他在全息摄影方面的工作而获得了1971年诺贝尔奖。

盖博在诺贝尔获奖感言中解释了普通的照片和全息照片之间的差别:

"在普通的照片中丢失了重要的信息,它虽然再现了光的强度,但没有告诉我们任何有关光的位相的信息。位相依赖于从物体到像之间光波传播的方向和传播的距离。如果没有任何东西进行比较,我们就无法确定位相。让我们看一下如果增加了相干背景作为比较的标准将会发生什么。"

利用传统的光源获得光的相干图形是非常困难的,只有在1960年激光发明后才有可能获得高质量的全息照片。

9.2.2 原理

全息摄影的原理可以用如图9.8所示的最简单的点状物体的示意图来说明。

假设物体在 O 点，我们用位于 S 点的参考光源（最适宜的是激光）照明物体，图中显示参考光源发出的光波向右方传播。由 S 点发出的光可照到位于 O 点的物体，并从 O 点反射，然后与直接从参考点发出的光重叠在一起。这两束光混合，在空间某些固定的点产生相长或相消的干涉。

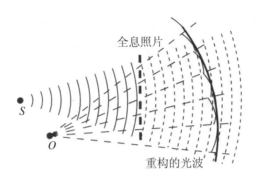

图 9.8　全息摄影原理图

将照相底片放在光束重叠区域制成全息照片，在两列波位相相同并产生相长干涉的地方光线最亮。底片被显影后做成固化的正片，它只在干涉极大处透光，这就是我们的全息照片。

当我们把全息照片放在原先放底片的架子上时，从透射点发出的子波出发时都具有相同的位相，而与它们到达全息照片前的"历程"无关。如果拿开物体仅留下参考光源，我们也会看到相同的影像。物体的所有信息已被编码在全息照片中。

再一次引用盖博的获奖感言：

"它们（位相）对参考光源 S 是正确的，但是，由于狭缝上的位相都相同，所以它们必定对 O 也是正确的，那么，由 O 点发出的一定是经过改造后表现出来的光波。"

9.2.3　制作全息照片

激光器发出的光经过光束分流器，其中有一半的光（**参考光束（reference beam）**）被垂直反射，经过**扩束镜（diverging lens）**后继续前进，照亮位于右边的全息底片；另一半光（**目标光束（object beam）**）直接穿过光束分流器，然后被反射到另一个扩束镜，从而照明目标物体（国际象棋）。该光束被目标物体反射后与参考光合并在一起到达全息照片底片（图 9.9）。

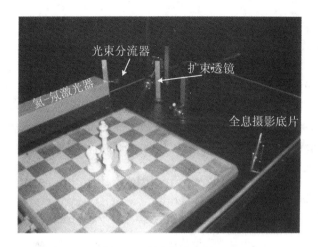

图 9.9　制作全息照片

图 9.10 中,照相干版显影后做成的全息照片大约放在原先放照相干版的位置上。拿走象棋盘和象棋子,同样也拿走光束分流器,仅留下参考光束,通过全息照片我们仍然能看到象棋子的三维影像。图 9.10(b)就是我们在全息照片上所看到的影像——"象棋幽灵"。

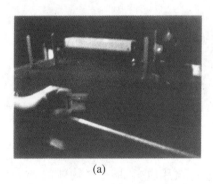　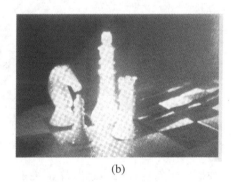

(a)　　　　　　　　　　　　　　(b)

图 9.10　最终的产物(提供者:James Ellis,都柏林大学物理学院)

显影后的全息底片与常规的照片不同,它由不规则的黑白条纹组成,这是一些干涉条纹,这些条纹不同于那些例如杨氏实验所形成的干涉条纹,因为从目的物反射的光的波前是不规则的。

底片上任意一点的亮度不仅取决于参考光的强度,而且也取决于目标物体与参考光束之间的路程差。因为从目标物体不同部位发出的光所走过的距离与目标物体的形状有关,所以干涉图形是目标物体表面的一种编码图,它是一个虚拟的影像。

9.2.4 为什么全息影像看起来像真的一样?

我们从不同角度观看影像时,看到了物体的不同边——一个完整的三维图像!这与照片完全不同,在任何一张照片中你都只能看到影像的某一部分。

图9.11中视图1和视图2之间的角度差为45度。事实上,我们看到的三维物体是将两个眼睛所看到的视图组合在一起所形成的,而两眼间的角度差是很小的。

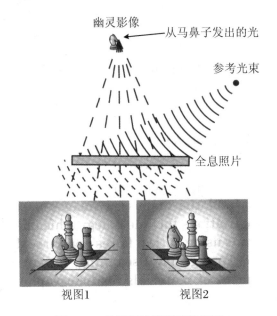

图9.11 从不同边所看到的视图

我们已经叙述过的全息照片是透射式全息照片,它是将途经物体的光束与物体反射的光束同向透过底片而制成的。

制备反射式全息照片时,途经物体的光束与物体的反射光束反向透过底片。

反射式全息照片需要通过由全息照片表面反射的光来观看。

第一个反射式"白光"全息照片产生于1947年,而第一个透射式白光全息照片出现于1968年。这些进展吸引了公众对全息摄影的关注。

9.2.5 全息照片的应用

全息技术有非常广泛的应用。众所周知的激光扫描器,它可用于超市的结账以及刻制信用卡上的浮雕图案;它在医疗上的应用包括:通过光纤观看生命组织内部的全息图,以及三维CT(**Computerized Tomography——计算机 X 射线断层摄影**)扫描。近年来,用于电子数据的全息存储材料有了很大进展。

林多人(Lindow Man)

全息照片可用于保存一些易碎物品,例如博物馆的史前物品的信息。1984年,在林多沼泽(Lindow Moss,英国柴郡一个泥炭沼泽)发现了一个铁器时代的人的遗骸,全息图像被用来创立了他的原始形貌。

其他种类波的全息照片

全息影像并不仅限于光波,任何一种电磁辐射甚至声波也都可以用来制作全息图片。紫外线和X射线的全息图片比可见光的全息照片有更高的分辨率。

第 10 章
电,磁,然后是光……

宇宙中的有些现象涉及神秘的"远程作用",其中众所周知的就是地心引力,艾萨克·牛顿指出它遵从万有引力定律。

电荷之间也有相互作用力,但它们既可能是吸引力也可能是排斥力。如果电荷之间相互运动,则出现一种新的力,它由更为复杂的一系列定律来描述。

詹姆斯·克拉克·麦克斯韦(James Clerk Maxwell)天才地把这些定律整合在了一起,并推导出它们所确定的**电磁波**(**electromagnetic wave**)的传播。现在我们知道这些电磁波充斥在宇宙中并以确定的速度传播,完全符合麦克斯韦的预言。

10.1 神秘的"远程作用"

10.1.1 万有引力(gravitation force)

我们已经讨论过物体下落是由于有一种被称为地心引力的神秘的力将它们吸引向地球。婴儿学步就是在学习抵抗地心引力的平衡技巧。人们对熟悉的东西不会感到神秘,但依然会存在疑问。物体与地球间没有可见的连接,怎么会被吸引向地球?这是我们遇到的第一个奇怪的**远程作用**(**action at a distance**)现象。

艾萨克·牛顿意识到地心引力是自然界的基本规律。通过逻辑推理使他确信,当物质之间的距离增加时,它们之间的相互吸引力与距离的平方成正比地减少。他据此建立了万有引力公式,这一公式将所有物体通过质量的方式简单地联系在一起。

10.1.2 静电力(electrostatic force)

古希腊人发现琥珀用毛皮摩擦后可吸引小片稻草,我们现在把这一现象称为摩擦起电。**摩擦起电**(electrification)一词来源于琥珀的希腊文 ελεκτρον。希腊人很难意识到,他们所看到的现象为揭示一种存在于广大范围内的看不见的力提供了线索。产生这种力的起源被称为**电荷**(electric charge)。这种力也是一种远程作用,它远远强于地心引力——事实上强了约 10^{36} 倍!①

电力和重力的另一个差别是:物质的种类只有一种,而且重力只是吸引力;但电荷有两种,我们称它们为**正**(positive)电荷和**负**(negative)电荷。(这种称呼纯粹源于习惯,我们完全可以称呼它们为"黑"和"白",或任何两个意思相反的名字。)相反的电荷互相吸引,而相同的电荷互相排斥。这种力使原子约束为一个整体,因为带负电荷的电子被原子核中带正电荷的质子吸引。分子中的化学键也是来自于这同一种力,其结果使得物质由于电荷力而最大限度地紧密结合起来。电荷力是所有化学和生物化学过程的"幕后"因素。

由于正、负电荷非常完美的平衡,使我们不可能看到在一小块物质中巨大的电张力。原子中原子核的正电荷被带负电的电子中和而呈电中性。"带电(electrified)"的物质中含有极少量的剩余电子,形成负电荷或正电荷(在 10^{10} 个电荷中剩余电荷不超过 1 个),结果使得电荷力"被显现出来"。

有关电的定量实验开始于 18 世纪,与此同时学者们相继提出了一些描述各种现象的性质的理论。在美国,本杰明·富兰克林(Benjamin Franklin,1706~1790)在雷雨中进行了令人震惊的、危险的实验,这个实验使他认识到闪电是一种电的作用。约瑟福·普里斯特利(Joseph Priestley,1733~1840)是一名英国牧师和教师,当富兰克林在英国时他与富兰克林相识,最终成为莫逆之交。普里斯特利用一个带电的金属杯和一个通心草小球做了一个既无危险而又更加精确的实验。他发现,当通心草小球悬挂在靠近金属杯外边时,小球受到吸引力;而当小球悬挂于金属杯内部任何位置时,它感受不到力。这使他想起牛顿有关万有引力的计算,并由此推测万有引力和电荷力之间存在某些相同之处。他得出结论:"电荷的吸引力遵从与万有引力相同的规律,也就是反比于距离的平方。"亨利·卡文迪什(Henry Cavendish,1731~1810)做了相同的但更为严格的实验,证实了普里斯特利的假设。但因为他性格懦弱、腼腆,一直没有发表这一结果,所以该结果直到他逝世后很多年才为人所知。

---

① 相互作用的强度可以用一个无量纲的耦合常数的大小来表示。两个电荷间的相互作用的耦合常数为 $1/37 = 7.3 \times 10^{-3}$,相对应的重力的相互作用的耦合常数为 5.3×10^{-39}。

10.1.3 库仑定律(Coulomb's law)

电荷之间越过空间互相施加作用力,我们说它是"远程作用"。如同万有引力的情况一样,这种说法同样提出了重要的疑问。按照笛卡儿(Descartes)的说法,它可能归因于人们要探求电荷在远处究竟发生了什么的真知灼见。

查尔斯·库仑(Charles Coulomb,1736~1806)被认定最终证实了普里斯特利和卡文迪什的假设,他指出两个球状电荷之间的力与它们之间的距离的平方成反比。他设计了一个非常灵敏的扭力天平,可以测出万分之一"谷粒(grain)"的重力①。库仑建立了一个以他的名字命名的表达式,用来确定两个静止的电荷 q_1 和 q_2 之间作用力的数量关系(图 10.1)。

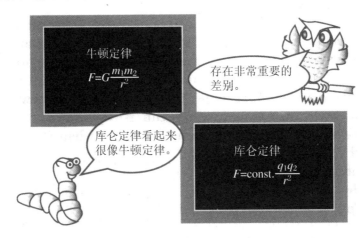

图 10.1 牛顿定律与库仑定律

10.1.4 至关重要的差别

如同图 10.1 中猫头鹰所看到的,库仑定律没有包含电荷力的所有内容。这一定律仅仅用于电荷静止的情况,电荷静止时所涉及的一系列现象组成了**静电学(electrostatics)**的研究课题。当电荷处于运动状态时,情况变得复杂起来,这种复杂性是最为重要的——没有这种复杂性就没有光、没有宇宙,我们也就不可能存在!本章下面讲述的是有关**电动力学(electrodynamics)**根本性质的课题。

---

① "grain"(谷粒)最初定义于法国,用来表达一颗麦粒的质量,其大小刚刚超过 50 毫克。

10.2 "力场"

10.2.1 矢量场(vector fields)

假定物质的电荷和粒子改变了它们周围的空间,这样就能避免某些伴随这种神秘的远程作用而产生的理念上的困难。电荷和粒子创建了某种被称为"**力场(fields of force)**"的空间,这一力场作用在或近或远的另外一些相同的物体上。

这种场的特殊性取决于它们的起源,电场只作用于电荷而不影响物质,反之亦然。

我们可以定义任意一点的**电场强度(strength of an electric field)** E 为位于该点的电荷 q 上受的力 F 除以电荷的大小(图10.2)。

力是具有大小和方向的矢量,因此电场和引力场都是矢量场(vector fields)。

为了帮助我们形象地了解场,我们可以在许多采样点画出表示场的箭头(图10.3),这些点处的场强用箭头的长度和厚度来表示。这种图形很容易被理解,通常被用在气象图中来描述风和洋流。

图10.2 电场强度公式

图10.3 矢量场

如果可以用图解的方式来诠释对场起支配作用的物理规律,那将会具有极大的优点。气象图能够表示出风向及某片水域中洋流的强度,但它无法给出关于气体的定律或流体力学的规律等信息。我们所需要的是这样一种图像,它不仅能表示出场的性质,而且能告诉我们对场起支配作用的物理定律,同时还有可能预测由该定律得出的结果。

10.2.2 表述物理定律的图像

图10.4 迈克尔·法拉第(提供者:科学博物馆/科学与社会图片库)

迈克尔·法拉第(Michael Faraday,1791～1867)(图10.4),最早把库仑定律所限定的条件结合到电场的表述中。他的想法与典型的气象图的表述略有不同,他的表述中用假想的"电力线"代替箭头,电力线上任何一点的切线指出该点场的方向,而电力线的密度代表场强(图10.5)。

最简单的电场是单一正电荷的电场,其电力线对称传播,所有电力线均起始于电荷,只要离开电荷,就不会有电力线产生或消失。于是,如果我们围绕电荷做一个虚拟的圆球,每一条电力线都会穿过该圆球(图10.6)。令人吃惊的是,由这样一个简单而明显的事实却导出了重要的物理结论。

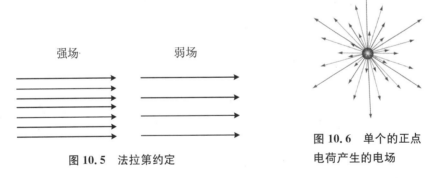

图10.6 单个的正点电荷产生的电场

图10.5 法拉第约定

在法拉第的表述中,电力线的密度(单位面积中电力线的数目)表明电场的强度。当离开电荷的距离 r 增加时,假想的球的面积($4\pi r^2$)正比于 r^2 增加,而电力线的数目不变,所以电力线密度正比于 $1/r^2$ 减少。

如果在空间中没有新的电力线出现,也没有电力线消失,则该图形告诉我们电场强度正比于 $1/r^2$,它遵循**平方反比定律**(inverse square law)。

上面的论证适用于所有球面。如果我们围绕电荷做任意的封闭的表面,所有的电力线迟早都要穿过该封闭面(有时候会穿出再穿进,但最终还是要离开)。

我们规定离开电荷表面的电力线的数目正比于电荷的数值。按照惯例,从电

荷 q 发出的电力线数目被规定为 q/ε_0[①]。这就意味着 1 库仑电荷发出 1.13×10^{11} 条电力线。

10.2.3　高斯定理(Gauss's theorem)

为了开发电场的图解表示，最方便的是使用卡尔·弗里德里希·高斯(Karl Friedrich Gauss,1777~1855)(图 10.7)所创建的数学定理,该定理利用**电场通量(electric flux)** φ_E 的大小来描述电场(图 10.8)。

通过某个面的电场通量取决于穿过该面的电力线数目,所以它与面积 A 和电场强度 E 有关。

我们可以用图 10.9 来证明电场通量的高斯表达式。设图中 BD 代表一个均匀电场中电力线所穿过的某平面的一个侧断面。当该表面垂直于电场时,通量 $=EA$。如果表面与电场倾斜成 $\theta=60°$，则只有一半数目的电力线通过该表面,通过该倾斜表面的电场通量 $=(1/2)EA$。这与高斯表达式 $\varphi_E=EA\cos(\theta)$ 相符,因为 $\cos60°=1/2$。

图 10.7　卡尔·弗里德里希·高斯(提供者:科学博物馆/科学与社会图片库,SSPL)

在图解表示中,可以简单而方便地定义电场通量 φ_E 为穿过某个面的电力线数目,而不用考虑电力线与该面的夹角。

图 10.8　电场通量表达式

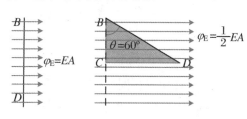

图 10.9　电场通量

[①] ε_0 是判定真空中电荷力强度的一个常数,被称为真空介电常数。

高斯面(Gaussian surface)

假设有一个面(任意形状和大小),在它所封闭的体积中含有一个或多个电荷。向外发出的总的通量等于穿过该面的电力线的数目(电力线指向外表示正,指向内表示负)。这样一个假想的面称为**高斯面**(图 10.10)。

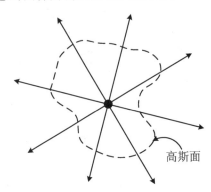

图 10.10 穿过任意一个封闭面的电力线

如果存在一个以上的电荷,则电力线将根据其他电荷的位置和符号而向不同的方向弯曲。如果只有两个电荷,则图形相对简单。由图 10.11 我们可以看到,对于两个相同的正电荷,穿过围绕这两个电荷的高斯面的总的电场通量两倍于其中任意一个电荷产生的电场通量。

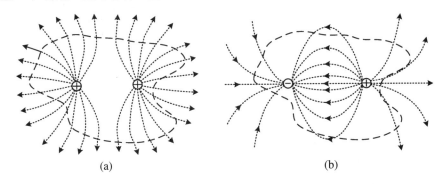

图 10.11 穿过围绕两个点电荷的高斯面的电力线

对于两个电量相同而符号相反的电荷,所有的电力线起始于正电荷而终止于负电荷,包括那些似乎是指向无限远处的电力线——这些电力线最终都从周围指向负电荷。有些电力线始终没有接触到任何一个包围这两个电荷的高斯面,但是任何一条穿过该面出去的电力线最终必定会返回,所以,通过该高斯面的净通量为零。

很容易看到,如果在所包围的区域内只有一个或两个电荷,并且没有新的电力线产生或消失,那么,穿过该区域的外表面的电力线数目正比于内部电荷的代数和。如果所包含的区域内任意分布着许多个电荷，有些为正，有些为负，则情况就不是很清楚，因为不可能画出实际的电力线——它们就像一堆意大利面条！如图 10.12 所示。

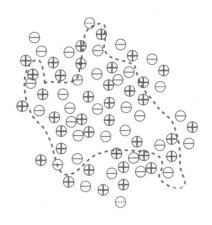

图 10.12　电荷的任意分布

高斯指出：如果在一个由任意曲面封闭的任何形状的空间中分布着任意数量的电荷，那么，通过该曲面的净电场通量正比于该空间内部总的净电荷量。

即使考虑一大堆正负电荷，它们随机分布在任意形状的封闭曲面的内部或外部，高斯定理依然成立，即穿出这一曲面的净通量正比于内部的净电荷。

为了开拓高斯定理的功能，我们需要计算在强度随位置而变的电场中通过一个任意形状曲面的电场通量。

为了做到这一点，我们首先需要把曲面分解成许许多多无限小的面元，并计算出通过每个面元的通量，然后利用数学上的积分技术完成对所有面元的求和。（如图 10.13 黑板中所示，积分求和用符号 $\int$ 来表示。）

图 10.13

高斯定理之所以成立是因为电场力遵从库仑定律，用图解法可以非常简便地表示电场的平方反比性质。

库仑定律以一种易于显现的方式表达两个电荷之间的静电力遵从的规律，而高斯定理则是表达对电荷分布没有任何限定的情况下的相同的规律。简而言之，高斯定理表述没有附加任何特定条件的电场的本征性质，它容易与其他一些起主导作用的电学和磁学规律建立起数学上的关联。

10.2.4 电场中的能量

通常，如果想把多个受力作用的粒子聚集在一个体系中，我们就必须做功。哪里做功哪里就有能量。例如，将地球表面的某个物质升高就会获得重力"势能"。这种能量不单独属于物质，而是属于物质-地球组成的整个体系。该结论同样适用于包含任意多个受重力作用的粒子的所有体系。

同样，一个电荷体系，例如聚集在平板电容器的平板上的电荷，会拥有电力势能。图 10.14 为物质与电荷之间的对比示意图。

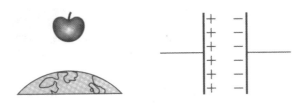

图 10.14

(a) 重力势能；(b) 电力势能

在电容器的相对的两个平板上，正、负电荷相互吸引，但它们之间的距离不变，因为它们不可能越过两个平板间的物质。如果用一根导线将两个平板连接起来，电容器拥有的势能就会被释放掉，这就像苹果掉到地上后重力势能被释放一样。

地球-苹果系统的能量取决于苹果相对于地球表面的位置，而且该能量属于整个系统。可是，静电能也取决于电荷的位置，我们能否指出这种能量的具体地点？这一问题看起来无关紧要，但是，如果我们想使能量守恒原理不仅用于整个系统，而且可扩展到用于局部的区域(空间的每一点)，那么就必须回答这一问题。

局部守恒的要求是，如果能量从一个区域消失了，它必然是从该区域的边界流走了，而且，某个确定体积内能量变化的速率等于穿过该体积边界的净能流总量。如果能量并没有局限在任何一个确定的点，那么局部守恒就没有意义。只要我们假定能量是场的性质而不是场中粒子的性质就能做到局部守恒，场中每一点都具有确定的能量密度。这一概念完全符合重力场和电场的模型。

当然，场的想法没有解决"远程作用"的神秘性。但是，它可使我们画出示意图来表达空间不同点的确定情况。在矢量场的情况下，在空间给定点的状态仅依赖于该点处矢量的大小和方向。我们不需要知道其他一些地方发生了什么,因为矢量中包含了每个部分的信息。

10.3 磁性

10.3.1 磁性材料

还有一种人类自远古文明起就已经知道的神秘的力。在马戈尼西亚(Magnesia)城附近发现的一些铁矿石碎片或**磁石(lodestone)**,它们具有一种可以在互不接触的情况下相互施加作用力的性质,我们称这种性质为**磁化(magnetization)**。

当一片悬浮的磁石可自由旋转时,它会沿南-北方向排列。由于这一性质,磁石早在13世纪就被用于航海。彼得鲁斯·皮瑞格日娜斯·德马利康特(Petrus Perigrinus de Maricourt)在1269年给朋友的一封信中这样叙述道:指南针的一端指向北极,另一端指向南极。他还观察到同性极相斥、异性极相吸的现象,而且他大概是第一个意识到地球本身是一个磁铁,磁场的南极坐落在地理北极,反之亦然。

阿尔伯特·爱因斯坦(Albert Einstein)在他的自传中提到他4岁时迷恋于指南针:"它是一种完全孤立存在的针,有一种不可控的推动力使它指向北方!"很明显,地心引力赋予每个物体一种"不可控的推动力"使其下落,这一点对年轻的爱因斯坦来说已经是老生常谈了,但是,多年以后他重新把地心引力当成一种奇异的现象。

将一小块磁石放到一块普通铁块的附近时,铁块被磁化。这一点可以用在磁石周围撒上铁屑来证明:这些铁屑"头尾相连"地排列成一条条的线,由此组成磁场的图形(图10.15)。

磁场可以用很小的指南针来检测。与电力线和重力线类似,磁力线也不是真实存在的线。如果我们轻轻地敲击放置铁屑的表面,那些铁屑就会以相似的图形重新排列,但不会排成和原来一模一样的同一根线。

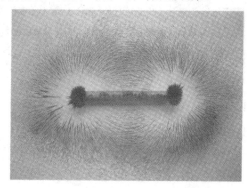

图10.15 磁铁周围的铁屑(提供者:都柏林国立大学物理学院,詹姆斯·埃利斯)

磁性的特殊性在于不可能单独存在单一**磁极(magnetic pole)**。如果把一块磁铁一分为二,我们将得到两块磁铁,每一块磁铁都有相应的北极和南极。磁力线总是组成闭合的环路(图10.16)。与电场或引力场不同,磁力线不可能发自某个点源。我们可以将磁力线延伸进条形磁铁的内部而形成磁环路。

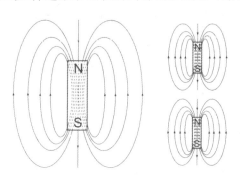

图 10.16　磁环路

磁极总是成对出现的,不可能只取其一而去掉另一个。我们可以用适用于磁场的高斯定理以数学方式来描述这一性质,说明没有任何表面可以封闭单一磁极。

适合磁性的高斯定律:通过任何一个虚拟的封闭曲面的磁通量总是为零。

10.4　电动力学

10.4.1　电流

至今为止,我们仅仅讨论了静止的电荷。但是,如果将一个未被束缚的电荷引入电场,该电荷将运动,并形成电流(electric current)。电流的大小等于单位时间内通过检测点的总电荷量。正电荷沿电场方向运动,或者负电荷沿反电场方向运动,均能产生电流;也可以是两者混合产生电流,如图 10.17 所示。

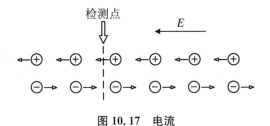

图 10.17　电流

10.4.2　安培的发现

1820 年,安德烈·玛丽·安培(André Marie Ampère,1775～1836)(图 10.18)

惊奇地发现,运动的电荷产生一种新的力,而当电荷静止时这种力会消失。这种力是在一个非常简单的涉及电流的实验中呈现出来的。安培注意到,两根有电流流过的导线当电流方向相同时相互吸引,电流方向相反时则相互排斥(图10.19)。而在电流接通之前两根导线之间是不存在力的,或者只有一根导线通电流时也不存在力。

图 10.18　安德烈·玛丽·安培(提供者:摩洛哥法国邮政)

两根导线无论是否有电流流过都是电中性的,安培看不到有什么原因破坏正负电荷之间始终保持的微妙平衡。所以,电荷运动时一定发生了某些事——自然界必定存在其他规律!

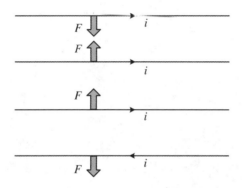

图 10.19　两平行电流同向相吸而反向相斥

图 10.20　汉斯·克里斯蒂安·奥斯特(提供者:科学博物馆/科学与社会图片库,SSPL)

10.4.3　奥斯特的发现

大约与库仑的发现同时,丹麦科学家汉斯·克里斯蒂安·奥斯特(Hans Christian Ørsted[①],1777～1851)(图10.20)也做了一个电流实验。奥斯特在1820年4月举行了一次公开讲座,证明借助于电池能够在导线中产生电流;随着导线温度的升高,它开始发热,这说明电流产生了热和光。奥斯特在讲座过程中突然意识到伴随电流也可能出现某些磁作用。当时他手边有一个指南针,于是他把指南针拿来放在导线下方,设想大概指南针的指向有可能会

[①] Ørsted 更普遍地被认作 Oersted——这是他名字的英语化形式。

沿着电流方向。但是，除了几乎看不见的侧向颤动外，似乎没有任何变化。于是听众开始有些骚动。奥斯特只好把实验装置放在一边，继续他的讲座。他违反了基本的规则：一个人不应该尝试公开展示事先没有被证实的东西！

后来，他在实验室里悄悄地重新做了尝试。这次，他使用的电流更强，对指南针的影响也变得更清晰可见；指南针转向垂直于电流的方向。奥斯特只能得出唯一的结论：电和磁是相关的。很显然这是一个根本性的发现，它大概是科学史上第一次也是最后一次在活跃的观众面前做出的发现！

在奥斯特得出这一发现后的几个月中，人们对电流的磁效应的研究非常活跃。安培改进了奥斯特的实验，他发现磁力线位于垂直于通电导线的平面内并形成环绕导线的闭合的圆。（图10.21中的铁屑按磁力线排列。）。

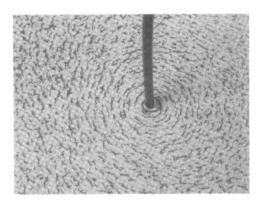

图 10.21　环绕通电导线周围的铁屑（提供者：都柏林国立大学物理学院，詹姆斯·埃利斯）

在无意之中，安培和库仑偶然发现所有的磁效应都来自运动的电荷，磁极只不过是运动电荷的行为的产物。

两位法国物理学家，让·巴蒂斯特·毕奥（Jean Baptiste Biot，1774～1862）和菲利克斯·沙伐（Félix Savart，1791～1841），设计了一个数学方程（现在被称为毕奥-沙伐定律），用来计算通电导线附近的磁场的大小和方向。

用毕奥-沙伐定律（Biot-Savart law）可求出任何形式电流所产生的磁场的大小和方向。当电流流过无限长的直导线时，磁力线组成位于垂直于导线的平面内的一系列圆环，正好与奥斯特实验中铁屑排列所成的图形一致。

测定磁场大小的单位为**特斯拉（tesla）**，取名于塞尔维亚科学家尼古拉·特斯拉（Nikola Tesla，1856～1943）。

10.4.4 安培定律(Ampere's law)

当安培得知奥斯特的发现之后,他立即将自己的工作转向电流并致力于开拓磁现象的数学理论。环绕电流的磁力线和电力线完全不同,磁力线形成封闭的环线,既没有头也没有尾;而电力线总是以电荷开头并终止于电荷。

安培论证并推断,如果存在孤立的磁极,将它放在通电的导线附近时,它就会受到一个力的作用使它沿环形磁力线以越来越快的速度连续运动。这样的行为不符合能量守恒原理。

但是,如果把一根条形磁铁放在上述导线附近,它的南极和北极将分别受到方向相反的力作用(图10.22)。

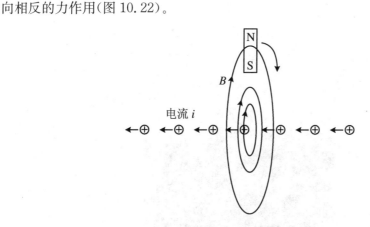

图 10.22 将一根条形磁铁绕电流一周

回过头来从能量守恒出发,我们可以认定,无论磁铁的指向如何,它沿任意路径绕电流一周都不会做机械功,所以磁铁的北极和南极分别做了数值相等而符号相反的功。

该假设并没有限定只适用于圆形路径,所以,我们可以得到更加普遍的情况:一个(假想的)单位磁极环绕任何一个闭合环路所做的功都相同,并且正比于穿过环路的电流。

大量的实验结果都证实了安培定律。

10.4.5 总结

安培定律适用于由穿过环路的任意多个沿任意方向流动的电流所产生的磁

场。为了将安培定律运用于任意形状的环路,我们对环路的每一个极小部分所做的功积分求和得出总功(图10.23)。

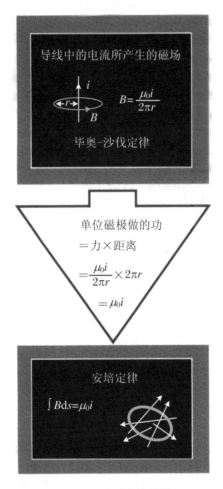

图 10.23 安培定律的推导

实际上,产生磁场最有效的方法是让电流通过绕有很多匝的线圈。这样产生的磁场看起来就像条形磁铁所产生的磁场,其形状如图 10.24 中铁屑组成的图形所示。

安培定律用来计算由那些被任意形状和尺寸的**安培环**(**Amperian loop**)所环绕的电流所产生的磁场,它在一定程度上类似于用高斯定理来计算被虚拟的高斯面所包围的静电荷所产生的电场。

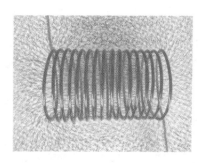

图 10.24　流过线圈的电流所产生的磁场(磁化铁屑的图片由都柏林国立大学物理学院,詹姆斯·埃利斯提供)

10.4.6　磁场对电荷的作用

电荷产生磁场的事实建立了电和磁之间的联系,也许可以预期磁场应该反过来对电荷施加一个力。但是,实验结果并不支持这种想法:

磁场不会影响静止的电荷。

这一点并不代表事物的全部。电荷对磁场的免疫力是不彻底的,只有电荷"静坐"在磁场中时才有效!①

安培的发现,即平行的同向电流相斥而反向电流相吸的现象,首次提供了线索——电荷运动产生一些新的现象。电荷之间产生作用力的机理可以用下面的方式加以解释:

在某个导体中运动的电荷产生磁场,这个磁场可用环绕导体的一些环形磁力线表示,在第二个导体中垂直于磁场方向运动的电荷就会受到力的作用;同样,在第一个导体中运动的电荷也会受到由第二个导体中的电流所产生的磁场的作用。

在每一种情况下,电荷都会受到与它们的运动方向垂直的力作用,如图 10.25 所示。

现在我们可以做个大体的结论,为了受到磁场力的作用,电荷必须沿与磁力线**有一定角度**的方向**运动**。这个力既垂直于磁场的方向,也垂直于电荷运动的方向。

10.4.7　电学单位的定义

电流的单位"安培"是在 1946 年根据安培的实验定义的。1 安培的定义为:设

---

① 此时此刻我们不去定义"静止"的意思。

恒定的电流流过真空中两根相互平行、间距为1米、直径可忽略的无限长直导线，若使它们之间产生2×10^{-7}牛顿/米的作用力所需要的电流。所有其他的电学单位都是由这一定义导出的。例如，库仑就是当电流为1安培时每秒通过检测点的电荷的总数。

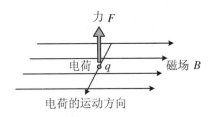

图10.25　磁场中运动电荷受的力

作为自然界中电荷的基本载体的电子具有负电荷：$e=1.6\times10^{-19}$库仑。

10.4.8　电磁学

1820年是将电学和磁学统一起来的里程碑。在此之前，电学和磁学被当成两个独立的课题。奥斯特和库仑的发现提供了重要线索，表明电学和磁学性质不仅以错综复杂而又迷人的方式纠结在一起，而且它们也是自然界同一现象的两种基本表现形式。**电磁学（electromagnetism）**的规律是很微妙、很复杂的，但是，可用电力线和磁力线的示意图来说明现象。

电动机的发明

在实际应用方面，很快就清楚地看到，新发现的定律指出了将电能转换为运动的机械能的方法。电流产生磁场；当电流流过磁场时电荷受到力的作用。这两方面的事实将电流和力建立起联系。随着一些精巧的机械装置的出现，设计电动机械成为可能，也就是利用电能来驱动机械系统。第一台这类的电机是由托马斯·达文波特（Thomas Davenport，1802～1851）和奥冉者·斯莫利（Orange Smalley，1812～1893）在纽约佛蒙特的一家铁匠铺中建造的。1834年，他们成功地制备出利用来自电池的电流产生旋转运动的机械，而这一块电池同时又提供了电磁功率。换句话说，产生电磁场的电流随后又受到自己所产生的磁场的作用。

在当时，人们似乎并不重视用电来产生机械能，这一改变世界的发现没有在商业上取得成功。

10.4.9　运动电荷之间的相互作用

当电荷运动时，它们受到相互的作用力叠加在原有的静电力上。这些力的方向和大小依赖于每一个电荷运动的方向和速度,以及它们在给定时刻的相对位置(图 10.26)。

图 10.26　运动的电荷

利用电磁场的原理很容易描述这些力,磁力线特别适用于直观地表述那些支配运动电荷相互作用的规律。我们必须牢记,磁力线甚至整个电磁场的概念都只是一种用于描述的工具,基本的实体是静止的和运动的电荷,不存在类似"磁性带电粒子"这样的实体。脱离电的磁性本身不具备现实的意义。

10.5　借助磁性使电荷运动

10.5.1　法拉第的发现

1820 年的发现①引发了这样的猜测:因为电流产生磁场,所以磁体可用来产生电场,这一电场反过来作用于电荷形成电流。

最简单的实验是把一块磁铁放在一段导线旁边,看它是否有可能在导线中产生电流。然而,即使实验中使用了当时最强的磁铁也没有出现一点点产生电流的迹象。

随后做了个尝试,用一根导线代替磁铁,让导线中流过尽可能强的电流,看它是否可能在另一根和它平行的导线中产生哪怕是最微小的电流。结果再一次得出,无论两根导线靠得多近,没有人在另一根导线中探测到即便是极微小的电荷移动。

1840 年,迈克尔 · 法拉第(Michael Faraday,1791～1867)(图 10.27)意识到还

---

① 译者注:指安培和奥斯特的发现。

图 10.27　迈克尔·法拉第
（提供者：科学博物馆/科学与社会图片库，SSPL）

有基本的性质没有被揭示。磁场不会简单地由于自身的存在而产生电场，只有当磁场**变化**时才会出现电效应。一次，法拉第决定改变第一根导线中的电流，这时候奇迹发生了——在另一根导线中突然出现了电流！

法拉第通过停止和接通一根导线中的电流，在相邻的导线中产生了电流，而且这种"感应"电流以相同的顺序停止和接通。

一根导线中变化的电流在另一根导线中感应出电流的现象被称为**电磁感应**（electromagnetic induction）。

为了对电磁感应做出定量的叙述，简单的方法就是参照我们在静电学中采用的相同路线。我们定义通过单位面积的磁力线的数目为**磁通量**（magnetic flux）。

就像磁极总是成对出现一样，穿过封闭曲面的磁通量始终为零。

能够感应出电流的方法很多，我们可以将磁铁靠近和离开金属环而改变金属环周围的磁场（图10.28）。

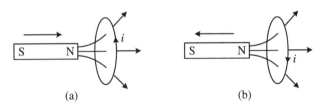

图 10.28　磁铁做靠近和离开金属环的往复运动感应出电流

当穿过金属环的磁通量增加时，电路中出现了电流；但是，一旦磁通量恒定，电流就消失了。如果此后磁铁离开金属环，穿过金属环的磁通量就减少，则出现反方向流动的电流。

电流的大小与磁铁运动的速度有关，也就是和磁通量变化的速率有关，还和金属环的匝数有关（图10.29）。

在磁场中旋转线圈是另一种更加实用的产生感应电流的方法。金属线圈每旋转一周，电流交替变化两个周期。当线圈停止旋转时，电流停止。

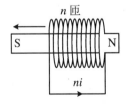

图 10.29　电流增加 n 倍

为了使磁通量变化更快并由此产生大电流，可以使用旋转线圈的方法。这样的体系就是熟知的**发电机**（dynamo）（图10.30）。

值得注意的是，虽然磁场在发电机中是一种无源的角色，但是，它的存在使旋转线圈的机械能有可能转换为电流能量,必须做功来维持线圈旋转,因为能量守恒原理告诉我们能量不可能无中生有!

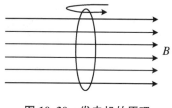

图 10.30　发电机的原理

10.5.2　法拉第电磁感应定律(Faraday's law of electromagnetic induction)

法拉第发现变化的磁场产生电场。为了定量地描述这一事实,我们需要定义一个物理量——**电动势**(**electromotive force, EMF**)。它被定义为一个单位正电荷沿电流回路一周所需要的功。

法拉第电磁感应定律:感应电动势正比于穿过封闭回路的磁通量的变化速率。在图 10.31 中的黑板上写出了表现法拉第定律的数学方程(φ_B 为磁通量)。

图 10.31

感应电场的方向和磁通量变化的方向相反(在图 10.31 中的方程式中用负号表示),否则,自我维持的因果链将导致能量无限制地呈指数型增长。

10.6　麦克斯韦方程组(Maxwell's synthesis)

10.6.1　把事实归纳在一起

人们毫不奇怪,19 世纪中叶一些有关电学和磁学现象的实验结果提出了一个复杂的且明显是支离破碎的画面。看起来存在大量涉及电场和电流、磁场和感应电流的各自独立的定律，各个定律之间似乎不存在合理的联系。

所有的线索都具备了，但是需要经过天才的运作将它们融合在一起。1864年，詹姆斯·克拉克·麦克斯韦（James Clerk Maxwell，1831~1879）展示了这种天才，他把所有的定律集中起来，并使它们的组合形成了完美的、单一的图像。麦克斯韦认识到本质上总共只有4个定律：电学高斯定理、磁学高斯定理、安培定律和法拉第定律。

到那时为止，这4个定律都已经很好地建立起来了，并且已经被实验所验证。麦克斯韦用联立方程来表达它们，即用数学方式说明它们同时成立的事实，这样就可以利用数学的力量探索将4个定律组合起来所得出的结果。

其结果引人注目。方程的解说明电场和磁场的相互作用产生电磁信号，该信号以极其巨大的速度传播，它提供了可穿越亿万英里空间进行通信和传递能量的方法。

历史开辟了物理学的新篇章，带来实际影响的规模巨大得难以想象。

10.6.2 对安培定律的重要扩展

麦克斯韦很快意识到不需要电荷的运动同样可以产生磁场，也就是说，安培定律是不完备的。只要想一想用于存储电荷的电容器在充电过程中发生了什么，我们就能很容易地理解这种磁场是怎样形成的。

最简单的电容器是由两块隔开一定距离且互相平行的金属板组成的。图10.32中的电路包括一块电池、一个开关和一个电容器。当开关闭合时电流流动，但是电荷不可能穿越电容器两极板间的间隙，正、负电荷分别在相对的两极板上堆积起来，直到电容器被充满。

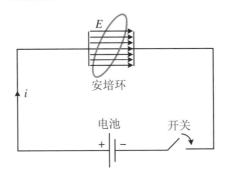

图 10.32　在电容器被充电过程中，在两极板间出现随之增强的电场 E

当电流流动时产生了磁场，形成由安培定律所确定的环绕导线的磁力线。然而，在电容器中心没有实际电荷流动的区域也存在某种磁效应吗？我们可以利用指南针来做实验研究，也可以进行逻辑推导（图 10.33）。

图 10.33

安培定律所依赖的基本证据与安培环的形状和大小无关。每当电流流过以安培环为界的任意表面就会产生磁场，而且这个磁场仅仅和电流有关。

在这种情况下，我们可以选择与通电流导线相交的表面，同样可以在电容器内部没有电流的部分选择一个表面，这就意味着在电容器内无论如何都可以产生磁场。

麦克斯韦预言没有运动电荷也能产生磁场。随时间而变化的电场可以产生磁场。不需要那些用于产生电场的电荷流过电流环，甚至也不需要它们在电流环附近，我们所需要的只是一个变化的电场。场成为一个新的实际存在。

麦克斯韦的基础论著《电磁学通论》（*Treatise on Electricity and Magnetism*）首次发表于 1873 年，它可与牛顿的《基本原理》（*Principia*）相媲美，成为开创科学新纪元的一个基石。

10.6.3　4 个定律

1. 库仑定律/高斯定理（图 10.34）

图 10.34

穿过任意封闭曲面的净电通量 = 该曲面内的净电荷。

2. 针对磁场的高斯定理(Gauss's theorem for magnetism)(图10.35)

图 10.35

穿过任意封闭曲面的净磁通量=0。不存在自由磁极。

3. 安培-麦克斯韦定律(Ampere-Maxwell law)(图10.36)

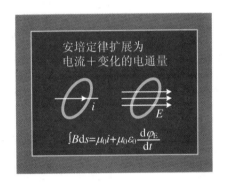

图 10.36

电流或变化的电场产生磁场。

4. 法拉第定律(Faraday's law)(图10.37)

变化的磁通量产生电场：

图 10.37

麦克斯韦方程以数学形式表达了电、磁性质遵从的规律,并且能够利用强有力的数学工具在综合各种各样的实验数据的基础上得出合理的结论。麦克斯韦指出,方程组的解预言了电磁信号一经产生就会以确定的固有速度传播。

5. 麦克斯韦对电和磁性质的总结（图 10.38）

图 10.38

不必要从形式上求解这些方程，比较有用的办法是考虑由开关电流这一简单行为所引发的一系列重大事件中每一个方程的作用。

10.6.4 当我们接通电流时

当电路中的开关闭合时就有电流流过并产生磁场，这一磁场呈圆环状围绕在电路中的导线周围，如图 10.39 所示。这一现象是奥斯特在 1820 年发现的，并用图 10.21 中铁屑的照片表示出来。磁场的大小随着远离导线而迅速减弱，并在几厘米范围内几乎变为零。

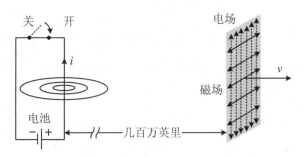

图 10.39　电场和磁场的整体运动

10.6.5 电磁脉冲的形成

1864 年，麦克斯韦有了对今后产生了深远影响的发现。运用更多的知识，特别是法拉第在 1840 年提出的理论，麦克斯韦推测当电流开启的一瞬间将会有十分神奇的事情发生。环绕导线的磁力线呈同轴的圆环状扩展开来，就像潮汐波的浪涌一样迅速变大。

在这浪涌的前沿，**交叉**（互相垂直）的电场和磁场交互产生，互为因果，连续不断。

这种**电磁脉冲**（electromagnetic pulse）连续地在空间运动，甚至包括那些不存在奥斯特稳定磁场的地点。这些电磁场已经是独立的，现在有可能在几百万英里以外，它们在自由空间按自己的方式传播。

10.6.6 磁浪涌的速度

我们从没有电流也没有磁场开始，一步步去了解产生电磁场脉冲的一系列事件。

一旦合上开关，立刻就有电流开始流动并产生磁场。由法拉第定律我们不难导出磁场不可能瞬间在空间所有地点同时出现。如果磁场瞬间从零变到最大值，则要求通量的变化速率无穷大，反过来也就会感生出无穷大的电场，这在物理上是不可能的。所以，不可能有其他选择，只可能得出磁场不可能瞬间出现的结论。磁场的产生必须是从导线处开始向外以有限的速度扩展开来（图 10.40）。

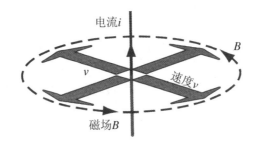

图 10.40　环绕通电导线的磁场

我们能够利用麦克斯韦方程组预言这种磁浪涌的运动速度。我们首先运用法拉第定律在波前的位置插入矩形的法拉第环，如图 10.41 所示。

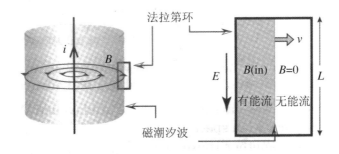

图 10.41　磁潮汐波

在波进入法拉第环的那一瞬间,通过该环的磁通量开始变化,从而感生出与初始电流方向相反的电场 E。新的电场与原来导线中驱使电流流动的电场没有任何关联。当磁浪涌向空间运动时,原来的场仍然被限制在导线中。

于是,在原来不存在电场的地方周期性地出现了变化的电场,形成完整的因果关系链。

我们将会看到这一新的电场所起的作用,为此画出垂直于电场的安培环,如图10.42 所示。当磁浪涌前进时,通过安培环的电通量以固定的速度增加。根据安培定律,将产生新的磁场。

图 10.42 中显示了法拉第环和安培环结构的相似性(反映出基本定律的对称性)。(为了清楚起见,我们把法拉第环和安培环表示在不同地点。事实上,随着电磁浪涌的不断前进,电磁场连续地交互产生。)

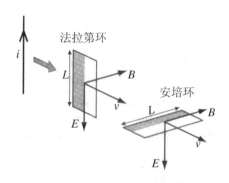

图 10.42　电场和磁场的相互感生

因为这些法拉第环和安培环要多小就有多小,所以我们总可以使得处于这些环面积内的场强为常数,在此情况下:

通量变化的速率＝场强×场所通过的面积的变化速率(图 10.42 中阴影部分)。
将单位正电荷(或单位虚拟磁极)绕环一周所要做的功＝感生出的场强×L。
我们可以将上述方程以数学形式联立起来,得到磁浪涌速度的表达式(图 10.43)。

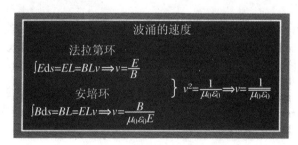

图 10.43

磁浪涌在自由空间的速度受到一系列电磁定律的约束而具有确定的值,可用两个基本的物理常数来表示：磁导率 μ_0 和真空中的介电常数 ε_0，代入这些常数的数值，我们得到

$$v = 2.99 \times 10^8 \text{米/秒}$$

10.6.7 电磁波(electromagnetic waves)

在电磁脉冲的理想化例子中，电流被突然接通而且只接通一次。实际上，这种陡峭的单个脉冲意义不大。人们更感兴趣和有重大用途的是周期变化的电流源，因为它产生了**电磁波**，如图 10.44 所示。

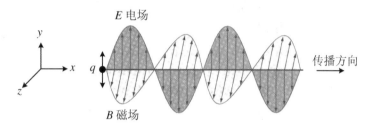

图 10.44　电磁波

电场和磁场互相垂直，并在垂直于传播的方向上连续地做**同位相**振动。图 10.44 中，源电荷沿 y 方向振动，产生振动的电场和磁场，电场 E 指向 y 方向，而磁场 B 指向 z 方向。

10.7　现在回到光

10.7.1　因果关系——总结

由麦克斯韦方程组所表述的规律可得出，如果一个电荷被加速，它将进入无止境的因果循环。从电荷开始运动或被加速的那一刻起，产生变化的电场，并由此引发磁场，于是原先没有磁场的地方就有了磁场。然而，根据安培-麦克斯韦方程，磁场的变化又会产生电场。这些电场和磁场将脱离它们的源，互相垂直地、独立地在空间传播。当其中某一种场变化时，就产生另外一种场，不断地依次重复。

正如我们所知道的，麦克斯韦利用独立测量出来的电、磁常数计算出场的传播速度。他把这些常数的数值代入后得到的结果令我们非常熟悉——它和已经被菲索(Fizeau)等人测定的光速相同。采用他自己的说法，就是"我们几乎不可避免地

得出结论：光是某种介质的横向波动所产生的，这种介质也是形成许多电和磁的现象的原因。"

麦克斯韦所说的介质就是**以太(ether)**，它是一种看不见的、无色无味的介质。以太的提出仅仅是为了适应光波的需要。任何一种波的速度都与传输介质的材料弹性有关，如果光的速度如此之快，需要以太有极大的甚至超过钢铁的刚性，才有可能以这样的速度传输振动。这一点和已知的行为相矛盾，因为这种以太似乎可让普通的物体不受阻力地在其中运动。

这是一个现实的、始终没有解决的谜团，一直到爱因斯坦提出狭义相对论后才最终埋葬了以太的思想。在当时，人们不得不非常尴尬地接受一个根本不存在的材料，这种材料的存在不可能得到实验的证实。

太阳表面的一个颤动的电子，8分钟后在我们视网膜上出现。麦克斯韦揭示了宇宙中遥远的两点间进行通信的隐秘机理。这也为人类开辟了以相同机理进行交流的方法。

10.7.2 将理论用到实际中

麦克斯韦1864年做出的关于电磁波的预言，很快就吸引了许多物理学家的关注，力图从实验上得到这种波。由于还不具备产生足够高频率的交变电流的技术，

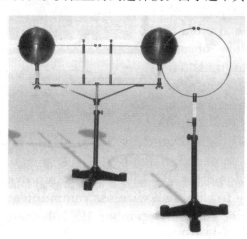

麦克斯韦的思想受到一些权威物理学家的质疑。但是，在20多年以后的1887年，德国物理学家海因里希·赫兹(Heinrich Hertz, 1857～1894)发明了在具有很高电势差的两点之间产生电火花的方法，得到高速振荡的电荷。

高电势差产生在如图10.45所示装置中左边的"电火花间隙"的两个小球之间，电子从间隙两端的金属表面的尖端释放出来，以电火花形式产生放电。电火花以很高的频率前后跳跃，造成电荷振荡的作用并产生电磁波。

图10.45 赫兹的电火花装置及其探测器(提供者:John Jenkins, www.sparkmuseum.com)

探测器由一个圆形的导线环组成，环上有一个很小的间隙，类似于火花间隙。电磁波激发出导线环中的电流，这个环起到探测器天线的作用，并产生一个跨越次级间隙的很小的电火花。这样就在源和探测器之间建立了无线电通信。

赫兹没有意识到他的发明的实用价值,在回答这个现象有什么用途这一类的问题时,赫兹在他的报告中写道:"它没有任何实际用途,只是用实验证明了麦克斯韦的正确性。我们用肉眼看不到神秘的电磁波,它确实存在。"

图 10.46 古列尔莫·马可尼(提供者:爱尔兰邮局)

古列尔莫·马可尼(Guglielmo Marconi,1874～1937)(图10.46),当时只有十几岁,他知道了赫兹的实验并意识到,这个现象远非毫无用处,赫兹的发明可用于传输信号。凭借年轻人的热情和企业家的眼光,他对这种方法做了改进,并于1895年在意大利他父亲的农场里成功地发送了无线电信号,接收距离达2千米。1899年,他改进了技术并建立了横跨英吉利海峡的无线电通信;1901年12月,他首次发送了跨越大西洋的信号。

美国海军对马可尼的发明非常重视,因为它给出了船舶在大海中航行时的通信方法。然而,当越来越多的信息被同时传输时就会出现问题,要想分辨每一个单独的信息就变得很困难了。马可尼克服了这个困难,他让每一个传输机只发送特定频率的波,接收站只接收这种频率,于是就排除了背景"无线电噪声"。随着1912年泰坦尼克号沉没的悲剧发生后,海上航行的舰船之间被强制要求进行每天24小时的无线电通信。

历史的插曲

詹姆斯·克拉克·麦克斯韦(James Clerk Maxwell,1831～1879)

詹姆斯·克拉克·麦克斯韦(图10.47)的童年时代是在位于苏格兰低地的加罗韦(Galloway)一所被叫作论莱尔(Glenlair)的农场庄园度过的。他从三岁起就对各种物体的运行原理具有浓厚的兴趣。很快,他的父母就不得不回答无穷无尽的问题,包括锁的工作原理和宇宙如何运行等。

他母亲承担了儿子的早期教育。在她的指导下,詹姆斯学习了基本的读、写和四则运算,并诵读和记忆了许多圣经中的短文。当他8岁时,他母亲称赞他可以背诵圣经中所有的176篇最长的赞美诗,这可能训练了他惊人的记忆力。在以后的生活中,他可以回想起以往很长时间积累起来的信息。这种技能不仅仅表现在他的科学工作中,也表现在他对所有领域的一般知识的了解中。有一段时间,他曾经利用工作的间隙在杂技团从事记忆能力的表演。

詹姆斯的母亲没能看到儿子的天才得到发挥,她死于1839年,从那时起詹姆斯的家庭教育遇到了困难。虽然雇了一位家庭教师,但是没能解决问题。约翰·麦克斯韦不得不把儿子送到爱丁堡中学学习。詹姆斯去上学的第一天穿着粗花呢子做的工作服和一双老式的鞋子,由于反常的穿着和缓慢的动作以及讲话结结巴巴,他被起了个绰号"Dafty"。因为年轻的麦克斯韦习惯于独处,而且不喜欢高低不平使人摔跤的操场,因此他基本上被其他学生所排斥。

随着年龄的增长,麦克斯韦越来越显示出他在数学方面的非凡天分和能力。当麦克斯韦刚满14岁时,他完成了他的第一篇科学论文"椭圆曲线的描述"。这是一种原创性的方法,这一工作的灵感可能来源于当地艺术家为画出完满的椭圆所做

图10.47 青年时期的麦克斯韦
(提供者:©科学博物馆/SSPL,
科学与社会图库)

的不成功的努力。他父亲将这篇文章交给了一位在大学工作的自然哲学教授约翰·福布斯(John Forbes),后者将这篇文章发表在《爱丁堡皇家学会学报》上。

离开中学后,麦克斯韦在爱丁堡大学(Edinburgh University)待了一年。在那里,哲学是大学课程的一个组成部分,强调课程对学生的教育作用,而不是填鸭式的灌注,也没有竞争性的考试。科学的训练方法使他具备了不带偏见地用开放的思想考虑问题的能力。他的哲学知识使他能够摒弃科学理论中多余的部分,仅留下基本的精华。

作为一名学生,麦克斯韦在大学期间就拥有了使用福布斯实验室的特权,同时还经常辅助福布斯做实验。他对彩色视觉产生了兴趣,并被介绍给威廉·尼克尔(William Nicol,1768～1851),就是那位发明了用于偏振光的尼克尔棱镜的人。年轻的麦克斯韦在家里按照典型的方式建立了一个粗糙的偏振装置,用来做一些实验,并把结果画成水彩画送给尼克尔,因为尼克尔曾送给他一对尼克尔棱镜。

1850年,麦克斯韦进入剑桥大学(Cambridge),他以一种轻松的态度对待剑桥严格的传统。当他被告知早晨6点钟要进行强制性的教堂服务时,他的反应很特别:"啊,我想我可以熬夜到那么晚。"他在彼得学院(Peterhouse College)待了一个学期,然后进入崔尼蒂学院(Trinity College),那是剑桥最大的也是最自由的学院。

毕业以后,他进入阿伯丁的马里斯克尔学院(Marischal College in Aberdeen)工作并很快成为一名教授。在那里,他承担全部的自然哲学课程。准备实验演示是他的许多任务之一。有一次演示时,他让一名学生站在平台上,然后"用电刺激他,最后使得他的头发都直立起来"。他允许学生们做他们自己设计的实验,这是一种开创性的革新。

麦克斯韦利用业余时间写了一篇研究土星环结构的论文，参与竞争并获得了1859年的亚当斯奖(Adams Prize)。在这篇文章中，他证明了土星环不可能为气态，而是由大量很小的颗粒组成的。

1860年，麦克斯韦在伦敦皇家学院被任命为自然哲学教授，他的许多有关电磁学的最重要的工作就是在那里进行的。由于深受法拉第工作的影响，他将"力线"的思想扩展运用到相互作用的物体的周围空间。"因为我继承法拉第的研究，所以我领会了他用数学方式考虑物理现象的方法，虽然这不是传统的形式，也不是数学符号。"

1864年麦克斯韦在伦敦皇家学会作了报告，并于1865年在《皇家学会哲学会刊》上发表了他的第一篇论文"电磁场的动力学理论"。他在文章的结论中写道："我们有足够的理由相信光本身是由热辐射或其他形式的辐射组成的，如果是任何一种辐射，光都会是一种电磁扰动，它以波的形式在电磁场中传播。"

1865年他离开了学院，隐居到论莱尔。在论莱尔，他随心所欲地做研究，并按照父亲的意愿翻建房屋。

1871年，麦克斯韦经说服放弃了退休而成为第一个卡文迪什(Cavendish)实验物理教授。他筹建了著名的卡文迪什实验室，该实验室于1874年对外开放。我们所知道的麦克斯韦方程组最早就出现在他1873年发表的《论电和磁》一书中。

麦克斯韦既擅长理论又擅长实验，是一个全能的科学家。他在物理学的许多分支学科都做出了根本性的贡献。除了电磁学以外，他的名字还出现在气体动力学理论、彩色视觉、几何光学和热力学等领域。麦克斯韦和赫胥黎(T. H. Huxley)是著名的《大英百科全书》第9版的科学编辑。

作为一名哲学家，麦克斯韦对思维的原理非常感兴趣。他在给一位亲密的朋友Lewis Campbell的信中写道："我相信头脑中存在一个独立的管理意识的部门，事物在那里被发酵和煎烤，这样当它们从其中出来时就变得清晰了。"

麦克斯韦于1879年去世。就在他刚去世不久，大卫·爱德华·休斯(David Edward Hughes, 1831~1900)(图10.48)在位于伦敦格瑞特波特兰街(Great Portland Street)的住所中，由于一次差不多是意外的事故，发现了在电路中松散的接头之间形成振荡的电火花，这些电火花产生了可以在另一间

图10.48 大卫·爱德华·休斯
(提供者：©科学博物馆/SSPL，科学与社会图库)

屋子中探测到的电磁信号。很快，他就可以在街道的外面探测到这些信号，他被称为"一个到处闲逛着用耳朵听着盒子的疯狂的教授"。现在我们明白他是在做第一

个无线电话的实验!

1880年2月20日,休斯向皇家学会的会员展示了他的装置,然而,那些会员们抱非常怀疑的态度。爱德华·斯托克斯(Edward Stokes,1819~1903)特别提出这一信号是由于感应而不是由于电磁波而产生的。这极大地打击了休斯的热情,因此他没有发表他的思想。第一个被公认的、有据可查的电磁波的实验成果是由赫兹(Heinrich Hertz)在1887年完成的。

一个运动员在清扫奥林匹克运动会的酒吧。如果太阳发射的电磁波和正好反射到正确方向的电磁波引起了电视摄像机中电子轻微的摇动,而在几分之一秒的时间内全球几亿台电视机中的电子都会做出同样的摇动。所以,这位运动员反射的电磁波进入电视摄像机后,在欧洲、亚洲、非洲、美洲和澳洲的电视屏幕上显现出来。我们根本不需要把这些电视机用导线连接起来。之所以能够做到这一点,是因为麦克斯韦发现的自然规律被他后来的科学家们巧妙地应用到实际中。

电磁波的产生和探测改变了人类的历史。"远程作用和远程通信",诸如观看电视节目、指挥宇宙飞船在遥远的星球上降落等已经成为很普通的事了。麦克斯韦的波引出了移动电话,使船舶在"黑暗中看到东西",指导飞机安全地到达目的地。在短波领域,X射线透析有重要作用,被用于疾病的诊断和治疗。

没有人比理查德·费曼(Richard Feynman)更能表达麦克斯韦的功绩,他说道:

> "从人类历史的长远观点来看,假定从现在起的1万年中,毫无疑问,19世纪最重大的事件就是麦克斯韦发现了电动力学的规律。与麦克斯韦在10年间的重大科学贡献相比,10年的美国内战只不过是微不足道的地方性事件。"

第 11 章
"光的原子"——量子理论的诞生

由炽热的煤所发出的光

这一章讲述科学史上发生在 20 世纪初的一系列奇特的事件,它们起源于有关**黑体辐射**(blackbody radiation)的实验结果和理论预测的不一致。人们对诸如燃烧的煤和融化的金属等物体的炙热表面所发出的光的颜色分布无法给出合理的解释。

经典热力学是研究热和热传导的完美的理论,它很好地预测了光谱的一些常见的性质,但在用它处理某些特定模型时,却出现了一些说不清楚的错误。

威廉·维恩(Wilhelm Wien)提出了一个模型,它在短波波段和实验结果符合得很好,但是为了使它也能符合长波波段的实验结果,维恩不得不对公式进行"编造",或者说在数学上做了些毫无道理的调整。瑞利勋爵(Lord Rayleigh)提出了一个更加详细的模型,这个模型符合长波部分的数据,但却导出短波部分的辐射能量将趋于无穷大——紫外线灾难(the ultraviolet catastrophe)。

1901 年,马克斯·普朗克(Max Planck)提出了一个轰动的假说,他把它称为"绝望的行为"。通过对给定波长的光限定它所允许的能量,普朗克得出一个精确的方程,这个方程在所有波段都与实验结果相符。事实上这与维恩"编造"的描述很像,只不过这一次是建立在健全的物理概念上。尽管如此,普朗克付出了沉重的代价,他不得不假设电子的振荡只能具有某些确定的能量,其值是量子单位 hf 的整数倍。

直到那时,自然哲学领域普遍认为,对物理实体的取值不可能有任何限定。认为自然界是不连续的这种假设是如此的离经叛道,以致普朗克不敢发表他的假说。在尼尔斯·玻尔(Niels Bohr)将量子理论运用于他的原子结构基本模式之前,大多数人都不接受普朗克的假说。物理学家们不愿意放弃长期形成的观念,也有一些明显的例外,例如,阿尔伯特·爱因斯坦,他在 1905 年把量子化的思想引进他的光电效应理论[①]。

---

① 许多年以后,当量子理论的影响已经很普及时,爱因斯坦开始产生一些疑虑。

随着本章的深入,某些基本的力学和热力学的知识是有帮助的,但是,即使没有这些知识,你仍然会很愿意跟随着普朗克的脚步进入物理学史上一个最重要的基本发现。

11.1 辐射所发出的能量

11.1.1 物体是如何发射电磁能量的?

物质是由原子和分子组成的,而原子和分子包含有带正电荷的质子和带负电荷的电子。即使电中性的物质也总是存在电的行为,这是因为原子振荡的速度随着温度的升高而变快,正如麦克斯韦所预言而又被赫兹在 1888 年所证实的那样,振荡的电荷辐射出电磁波,在此过程中释放出能量并使运动速度变慢。于是物体的热表面由于向周围辐射能量而冷却下来,最终当每秒钟发射的平均能量等于吸收的辐射能量时达到了热平衡(图 11.1)。

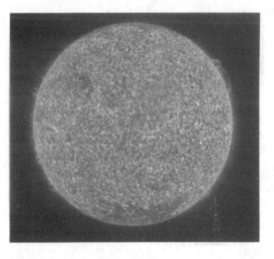

图 11.1 在太阳的炙热表面上发生了什么?(提供者:太阳及日光层观测卫星(SOHO)、欧洲航天局(ESA)和美国国家航空和宇宙航行局(NASA))

11.1.2 实验结果——黑体辐射光谱

对温度高于周围环境的物体(例如太阳)的表面电磁辐射的实验研究表明,表面有效地辐射出的能量同时也能被有效地吸收。

天气很热时穿白色的衣服是因为白色衣服反射而不是吸收太阳的热辐射；因而，白衣服在夜晚还会保持体温。经验告诉我们，在炎热的阳光下穿着黑色或深色的衣服不是好的主意。

1859年，古斯塔夫·基尔霍夫（Gustav Kirchhoff）提出了一种理想化的物体模型，这种物体可以吸收落在它上面的所有的电磁辐射，即全吸收。他把这种物体称为**黑体（blackbody）**，因为在地球的环境温度下这种物体不会反射任何光而呈现黑色。（黑体也是一种辐射体，只不过发射的是红外线，因而观察者看不见。）

基尔霍夫进一步提出，黑体所辐射的能量与黑体的温度及辐射的波长有关。

图11.2给出综合了大量实验结果后得出的黑体表面所辐射的不同波长的能量相对值。其光谱是普适的，它只和表面温度有关，而和物体的大小、形状以及材料的化学组成无关。

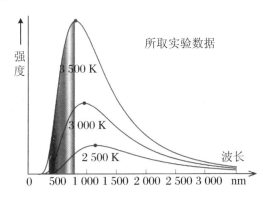

图11.2　黑体表面的辐射光谱分布

在低于2 000 K的温度下，波长为可见范围内（400纳米到700纳米）的光辐射的能量只占总辐射能量的很小一部分。在给定温度下，所有波长发射的总功率由相应的曲线下面积给出，由图11.2可以清楚地看到这一面积随温度增加而迅速增加。

11.1.3　斯蒂芬-玻尔兹曼定律

1879年，约瑟夫·斯蒂芬（Josef Stefan，1835～1893）（图11.3）发表了被称为斯蒂芬定律的经验公式，式中表达了辐射的总能量正比于表面绝对温度的4次方。大约5年以后，路德维希·玻尔兹曼（Ludwig Boltzmann，1844～1906）用热力学参数推导出同样的关系式，

图11.3　约瑟夫·斯蒂芬（提供者：奥地利邮政）

于是,这一关系式就被称为**斯蒂芬-玻尔兹曼定律(Stefan-Boltzmann law)**(图 11.4)。

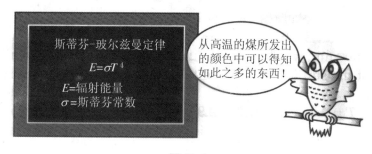

图 11.4

11.1.4 维恩位移定律

当表面温度增加时,光谱的峰值移向短波(高频)。这和一般的经验相符,当煤块、铁棒或钨丝被加热后就开始发光,随着温度的升高,它不仅仅变得更亮了,而且光的主要颜色从暗红变成亮黄继而变为"白热"。

1879 年,威廉·维恩(Wilhelm Wien,1864～1928)(图 11.5)导出绝对温度 T 与发光峰的峰值波长 λ_m 之间的经验关系(图 11.6)。

维恩位移定律(Wien's displacement law) 指出,当温度增加时,发光峰的峰值波长随之成正比例地减小,实验得出维恩常数为 2.9×10^{-3} 毫开[尔文]。

维恩定律使我们可以通过物体发射的光的颜色计算出它的温度。例如,太阳辐射最强的波长大约是 500 纳米,根据这一波长,我们可以计算出太阳表面的温度如下:

图 11.5 威廉·卡尔·维恩

$$\lambda_m T = 2.9\times10^{-3} \Rightarrow T = 2.9\times10^{-3}/500\times10^{-9} = 5\,800\ \text{开[尔文]}$$

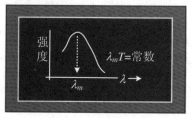

图 11.6 维恩位移定律

强度的最大值正好位于可见光谱的中央。从人类进化的观点来看这一点也不奇怪!(太阳表面的温度不要和太阳内部的温度混淆,太阳内部的温度大约为绝对温度 1.5 亿度。)

利用维恩定律我们可以不需要走近就能推算出远处物体的温度!

11.1.5 理论用于实践——光学高温计

辐射光谱提供了一种非接触式测量高温的方法,在这种方法中,使钨丝灯的亮度与炙热物体的亮度相符合,从而得出高温物体的温度。钨的优点是它的熔点约为 3 700 开,远高于铁的熔点(1 800 开)和铜的熔点(1 350 开)。

依据该技术制作的**光学高温计(Optical pyrometers)**被用来测量诸如融化玻璃的高温窑、原子核爆炸以及太阳表面的温度。

11.2 黑体辐射的经典理论

11.2.1 空腔辐射

黑体辐射经典理论的基础是一种乍看起来似乎不可能的封闭的空腔模型,好像是一个内壁温度很高的炉子,从内表面发出的辐射被限制在空腔内,部分被内壁反射,部分被内壁吸收(图 11.7)。

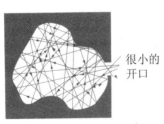

图 11.7 束缚在空腔内部的电磁波

最终,当内壁发射的能量等于它吸收的能量时达到热平衡状态。在这种情况下,空腔内部的辐射可以描述为对应于该温度的**平衡态黑体辐射(equilibrium blackbody radiation)**,其辐射的性质与空腔的大小和形状无关,也和空腔内壁的材料无关。

我们可以想象空腔内纵横交错的辐射向各个方向传播能量,在平衡态下不存在指向某个地点的能量流,我们可以用**辐射能量密度(radiant energy** density)(大致可看成是单位体积内的能量)来定量描述空腔内任意一点的能量(图 11.8)。

图 11.8　从空腔发出的辐射类似于从燃烧的煤所发出的光

辐射通过小孔进出空腔,这个小孔如此的小,以致任何进入空腔的辐射实际上都不可能出来,结果使得进入空腔的辐射全部被吸收。更重要的是,这个空腔也是一个完全的发射体,样品的辐射通过窗口发射出空腔。

11.2.2　空腔模型的热力学

路德维希·玻尔兹曼(Ludwig Boltzmann,1844～1906)(图 11.9)建立了一个理论模型,在这个模型中,空腔被看作是所定义的**卡诺循环(Carnot cycle)** 操作中的热力学引擎,电磁辐射被当成工作物质。

他通过完善的热力学规则得出:空腔中的总能量密度与 T^4 有关,由此为斯蒂芬的实验观测提供了理论基础。

图 11.9　路德维希·玻尔兹曼(提供者:奥地利邮政)

11.2.3　维恩的光谱分布定律

维恩注意到黑体辐射光谱分布的形状与气体中分子运动的速度分布极其相似。他想,这可能并不是巧合,因为如果黑体中的分子被热激励,它们的行为在某种程度上应该和热激励的气体分子相似。在这种情况下,由振动电荷发出的电磁辐射应该能够很好地表现出与分子的能量分布相对应的性质。

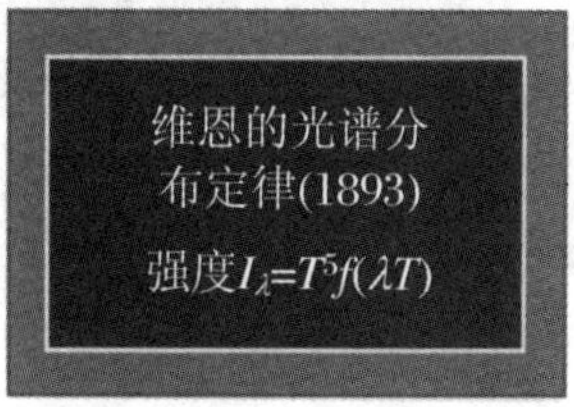

图 11.10　维恩的光谱分布定律(1893)
强度 $I_\lambda = T^5 f(\lambda T)$

维恩由此提出了他的**光谱分布定律(spectral distribution law)**,如图 11.10 中所示,并指出它的位移率($\lambda_m T$ = 常数)是这种更为普遍的规律的特殊情况。

正如我们在图 11.10 中所看到的，I_λ/T^5 对应于变量 λT，我们能够由函数 $f(\lambda T)$ 得出相对应的曲线。这条曲线是唯一的，并可以用于所有的黑体辐射。唯一的问题是，$f(\lambda T)$ 是一个未知的函数。如果我们知道了这个函数，就能知道曲线的形状。

然而，我们可以在某个温度下进行测量以确定曲线的形状，也就是确定 $f(\lambda T)$。而在其他温度下测量的点也落在同一条曲线上，而且极大值位于 $\lambda T = 2.9 \times 10^{-3}$ 毫开处。这样就证实了维恩位移定律。

在温度为 3 500 开、3 000 开和 2 000 开时分别测量强度与波长的对应关系曲线，所有的测量点都应该位于同一"λT 曲线"的某个位置。这对其他任何温度也都同样正确。

维恩的推论是基于 19 世纪建立的原理。很明显，经典热力学的强有力的方法不仅仅能推测出斯蒂芬-玻尔兹曼定律，而且也可以预言这一普适函数 $f(\lambda T)$ 的存在，正如图 11.11 中的实验结果所证明的那样。

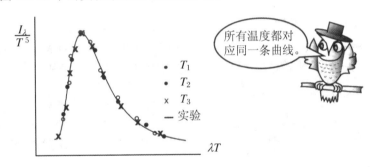

图 11.11　维恩位移定律的实验验证

现在，纯粹的热力学的推论需要进一步补充更详尽的模型，以便给出这一函数**形状**的数学描述。

维恩给出了一个方程（图 11.12），这个方程基本上是根据经验得出的，其中包含两个任意常数 a 和 b。他通过调整这两个常数使得在短波段和实验符合得较好，但这个方程不适合长波段。

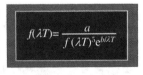

图 11.12　维恩方程（1896）

11.2.4　利用光的波动的性质建立的空腔模型

瑞利勋爵（Lord Rayleigh）利用詹姆斯·金斯（James Jeans, 1877～1946）建立的数学方法，提出了空腔壁能量交换的特殊模型以及电磁波振荡的模型。瑞利认为，当辐射在空腔内往返反射的过程中，对所有波长都形成了驻波（图 11.13）。

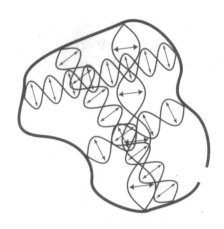

图 11.13　空腔中的驻波

可能形成的驻波或**振动模式**（modes of vibration）的数目随波长变短而增加。瑞利导出了空腔中单位体积内驻波数目的表达式，它是波长的函数。

对每个模式分配合适的能量就能够得到**能量密度**（energy density）的表达式。根据经典热力学最基本的**能量均分定理**（equipartition theorem），每个模式具有完全相等的能量。于是，问题变得很简单，只需用模式的数目乘以同一能量值。图 11.14 中写出瑞利能量密度表达式，也就是瑞利-金斯定律（Rayleigh-Jeans law）。

模的数目随波长的减小而迅速增加，而且当波长趋于零时能量密度变得无穷大——这就是所谓的"紫外线灾难"。这显然是错误的。有些非常基本的东西常被赋予错误的模型。

瑞利-金斯定律

$$f(\lambda T) = \frac{8\pi k}{(\lambda T)^4}$$

图 11.14　瑞利-金斯定律

11.2.5　技术的进步

到目前为止，实验数据都是根据黑色的金属盘测量的结果，它只是近似于黑体辐射。1898 年，第一个实验用空腔辐射体投入使用，其形状是一个绝热的铂金圆筒。当圆筒壁被加热到某一恒温时，从小孔发出的辐射类似于黑体辐射。这样就有可能和理论进行有效的比较。

11.2.6　理论模型怎么会"只对一半"？

虽然维恩位移率建立在坚实的物理论据的基础之上，而且很好地被实验所证实，但他的光谱分布公式却遭到怀疑，它因为包含可调整的常数而使得可以满足几乎所有的实验数据。

由图 11.15 可以看出公式和实验数据相符的程度。在短波段,数据点完全落在维恩曲线上;而在长波部分,只是大致符合。

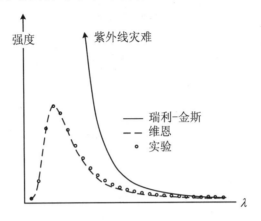

图 11.15　两个各对一半的模型

相比之下,瑞利-金斯曲线仅仅在波长很长的部分符合得很好。当波长减小时,从公式计算出的强度值增加,并迅速趋于无穷。这就是上面提到的**紫外线灾难**(**ultraviolet catastrophe**)。根据瑞利-金斯理论,燃烧的煤将能够发射出很强的 X 射线,甚至伽马射线。

尽管存在这些问题,瑞利-金斯定律仍必须被认真对待。那时的许多自然哲学家们不愿意放弃它,因为它是在一个看起来很理想的模型的基础上推导出来的,而且它在长波段和光谱符合得非常好;定律中也没有待定的任意系数,代之以出现玻尔兹曼常数 k 这一基本的物理常数。马克斯·普朗克(Max Planck,1858~1947)就是这样一类自然哲学家中的一员。

11.3　马克斯·普朗克登场

11.3.1　提出公式——但没有说明

普朗克的第一步工作是寻找一个经验公式,这个公式在短波段归结为维恩公式,而在长波段又可简化为瑞利-金斯公式。他很快发现,只要简单地在维恩公式的分母中增加一项(-1)就可以做到这一点。而这一数学技巧的唯一原因只是由于它的运算原理!该表达式给出的结果与实验得到的黑体辐射光谱在全波段都符合得很好。

初看起来普朗克公式和瑞利-金斯公式毫无相似之处,但是,当把指数 $e^{b/\lambda T}$ 展开成一系列级数后,就可以看到在长波部分两个公式合二为一(图 11.16)。

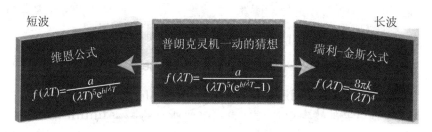

图 11.16　两个各对一半的公式

普朗克最早将他的公式以一种"评论"的方式提交到德国物理学会 1900 年 10 月 19 日的会议上。评论的题目很简单,为"关于维恩辐射定律的改进",其中的猜想多于物理意义的叙述。然而,它似乎是个正确的表达式。两位德国物理学家海因里希·鲁本斯(Heinrich Rubens)和费迪南·库尔班(Ferdinand Kurlbaum)曾经对黑体辐射光谱做过一系列认真的测量,他们在参加了学会的会议后连夜工作,把他们的实验结果和普朗克公式做了比较,得出完全相同的结论。正如普朗克本人后来公开承认的,这一实验证据是至关重要的:

"没有鲁本斯的干预,量子理论的基础可能以完全不同的方式出现,甚至根本不会在德国出现。"

11.3.2　尝试破解密码

下一步工作更困难一些。运用数学公式是一回事,而从基本的原理导出正确的公式是完全不同的另一回事。隐藏的物理原理是什么?为什么灵机一动猜想出的公式能够给出辐射光谱?普朗克在基本的经典定律的基础上尝试了所有的方法,但没有成功。对这些定律的各种尝试和检验仍然得不到和黑体辐射光谱相匹配的公式!

11.3.3　自然的奥秘

当时,许多自然哲学家都认为在科学领域所有的主要问题都已经被解决了,剩下的只是少数"收尾问题",以及一些具有重大意义的基本物理常数需要测定。黑体辐射光谱属于一种收尾的问题。

普朗克不赞同这种说法。他坚信,从"煤燃烧发光"的奇异行为所引发的反常现象具有深刻的内涵。也许光会给我们带来有关物质成分的信息?我们是否还没有很好地了解原子和分子的振动所发出的信息?在这些信息中是否深藏着自然界的奥秘?

11.3.4 紫外线灾难的原因

瑞利-金斯模型的特点是假设在自由空间所有的振动模都可能成为电磁波。当这些波被束缚在空腔中时就会形成驻波;那些可能存在的模式所对应的是节点位于空腔壁上的那些波。

当波长减小时,模的数目增加,导致短波长(高频)光的强度大幅度增加——紫外线灾难。因此只可能有一个结论:

某些东西限制了高频率。

11.4 普朗克的"绝望的行为"

11.4.1 量子假设

用尽了所有的经典方法后,普朗克做了一个非同寻常的假设,这个假设违反人们已经形成的认为自然规律是"连续"的信念。

普朗克推断一定存在某个条件限制了高频振动模的数目,而且,频率越高,这个条件的限制作用越强。所以,只有高频振动受到影响。这一规律也适用于空腔壁上的振动电荷(以及与其相关的其他地方)。

普朗克在1901年所写的一封信中写道:

"……整个过程是一种绝望的行为,因为不论花多大代价都必须找到某种理论解释。"

11.4.2 量子理论的诞生

在1900年12月14日的德国物理学会会议上,也就是离普朗克提交评论不到两个月,他提出了新的假设。这一天通常被当作"量子理论诞生的日子"。普朗克的假设总结如下：

一个振子只可能具有一系列分立的能量值：$E = hf, 2hf, 3hf, \cdots$，其中，h 是一个基本的普适常数。

辐射的发射和吸收是伴随着这些能级之间的跃迁而产生的。

能量的辐射和吸收表现为数量级为 hf 的量子化能量，hf 是能级的间隔。

11.4.3 量子的区别

该假设完全不同于高频振动模。普朗克认为，一个带电振子的辐射频率与振子本身的频率相同。所以，它只能以分立的、其值为 hf 的**量子**的形式进行辐射，否则只能留在禁戒的能态。同样的，如果振子是一个受体，它也只能接收到完全相同"约束"的能量。

在高频情况下，能量单位，当然还有能量交换，变得比较大，而且，"能量的处理"变得越来越困难。做一个通俗的类比：在有限的经济活动中，一个人仅能完成1 000美元账单的交易，而很难携带这些钱进行交易！

这一区别有力地避免了紫外线灾难。

11.4.4 振子的能量分布

图 11.17 表示了根据经典理论和量子理论得出的振子的能量分布状况，阴影越黑，表示该能量的"种群密度"（振子的数目）越大。

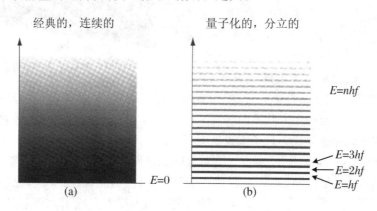

图 11.17 作为能量的函数的振子的种群密度

在图 11.17(a) 的经典情况下，能量分布是连续的；种群密度随能量的增加而平滑地减少，而且各个能量值都是可以存在的。

如图 11.17(b)中根据量子理论所得图形所示,只有能量为 $E = nhf$ 的能级能够存在。

11.4.5 平均能量

普朗克假定某一给定波长的辐射能量正比于辐射源中相应频率振荡的**平均能量**,于是他现在可以推导能量公式(图 11.18)。

1. 据经典理论,能量分布应该是连续的;
2. 用量子理论的基本假设,能级是分立的。

经典理论认为,处于温度为 T 的热平衡态气体中,能量为 E 的分子的数目正比于 $e^{-E/kT}$。如果对振子运用相同的分布规律,我们可以通过积分得到总能量。除以分子的总数后,就可以得到已知的经典的结果,即每个振子的平均能量为 kT,瑞利和金斯就是这样做的。

根据**量子理论**,只有某些确定的能级能够存在,所以积分运算被对一系列分立项的求和所取代,其中每一项都是能量与具有该能量的振子的数目的乘积。振子的总数则由另外的数列给出。当我们用一个数列的和除以另一个数列的和时,平均能量的表达式呈现出完全不同的形式。

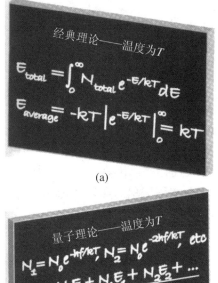

图 11.18

人们可以想象出当普朗克看到他的"幸运猜测"在表达式的分母中出现时,他有多么激动,这一表达式和他的经验式极其相似。当时必然会产生一些不同的看法,主要来自人们对物理意义的争论,而非对公式的数学运算的异议。量子假说证明了他的"幸运猜测"是正确的。

对普朗克来说剩下的问题就是将新的平均能量代入瑞利公式,因为基础性的工作已经由瑞利、维恩以及之前的一些人完成了。普朗克已有了辐射光谱的图形,可以通过调整常数 h 的数值使计算结果和实验数据吻合。能够使数据很好吻合的 h 值为 $h = 6.55 \times 10^{-34}$ 焦耳秒,非常接近于现代确

认的值 $h = 6.626\,069 \times 10^{-34}$ 焦耳秒①。

普朗克得出一个数字,这意味着什么呢? 正如他在1920年诺贝尔奖颁奖仪式上说的:

"更简单地说是对辐射定律中的第二个普适常数的说明,它作为能量和时间的乘积,我称之为基本的量子作用因子(elementary quantum of action)……"

11.4.6 量子被发射出来以后做了些什么?

除了能量的量子化以外,普朗克没有做任何其他的特殊假设。他没有说明能量在空间如何分布。当时,他没有理由把量子想象为波以外的某种东西,而波是在空间传播并且其能量分配在整个波阵面上的。他在一封信中回忆道:

"能量发射出来以后做了些什么? 它是否如惠更斯波动理论所说的那样分散在各个方向上传播,并不断地逐步衰减? 或者,按照牛顿的微粒说向一个方向射出?"

许多年以后,1928年刘易斯(G. N. Lewis)引入**光子(photon)**的术语来称呼光的量子。因为目前已经普遍使用这种称呼了,所以我们此刻就采用这一称呼,并在本书的余下部分自然地采用这种说法,请记住,严格地说,此刻采用这一称呼是超前了历史。

11.4.7 一种新的哲理

当时有些人自以为是地认为自然科学的所有基本原理都已经清楚了,只有那些零星的遗留问题还在牵扯人们的精力,这种看法突然间遭到了重大打击。(突然间提出)自然界的过程是"跳跃式的"而不是连续的,这种思想对大多数物理学家来

---

① 国际科技数据委员会(CODATA)建议的数值(2010)。

说都是陌生的,包括普朗克。

物质的原子价是古希腊人提出来并已经被牢固地建立起来的观念;而"能量的原子价"是完全不同的观念,普朗克本人最初不愿意接受这种观念,他始终不清楚量子的想法仅仅是一个数学操作还是他发现了一个基本的自然规律。

要么量子作用是一个编造的量,而且辐射定律的全部推导都是虚幻的,只不过代表了一个没有多大价值的空洞的公式;要么辐射定律所衍生的结果是建立在合理的物理基础之上的。在这种情况下,量子作用因子在物理学中起到根本性的作用,将引出一些全新的、以前从未听到过的问题,似乎要求从根本上修改我们的物理观念,这种物理观念是自从莱布尼兹(Leibnitz)和牛顿(Newton)建立了微积分以后就被普遍接受的,认为一切有因果关系的事物都具有连续性。

普朗克后来写道,他花了很多年时间力图"把物理学从不连续的能级中解救出来",但没有成功。"量子化的思想顽固地拒绝融入经典理论的框架。"如果他意识到他的这一思想的全部影响,他肯定会更加忧虑,因为这一思想必定会彻底改变物理定律。

历史的插曲

马克斯·普朗克(Max Planck,1858~1947)

马克斯·普朗克(图11.19)于1858年4月23日诞生在德国基尔市(Kiel),后来搬到盛产黑白花牛的丹尼斯市(Danish)。1947年10月4日逝世于哥廷根市(Göttingen),他的父亲朱利叶斯·威廉(Julius Wilhelm)是基尔大学的宪法学教授,他的母亲是艾玛·帕齐格(Emma Patzig)。他刚满16岁时就进入了慕尼黑大学攻读物理。具有讽刺意味的是,他的老师菲利普·祖利(Philipp von Jolly,1809~1884)告诉他说,目前的物理学已经是一门停滞的科学,所有的课题除了少数细节外都已经被掌握了。因此,他提醒普朗克说,未来的研究或发现的前景是渺茫的。他不知道,他将会被这个被他说教的年轻人证明是大错而特错了。

普朗克1880年以前一直住在慕尼黑(Munich),其中除了有一年(1877~1878)到柏林,在那里他师从古斯塔夫·基尔霍夫(Gustav Kirchhoff,1824~1887)和赫尔曼·冯·亥姆霍兹(Herman von Helmholtz,1821~1894)。看起来他并不喜欢那段时间,他描述基尔霍夫的讲课为"枯燥和单调的",而赫姆霍兹的讲课则是"既无准备又很粗糙,使我们明显地感觉到他对讲课厌烦到了极点"。

当他回到慕尼黑的那一天,他以一篇有关热力学的论文获得了博士学位,那年他21岁。一年后他在慕尼黑得到了教师职位,并且开始了他才华横溢的青年时代。1885年,他获得了基尔大学的教授职位,后来很快便和他青梅竹马的儿时伙伴玛丽·默克(Marie Merck)结成伴侣。默克于1909年去世。此后不久,他又和玛丽的表妹玛尔佳·休斯林(Marga von Hösslin)结了婚。

1889年，普朗克移居柏林。在柏林，他因基尔霍夫的举荐而成为理论物理学会主席。普朗克担当这个职务一直到1927年，共长达38年。在此期间，他创作和完成了那些他最辉煌的著作，包括1900年的辐射方程。

普朗克在自传中叙述了他走过的孤独的路程，焦虑和彷徨的心境，并不像他的同龄人如居里(Curies)或者卢瑟福勋爵(Lord Rutherford)那样获得辉煌的成功。他称他的能量量子化的假说是"一个绝望的行为"，因为"无论花多大的代价都必须找到黑体辐射的理论解释"。即使在他的著名的文章发表以后，他仍然试图将量子化常数h纳入经典理论的框架，但没有成功。

1900年以后的最初一段时间内，实际上似乎没有人理解普朗克的发现的重大意义。1902年，阿瑟·德(Arthur L. Day)在美国哲学学会

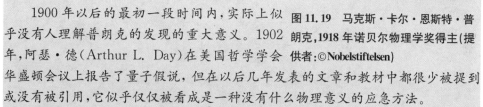

图11.19 马克斯·卡尔·恩斯特·普朗克，1918年诺贝尔物理学奖得主(提供者：©Nobelstiftelsen)

华盛顿会议上报告了量子假说，但在以后几年发表的文章和教材中都很少被提到或没有被引用，它似乎仅仅被看成是一种没有什么物理意义的应急方法。

一般的怀疑论者可能会引用亨德里克·洛伦兹(Hendrik A. Lorentz)1910年在哥廷根所作的题为"物理学中的新老问题"的系列讲座，其中说道："我们不能认为这些现象的机理已经被普朗克理论揭开了……很难说原因是能量被分割成有限的甚至是互不相等的许多部分，但又可以从一种谐振变到另一种。"

不论德国物理学家是什么态度，量子理论经过很长时间后跨越英吉利海峡进入英国。卢瑟福大约在1908年给他的朋友威廉·布拉格(William Bragg)的信中写道："欧洲人似乎并不是对普朗克量子理论的物理思想丝毫不感兴趣……我想，更优先被考虑的是英国人的观点。"普朗克在1919年诺贝尔颁奖公报上发表了他的一封信，以他自己独特的视角讲述了量子理论起源的故事。他引用了歌德的一句话"人只要奋斗就会犯错误"，由此叙述了他遭遇了怎样的挫折和困难，伴随他一步步地"最终接近真相"。

1913年尼尔斯·玻尔(Niels Bohr)把量子理念用到他的原子理论中，这使得量子假说得到了最大的支持。普朗克后来回忆："在奇妙的光谱领域发现了长期努力寻找的量子作用，成就了这一理论……对那些不会拒不承认事实的评论家来说，除了确认常数h是普适物理常数家族的一员外，没有其他选择。"

普朗克所创立的科学的哲学思想一步步地深入发展，结果产生了量子力学。量子力学的思想如此奇异，即使是创始人也感到糊涂。普朗克本人常常疑惑："如果

有人说他非常清楚地了解了量子理论,那只是说明他没有理解理论中最重要的东西。"在1909年纽约的一次讲座中普朗克说道:"一个重要的科学创新很少是通过争取和转化对手而发展起来的。所发生的事就是它的对手渐渐消失了,而新成长起来的一代人从一开始就通晓这一思想。"

普朗克曾经在库尔特·门德尔松(Kurt Mendelssohn)的笔下被描述为"瘦小的的身躯,裹着深色的西装,笔挺的白色衬衫,很像一个典型的普鲁士官员,但在巨大的秃顶下有一双深邃的眼睛"。尽管缺少同事们的关注和鼓励,但他却依靠极大的品格力量开辟出了新的原始路径。

在普朗克的孩提时代普鲁士军队接管了基尔城,此后他的一生就充满了戏剧性和灾难。他的长子1916年战死于凡尔登战役。在纳粹统治时期,他公开反对某些政策,特别是反对迫害犹太人。1945年普朗克遭受到又一个巨大的打击,他的另一个儿子欧文(Erwin)因为密谋暗杀希特勒而被处死。不久以后,一支被派去的美军部队把他从位于柏林的被炸毁的房屋废墟中解救了出来。

第 12 章
量子力学的发展

普朗克的量子假说只不过是一个引人入胜的新故事的开端。1913 年,尼尔斯·波尔(Niels Bohr)把量子的思想用到他的原子行星轨道模型中,用来解释电子轨道。在这个模型中,光起到重要作用。模型假设,当原子中的电子从较高的轨道落到较低的轨道时放出能量,由此给出了轨道的信息。结果,玻尔于 1922 年在奥斯陆举行的诺贝尔奖颁奖仪式上的发言中才可能说道:"……我们不仅相信原子毫无疑问是确实存在的,而且,我们甚至了解了单个原子的组成成分。"

比了解原子的结构更加让人振奋的大概就是发现了可用于"极小型世界"的自然定律。这些定律紧密地依赖于量子化性质及其相关的结果。1921 年,玻尔创立了著名的哥本哈根研究院,这个研究院吸引了当时世界上几乎所有的顶尖物理学家,在他们的努力下发展出了量子力学哥本哈根学派,它完全改变了我们对自然界一些基本规律的看法,这些观点远不同于普朗克最初提出的假说。

本章我们将按顺序讲述那些激动人心的事件的进展,这些事件是由哲学、物理学以及叙述物理定律的数学模型组合起来的。我们将叙述维尔纳·海森堡(Werner Heisenberg)和埃尔温·薛定鄂(Erwin Schrödinger)如何独立地建立起用于处理量子问题的机制,他们的方法乍看起来相差甚远,后来发展成为对同一件事的两种解释。

保罗·狄拉克(Paul Dirac)在 1927 年把它们合在一起,结合相对论组成统一的量子理论。他由此推测出一些意想不到的结果,包括存在反物质的预言,这是最具影响的"依靠头脑的发现"的例子,这一预言后来被实验所证实。

本章在结尾处将说明**量子力学哥本哈根学派**(the Copenhagen interpretation of quantum mechanics)的一些明显的悖论,同时提出**量子的现实性**(Quantum reality)的设想。

12.1 量子力学的发展

12.1.1 从振子到光子再到其他

1901年，普朗克为了解释黑体辐射光谱，作为一种绝望的权宜之计引入了量子假说。这对他来说是迈出了巨大的一步，这一假说过于新奇和充满争议，以至于他在很长一段时间里都不愿将它发表。他没有认识到这一假说的后果远远超出了黑体辐射。

1905年，爱因斯坦提出量子假说不仅可用于振子及其光辐射，而且可用于光本身的基本性质。他指出许多实验证明光可能来自一些独立的、能量为 hf 的颗粒或称光子，这种能量高度集中的量子可以将电子碰撞出金属表面，爱因斯坦的光电效应理论对此做了定量描述，我们将在第13章中讲述。

在随后的几年中，**量子化**(quantization)逐渐成为自然界的所有基本定律的基础。虽然牛顿所发现的力学定律仍能起到很好的作用（因为在宏观世界量子效应可以忽略），但当我们进入电子、原子和分子世界时，量子效应不可能被长期置之不理，事实上它占据了主导地位，彻底改变了自然定律的性质。人们不得不开发一些描述**量子力学**(quantum mechanics)理论相关定律的数学方法，而把牛顿的**经典力学**(classical mechanics)归结为它们在宏观世界这一特定条件下的特殊表述。

12.1.2 原子的行星模型

可能有人事后会说量子化在原子结构中起到主要作用的说法只不过是一种预测。事实上，20世纪初的头一二十年，建立原子模型来表达原子结构和说明其功能的工作得到迅速发展，欧内斯特·卢瑟福(Ernest Rutherford, 1871～1937)在1911年就和汉斯·盖革(Hans Geiger, 1882～1945)及欧内斯特·马斯登(Ernest Marsden, 1889～1970)一起证实了一种原子模型，他发现原子的质量集中在一个很小的带正电荷的**核**中，带负电荷的电子占据原子的外层。

因为正、负电荷相互吸引，所以必然存在某些机制使电子不会落到原子核上。很快，尼尔斯·玻尔(Niels Bohr, 1885～1962)和阿诺德·索末菲(Arnold Sommerfeld, 1868～1951)提出了原子的行星模型。在这个模型中，电子绕原子核旋转，类似于哥白尼的太阳系模型中行星绕太阳旋转的方式。正如地球不会因为万有引力而撞到太阳一样，电子也不会因为静电引力而撞到原子核上去。

12.1.3 量子登场

行星的轨道运动和电子的轨道运动有一个很重要的差别。行星是电中性的,与此不同的是,电子带电。这一差别对轨道的稳定性有重大影响。麦克斯韦指出一个加速运动的电荷会发出电磁辐射,这一预言同样适用于原子范围内。一个做轨道运动的电子具有恒定的向心加速度,所以应该辐射出能量,就像卫星进入地球大气层后由于摩擦力而损失能量一样,电子也应该会边旋转边呈螺旋形向内撞向原子核。为什么电子没有这么做?确实如此,原子是稳定的,所以一定存在某些东西阻碍做轨道运动的电子辐射出能量。

玻尔提出了一个为确保原子处于稳定状态所应遵循的自然定律。这个定律指出只有某些确定轨道上的电子能够存在,这些轨道的角动量 L 必须是 $h/2\pi$ 的整数倍(图 12.1)。

图 12.1　玻尔轨道角动量

普朗克常数再次出现了,但这次出现在不同的内容中,由它确定了电子的轨道角动量的容许值。

因为 h 是一个普适常数,所以由玻尔的量子化条件可给出电子轨道大小的数值,我们可以利用这些轨道来确定原子的大小,其结果大约为 10^{-10} 米。

原子大小的剖析

让我们考虑一个容积为 1 立方厘米的立方体(图 12.2),沿每一边可以放 10^8 个原子,这就意味着该立方体中可以容纳 10^{24} 个原子。太平洋的容积近似为 10 000 千米×10 000 千米×1 千米 = 10^8 千米^3 = 10^{23} 厘米^3(10^{23} cc)。

于是可以看到,1 cc 盒子中的氢原子数 10 倍于太平洋中以 1 cc 为单位的水的单位数!

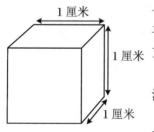

图 12.2

12.1.4　量子跃迁——原子的发光

在玻尔模型中,电子不会通过连续的螺旋形运动而靠近原子核,但是可以从高能量的轨道跳到某一个低能量的轨道。能量的损失不像经典物理学所预言的那样连续发生,而是因为光子带走的能量为 hf 而发生突变,这一能量正好等于初始轨道和最终轨道之间的能量差。我们所看到的光谱是由对应于不同轨道之间的跃迁

而产生的各种波长所组成的。由于不同原子可能具有的轨道不同,所以我们能看到各种元素的特征频率谱。

氢元素有其特征"指纹",氦也有自己的"指纹",铁在高温气化时也能看到它的"指纹",所以可以通过样品发出的光来分辨出元素的细微迹象,即使接触不到光源也可以测量,例如遥远的星球。

能量最低的轨道

当 $n=1$ 时,原子处于能量最低的状态,称为**基态**。它不会损失能量,当然也不会发光。电子无处可去,所以就无限期地保持在基态。量子条件使我们有一个稳定的宇宙!

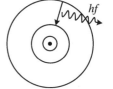

最简单的原子是氢原子,它只有一个电子在围绕质子的轨道上运动。当温度足够高时,原子处于**激发态**(excited state),此时电子占据了较高的 n 轨道。

图 12.3 量子跃进

当电子从高能轨道到低能轨道做**量子跃迁**(quantum jump)时,发射出光子(图 12.3)。

光子的能量等于初态和末态之间的能量差(图 12.4)。

图 12.4

12.1.5 确定论的终结

电子从高能态向低能态跃迁的设想其本身是没有道理的。但是,人们利用牛顿力学可以预期有一些原因促使电子在某个特定时刻发生跃迁,有一些很难或者根本看不到的内部机制引发了电子跃迁。

当时对量子跃迁的认识还很神秘,没有证据表明在这个过程中存在什么直接的原因或效应,电子似乎自发地产生跃迁(图 12.5),它在给定状态停留多长时间完全是任意的,这就脱离了牛顿的确定论的范围。新的哲学思想浮现出来,支配原子的定律不能确定事件的发生,只能确定事件发生的**概率**。同时还说明我们不清楚系统从一个状态跃迁到另一个状态的过程中究竟发生了什么。这种物体处于"不确定状态"的思想在当时是完全陌生的想法。

图 12.5　电子的未来是不确定的

12.1.6　考虑新的方法

现在需要出现一种认识基本物理过程的新方案。引用埃尔温·薛定鄂(Erwin Schrödinger,1887~1961)的话:"我们的任务不是急于看到人们还没有看到的东西,而是去想人们还没有想过的事情,每个人都应该明白这一点。"

因为老的、已经形成的习惯很难改掉,所以许多物理学家很难领会新的思想。据报道,直到 1927 年薛定鄂还曾大声疾呼:"如果该死的量子跃迁是真实存在的,那么我将会很后悔卷入量子理论。"对此,玻尔回应道:"但是我们非常感谢您所做的那些工作,您的波动力学超越了以往的量子力学,代表了一种巨大的进步。"

这里还有一个概念上的问题需要解决。很明显,原子模型不可能用字面上的意思来解释,它更像是一种数学表达方式,用来表示原子的性质和可能的预测。即使原子处于稳定状态,电子的位置也是不确定的,不可能真正"看到"做轨道运动的电子,大概想象中最好的图像是围绕着原子核的"**电子云(electron cloud)**",它描述一个可以在其中找到的电子的环。

12.1.7 哥本哈根学说

1921年,玻尔建立了哥本哈根研究院,专门研究那些改变物理学以往面貌的神秘的新课题。那个时期的每一位顶尖的物理学家一次又一次地来到玻尔的研究院,他们组成了具有强大的智力和想象力的"智囊团",发展成为量子力学哥本哈根学派,这一学派确认普朗克的发现,玻尔的原子模型只是这一激动人心的冒险的第一步……

12.2 矩阵力学

12.2.1 海森堡方法

沃纳·海森堡(Werner Heisenberg,1901～1976)1924年第一次进入哥本哈根研究院成为玻尔的一名既年轻又聪明的学生。他认为,人们应该根据实验提供的数据给出定量的理论,而不是把理论建立在一个由许多观察不到的东西所组成的模型的基础之上。有些如电子轨道的一类事物是无法直接测量的,最好的办法是写出相应的数学方程式,使它们与所观察到的事实直接相关。

12.2.2 氢原子的发光

海森堡首先考虑氢原子中电子从一个轨道跃迁到另一个轨道时发出的光的频率,这些频率可以排列成一种数字矩阵。在此矩阵中,从轨道 m 到轨道 n 的跃迁产生的频率占据矩阵中 m 行 n 列的元素,它们是一些由实验得出的数据,这些数据告诉我们未加修饰的氢原子的信息(图12.6)。

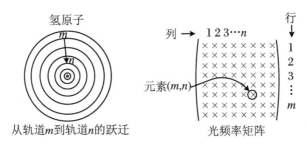

图 12.6

12.2.3 各个不同物理量的矩阵

海森堡的思想是全新的,它完全不同于以往的任何一种假设。他着手对一些可测物理量构筑矩阵,例如对能量、动量、位置、频率和速度,于是就出现了"能量矩阵""位置矩阵"等。

原子不仅可以用物理图像来表示,还可以用纯数学模型来表示。电子轨道的想法可以用以矩阵方式表示的原子模型来取代,矩阵中的行和列为"空格",每一个空格中将被填上我们所得到的表示原子必要信息的数字。

用规定好的方法把一个矩阵作用于另一个矩阵,就得到一系列表示实验观测结果的数字。例如,把"频率矩阵"作用于"氢矩阵",就会得到实验观察到的氢的发光的频率值;而将这个频率矩阵作用于钠原子矩阵,就会得到纳的发光谱线;以此类推。

12.2.4 游戏规则

第一个问题是需要定义一个矩阵"作用于"另一个矩阵的规则;第二个问题就是构筑体系中事件(例如"氢")的矩阵以及观测量(例如"频率")的矩阵。通过这些规定使最终结果与实验相符。

海森堡在返回哥廷根后,有幸成为马克斯·玻恩(Max Borh,1882~1970)教授的学生。玻恩擅长矩阵代数,这门学科是由英国数学家阿瑟·凯莱(Arthur Cayley,1821~1895)在 19 世纪建立起来的。凯莱定义了一整套自洽的矩阵加法、乘法和除法的运算规则,这是和物理没有特定关联的纯粹数学公式。玻恩将海森堡的兴趣引到这项工作中,并招募了另一名年轻有为的博士后帕斯库尔·乔丹(Pascual Jordan,1902~1980)一起从事该项课题。

很有意思的是,那时的物理学家既不知道什么是矩阵,也不愿意将它用于理论模型。1925年,海森堡给乔丹的一封信中有一段评论是对这种情况的真实写照:"现在,那些博学的哥廷根数学家们大肆宣讲厄米矩阵,可是我甚至还不知道什么是矩阵!"

12.2.5 自然规律

迄今为止,在物理学发展的历史中数学语言被运用得非常好。在运用牛顿定律时,线性代数起了很好的作用;微分运算使得麦克斯韦预言了电磁波的存在及其性质。至少某些实例说明,自然界的规律符合人们的逻辑思维!正如阿尔伯特·爱因斯坦所说:"数学这一人类思维的产物怎么会如此完美地适合实际的对象?"对于这一点,他自己回答道:"上帝是微妙的但绝不是恶意的。"

12.2.6 海森堡方法举例

得出氢原子发射的光谱频率(也就是氢的"光谱线")的矩阵方程式表达如图12.7所示。

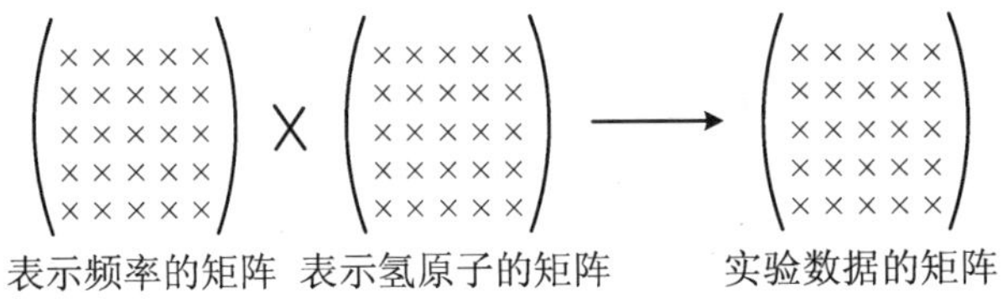

$$\begin{pmatrix} \times\times\times\times\times \\ \times\times\times\times\times \\ \times\times\times\times\times \\ \times\times\times\times\times \\ \times\times\times\times\times \end{pmatrix} \times \begin{pmatrix} \times\times\times\times\times \\ \times\times\times\times\times \\ \times\times\times\times\times \\ \times\times\times\times\times \\ \times\times\times\times\times \end{pmatrix} \longrightarrow \begin{pmatrix} \times\times\times\times\times \\ \times\times\times\times\times \\ \times\times\times\times\times \\ \times\times\times\times\times \\ \times\times\times\times\times \end{pmatrix}$$

表示频率的矩阵　　表示氢原子的矩阵　　　　　实验数据的矩阵

图 12.7

频率矩阵对氢原子矩阵的"操作"遵从凯莱建立的矩阵代数所规定的矩阵乘法法则。

12.2.7 矩阵不能互相交换

在海森堡的思想还没有走多远时,他发现在他的设想中有些东西令他困扰。迄今为止,有些物理现象可以用代数学描述,例如,在代数学中数字 A 乘以 B 其结果等于 B 乘以 A,这被称为乘法的交换律。但是,矩阵并不遵守这一定律。当我们用矩阵表述两个可观测的物理量的数值时,如果我们改变了原来确定的次序,通常会得到不同的结果。那么,如果矩阵[A]表示观测量 A,矩阵[B]表示观测量 B,于是乘积[B][A]自然表示测量了 A 以后又测量了 B(B 在 A 后面)。如果[B][A]≠[A][B],我们将得出结论:先测量 A 而后测量 B 不同于先测量 B 而后测量 A。

海森堡感到矩阵代数的不可交换性导致他理论中的重大错误。但是，保罗·狄拉克(Paul Dirac,1902～1984)在得到玻尔、海森堡和乔丹后来发表的文章的最早拷贝后,他立刻意识到事实上不可交换性可能正是基本的自然现象的主要性质。理论没有错,相反地,矩阵方程将告诉我们某些未知的事物。

12.2.8 自然法则必然形成矩阵

海森堡的下一个任务是确定可观测的不同物理量应该用哪种矩阵来描述。要想实现这一点,理论必须和实验相符,而且还必须把实验测定的值代入到目前为止还完全是一种抽象的理论中去。

海森堡最著名和最基本的发现涉及**位置(position)**和**动量(momentum)**这两个可观测物理量。他发现描述电子和质子一类的粒子的位置矩阵$[q]$和动量矩阵$[p]$之间必须遵循确定的**交换条件(commutation conditions)**。图 12.8 中所表述的就是海森堡条件,它表述了任意一个物理实体的位置和动量的测量顺序之间所必须遵循的基本法则。

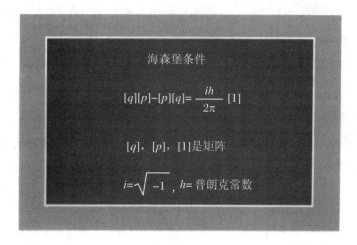

海森堡条件

$$[q][p]-[p][q]=\frac{ih}{2\pi}\quad[1]$$

$[q]$, $[p]$, $[1]$是矩阵

$i=\sqrt{-1}$, $h=$普朗克常数

图 12.8

12.3 顺序很重要

12.3.1 一种测量干扰另一种测量

在经典物理中,一个物理体系的性质与观测无关。例如,粒子具有确定的位置和确定的动量,它不会因为我们是否观测它而改变。原则上我们测量它的位置时不会干扰它的动量,反之亦然。无论是先测一种参数后再测另一种参数,还是两种参数同时测量,得到的结果都相同。

矩阵力学的规则指出有些事情却不是这样的。这些规则表明,先测位置再测动量的结果和先测动量再测位置的结果是有差别的。这种差别可以用矩阵语言加以量化,并借助于普朗克常数 h 表示出来。普朗克常数非常神秘而深刻的意义远远超出了普朗克的设想!

虽然按道理讲粒子的动量和位置的测量可以达到任意精度,但是这两个可观测的量不可能同时(**simultaneously**)被测量。位置和动量是体系的两个互补的性质,但是理论不认为它们是同一时间的两个量,这一想法完全违反了人们的直觉。所谓直觉,就是我们头脑中"想象"的物理规律。但是,我们的直觉是在宏观世界经验的基础上建立起来的,而电子和原子肯定不属于宏观世界。

12.3.2 "桌面上"的偏振片实验

透过偏振片的光中,沿某一平面的偏振光强于沿另一个平面的偏振光①。偏振片的一个简单模型可以用一条狭缝来表示。

艾蒂安·马吕斯(Etienne Malus)通过实验确定,当光接连通过两块偏振片后的强度取决于两块偏振片之间的相对夹角 θ。

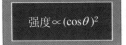

图 12.9 马吕斯定律

我们已经按照波的理论的观点讨论了偏振性。总结一下相关内容:非偏振光的电场在垂直于传播方向的平面内沿所有方向振动;而偏振片只容许其中沿某一个方向(入射面)振动的电场分量通过。很容易由此导出马吕斯定律(图 12.9)。

在粒子模型中,偏振片被用来测量光子的一个被叫作"极化"的本征特性。任何一个通过了特定偏振片的光子都能够通过其他任意一个

---

① 见第 8 章。

偏振方向相同的偏振片,但只能以很小的概率通过偏振方向不同的偏振片。这时,马吕斯定律被解释为给出了光子依次通过两个偏振片的概率。

为了更清楚地研究这一现象,我们从只有两个偏振片 X 和 Y 的情况着手。偏振片 X 的偏振方向设置为 $0°$,以它作为一个很方便的参考点。如果偏振片 Y 的方向为 $90°$,则对偏振片 X"通过检测"的光子将对偏振片 Y"检测失败",并且被吸收。这就是**偏振片正交效应(standard crossed polaroid effect)**。

假定我们现在在 X 和 Y 之间插入一个"任意"的偏振片 R,方向角为 θ(图 12.10)。这样我们就可以做一个新的实验,看看 X 光子是否可以通过偏振片 R。如果光子通过了检偏器,它就变成了一个"R 光子",同时"忘记"了它曾经是 X 光子!

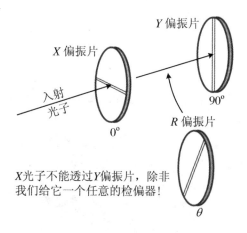

图 12.10　一个用偏振片做的实验

现在来看看在 Y 偏振片上发生了什么?结果是不确定的,通过 Y 的概率并不总是为零,而根据马吕斯定律,它等于 $\cos^2(90°-\theta)$。

这一现象十分引人注目,在光子的通路上设置另一个障碍物后反而给光子创造了机会来通过这一系统。看起来自相矛盾,因为多加的栅栏使传播更通畅而不是更困难。

从这个实验我们了解到:

1. 事物被观测的顺序。如果我们把任意偏振片放在其他两个偏振片的前面或后面,这两种情况的结果是不一样的。

2. 光子的行为就像一个典型的"量子颗粒"。被观测到的光子不同于被观察之前的光子。这是我们以后要讨论的问题。

采用最简单的装置就可以做这个实验,例如把几片偏振片放在投影仪中。

用一组偏振片进行的实验

让我们来看一看当任意一个光子穿过各种排列和组合的偏振片组时(图 12.11、图 12.12、图 12.13)会发生什么现象。

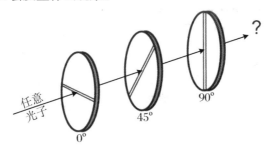

图 12.11 偏振面顺序旋转 45° 的 3 个偏振片

3 个偏振片

运用马吕斯定律,光子穿过 3 个偏振片的概率 = $\cos^2(45°) \times \cos^2(45°) = 1/4$,即 4 个光子中有 1 个通过。

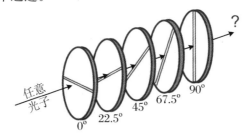

图 12.12 偏振面顺序旋转 22.5° 的 5 个偏振片

5 个偏振片

概率 = $\cos^8(22.5) = 0.92388^8 = 0.53$。

虽然上例中的 3 个偏振片包含在这 5 个偏振片中,但是却有超过半数的光子透过整个体系。

91 个偏振片

让我们对光子做一个实地测试。一个任意光子通过如图 12.13 所示的 91 个偏振片的概率是多少?每一个按次序排列的偏振片的偏振轴相对于前一个偏振片旋转 1°,特别要注意的是,第一个偏振片的偏振轴与最后一个偏振片的偏振轴是相互垂直的。

概率 = $\cos^{180}(1°) = 0.99985^{180} = 0.97296$。

100 个光子中有 97 个以上的光子通过这个体系①!

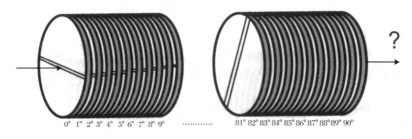

图 12.13　沿轴的方向按严格的次序排列的 91 个偏振片

不要弄乱这些偏振片!

我们必须注意所有的偏振片都有它们自己确定的位置,即使只有一个位置不当,都会使结果完全不同! 次序事关重大。

次序的重要性

在这个例子中,我们把 2° 的偏振片从它正确的位置处拿出来(图 12.14),并插入靠近这排偏振片末端的地方——比如说 88° 和 89° 偏振片之间。现在第二和第四个偏振片之间有一个缝隙,它只产生很小的差别。(如果我们一定要较真,我们可以把 $\cos^4(1°)$(= 0.999 39)换成 $\cos^2(2°)$(= 0.997 6)。)而另一方面,把它插入靠近末端附近则产生了戏剧性的作用,我们所造成的效果等价于两个正交偏振片,使得光子穿过体系的概率几乎为零。

$$P = \cos^{174}(1°)\cos^2(2°)\cos^2(86°)\cos^2(87°)$$
$$= 0.999\,85^{174} \times 1.999\,39^2 \times 0.069\,76^2 \times 0.052\,33^2 = 0.000\,006\,2$$

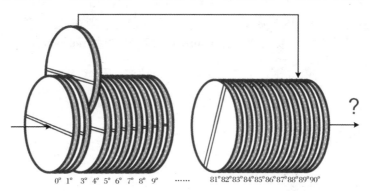

图 12.14

大概在 100 万光子中只有 6 个光子通过!

---

① 一个光子通过 n 个相继旋转相同角度 θ 的偏振片体系的概率可以用公式表达为 $P = [\cos^2(\theta)]^{n-1}$。

12.3.3 不确定原理

据我们对量子世界的认知，它的固有限制可以用稍微不同的形式来叙述，而不涉及矩阵运算或交换关系，这就是**海森堡不确定原理**（Heisenberg uncertainty principle）。这一原理成为量子力学的基础，表述如下：

这是一个基本的限制条件，利用这个条件我们可以同时知道粒子的位置坐标 q 及其对应的动量坐标 p。

如果位置的不确定量为 Δq，那么就有一个动量的不确定量 Δp，于是得到乘积：

$$\Delta p \times \Delta q \approx h/2\pi \quad （海森堡不确定原理）$$

对粒子（例如电子）的位置知道得越精确，对它的动量知道得就会越不准确。不知为什么，自然规律不允许我们同时精确地知道这些参数。

不确定原理规定的限制条件是与经典物理的概念格格不入的。

在牛顿力学中，每件事物都是独立存在的，它们的每一个可观测量都具有精确的值，要不然就观测不到。这就是为什么量子力学的理论如此奇怪，因为我们习惯于一种毫不含糊的物理现实。我们本能地感到任何一个已知物理属性的不确定性都是由于测量方法不完美造成的。测量仪器越好，我们得到的物理量的值越准确。这就是为什么爱因斯坦发现这些和另外一些量子力学概念难以被接受。

经典理论认为，物理体系在给定时刻的所有物理量原则上都是可知的；同样，根据这种看法并利用一些物理定律原则上也可以确定这个物理体系的未来。由于这个原因，牛顿力学或经典力学被称为**确定性的**（deterministic）理论，它适用于宏观世界。在由光子、电子、原子和原子核等基本实体组成的世界中，海森堡的不确定原理起着主导作用，因为你不可能准确地知道它们的现在，毫不奇怪，你也不可能知道它们的未来。所以，**概率**（probability）或**不确定性**（not determinism）是定律中起支配作用的固有性质。

12.4 波动力学

12.4.1 薛定鄂方法

埃尔温·薛定鄂（Erwin Schrödinger，1887～1961）（图 12.15），于 1921 年在苏黎世被任命为理论物理教授。他非常关注玻尔的哥本哈根学院所报告的研究进展，但却致力于自己的量子力学方程，这个方程看起来完全不同于海森堡的矩阵力学。

图 12.15 薛定鄂(提供者：科学博物馆/SSPL，科学与社会图片库)

图 12.16 路易·德布罗意(提供者：美国物理协会埃米利奥·塞格雷视觉档案，Physics Today 收集)

薛定鄂的**波动力学(wave mechanics)**是以路易·德布罗意(Louis de Broglie, 1892～1987)(图 12.16)的思想为基础建立起来的。德布罗意提出一种假设，认为粒子(例如电子)的行为是由与粒子相关联的"**物质波(matter waves)**"所决定的。就好比光子，它的行为像波，又显示出粒子的性质。粒子是否同样也应该表现出波的性质呢？

12.4.2 德布罗意的原创思想

德布罗意认为，可以将表述光波波长和光子能量之间的关系式同样用于计算这些物质波的波长(图 12.17)。一个光子具有能量 $E=hf$ 和动量 $p=h/\lambda$，如果物质波存在，那么粒子的能量和动量应该用相同的方法来表述。物质波的传输支配粒子的运动，其结果，在合适的条件下，粒子(例如电子)应该表现出诸如干涉和衍射这样一些"波的现象"。

宏观世界中哪怕是最微小的粒子的**德布罗意波长(de Broglie wavelength)**也实在太短了，无法用来证实它们的波的

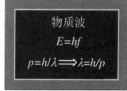

图 12.17 物质波

性质。例如,质量为 1/100 克的蚊子以 10 米/秒的速度运动,它的物质波的波长为

$$\lambda = \frac{h}{p} = \frac{6.63 \times 10^{-34}}{10^{-5} \times 10} = 6.63 \times 10^{-30} (\text{米})$$

比原子直径小 20 个数量级。

在电子的情况下,物质波的波长和 X 射线的波长相同,也就是相当于晶体中晶面间距的量级,这时电子束也会像 X 射线那样产生衍射。

1924 年 11 月,德布罗意在他的巴黎大学博士论文中表述了他的思想,考试委员会高度赞赏他的创新思想,但并不相信他所提出的波是实际存在的。当被问到是否可以通过实验验证这些波的存在时,德布罗意回答说应该可以观察到晶体对电子的衍射。他和考试委员会的人员都没有意识到事实上这个证据已经出现了,只不过还没有得到认可。在 1921 年,戴维森(C. J. Davison,1881~1958)和孔思曼(C. H. Kunsman,1890~1970)发表了一篇文章,论述"镍对电子的散射"。对他们实验数据的事后检验清楚地表明了衍射的证据。电子波最早被官方认可的时间是 1927 年,源自戴维森和莱斯特·格尔摩(Lester H Germer,1896~1971)发表的文章"镍晶体对电子的衍射"。

在那一年末,汤普孙(G. P. Thompson,1892~1975)正在剑桥工作,他将一束很窄的电子束穿过薄薄的一层物质,由此得到了衍射图形,如图 12.18 所示这些,电子到达照相底板后产生了同心圆环状的图形,与图 12.18 中所显示的 X 射线衍射图形极其相似。物质波的干涉和光波的干涉具有相同的方式。

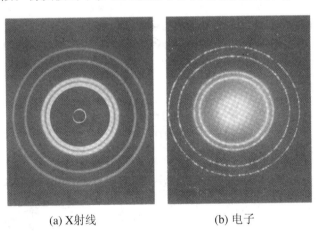

(a) X射线　　　　(b) 电子

图 12.18　衍射图形

12.4.3　德布罗意波的修改

德布罗意的思想只适用于自由电子,所以薛定鄂就面临一个问题,即如何修改波

的图像以使其适合受到力作用的电子,特别是原子中的电子,例如氢原子中的电子。力的作用可以用**势阱**(potential wells)来表示,势阱中的波函数必须被修改。一个更加重要和更加基本的问题就是用波函数必须满足的数学关系式来表达物理定律。利用经典力学所提供的线索,尤其是威廉·罗文·哈密顿(William Rowan Hamilton)发展起来的经典方法,薛定鄂构筑出一个方程,它描述了波所遵从的自然规律。

在短短几个月的时间内,薛定鄂已经用他的理论解释了氢原子光谱的波长,虽然最初在预测所观测到的光谱时遇到了某些难以解释的现象,现在我们知道那是由于电子自旋所引起的光谱精细结构。他在一年内实际上已建立起完整的**非相对论波动力学**(non-relativistic wave mechanics)。

在物理学的历史上很难找到像海森堡矩阵力学与薛定鄂波动力学这样的两种理论,它们表现出根本性的差别,但又都能正确地解释相同的实验结果。这很难被看作巧合。薛定鄂本人很快发现他们只是对同一个问题采用了两种不同的数学方法。1926年春季,薛定鄂在《Annalen de Physic》上发表了题为"从海森堡—玻尔—乔丹到我在量子力学方面的关系"的文章,证明了两种表达方式在数学上的一致性。

12.4.4　另一种形式的不确定性

看一下波动力学方法是如何导出由海森堡采用不同的路径得出的不确定原理,这是一件非常有趣的事。

动量为 p 的粒子的物质波或**波函数**(wave function)是一个连续的正弦波,波长为 $\lambda = h/p$,波的振幅(或者更恰当的说法是振幅的平方)用来测量在给定地点找到粒子的概率。但是,在连续波的情况下,波在空间各个点的振幅不变,说明任何一点找到粒子的机会均等(图12.19)。

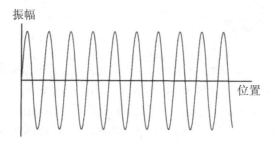

图 12.19　我们能够知道动量,但无法知道位置

局域的粒子被表示为**波包**(wave packet),它给出了最可能找到粒子的地点,因为波包的边缘并不陡峭,所以它的宽度 Δx(图12.20)是估计出来的(但可以利用统计方程作出更严格的定义)。

在第6章中我们讨论了怎样用许多波长不同的正弦波的叠加得到方波。同

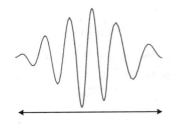

图 12.20 位置的不确定量是 Δx

样,物质波的波包也可以出自一系列不同波长的正弦波的叠加,也就是不同动量值的叠加。我们可以利用被称为**傅里叶分析(Fourier analysis)**的更加准确的数学计算的结果将位置的不确定量与相应的动量的不确定量关联起来。这就产生了**带宽定理 (bandwidth theorem)**,这个定理将波包的宽度 Δx 与波数范围 Δk 联系起来。这一定理已被广泛用于音乐和音响产品,如电子和无线电通信。图 12.21 中表述了该定理如何将物质波转换为不确定原理。

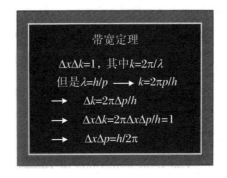

图 12.21 宽带定理

12.5 广义量子力学

12.5.1 更广泛的观点

保罗·狄拉克(Paul Dirac,1902~1984)(图 12.22),根据**物理体系的态叠加原理(principle of superposition of states of a physical system)**发展出一种量子力学的完美的数学表述,该原理叙述了量子力学的核心性质,即一个没有被观察的物理体系同时存在有大量的状态,当体系的某些变量被测量时,该体系立即"跳到"这个变量所在的状态。

狄拉克的思想是用多维空间的矢量来表示物理体系的状态,矢量在各个方向的分量代表了物理量各种可能的测量结果。

一个"普通"的矢量有三个彼此独立的分量,分别沿 x,y 和 z 轴的方向;而狄拉克的"**状态矢量(state vector)**"有很多个分量,甚至可能达到无穷多个,它们分别指向狄拉克数学空间中的各个方向。量子力学的这种表示方法被称为**狄拉克广义变换理论**(Dirac's generalized transformation theory),因为它涉及把坐标轴变换为不同参考系中的**状态矢量**。

海森堡和薛定鄂的表述是狄拉克方法中的一种特殊情况,狄拉克方法成为并仍然保持为量子力学最完整和最普遍的理论。

12.5.2 相对论和量子力学

在新兴的量子力学中还剩下一个疑问:它没有包含相对论的规律。我们在第 15 和 16 章中会讲述爱因斯坦的相对论,它是在 20 世纪初被提出来的,现在已

图 12.22　保罗·狄拉克(提供者:©Peter Lofts 照片/伦敦国家美术馆)

经很成熟了。如果相对论和量子力学两者都是正确的自然法则,那么它们必定相互吻合,然而这两者之间表现出难以调和的矛盾。例如,薛定鄂方程对时间和空间是分开处理的,但是,根据相对论这两种参数必须在同一步骤中处理。

这一困境似乎被奥斯卡·克莱恩(Oskar Klein,1894~1977)和沃尔特·戈登(Walter Gordon,1893~1939)解决了,但并不能令狄拉克满意,因为他们的方法不符合广义量子力学理论。克莱恩-戈登方法建立在能量和动量的相对关系之上,涉及这些量的平方;而狄拉克的理论只用到数学上的线性关系,不考虑平方关系。这一差别不可能被认为是技术上的原因造成的,这给狄拉克带来严重的困难。他在广义量子力学理论中的主要法则被简单地否定了。

1927 年问题得以解决,狄拉克自己说那是"很突然地,只是利用了数学方法"。他发现用线性关系能够表达相对论的关系。这样,相对论就和他的广义量子力学理论有了一致性,这两种基本的自然法则看来可以用正确的方案表述出来。

12.5.3　摆脱困难走向胜利

这个问题刚刚被解决,另一个困难就接踵而至。方程的解得出正和负两种能量值。粒子怎么会有负的能量状态?狄拉克认为,要么负能量解"没有物理意义",应该被忽略,要么就是方程"力图告诉他些什么"!

经过一段时间的苦思,狄拉克感到这个"困难"不能被忽略,他的这些方程"比他自己更聪明"!它们正在告诉他某些还没有被发现的自然规律。

让我们引用 1977 年 7 月在布达佩斯举行的纪念狄拉克的发现 50 周年大会上狄拉克发表的演讲中总结部分的一段话"……困难被解决了……依赖于一个十分

大胆的假设,那就是认为负能量状态是存在的。通常在真空中负能量状态是被填满的,如果这种负能量态没有被填满,就会出现负能量空穴而呈现出一个物理粒子,这应该是一个类似于电子的粒子,它具有正电荷而不是负电荷,而且它拥有正能量。"

狄拉克的发现是一种"思维的发现",是在逻辑学和数学的基础上建立起来的。他预言了一种还没有被人们用实验观察到的新粒子,即相对于电子的反粒子(后来被命名为正电子),这一推论随后在 1932 年被实验证实。当时,卡尔·安德森(Carl Anderson,1905~1991)在研究宇宙射线的相互作用时观察到和电子的质量相同而带有正电荷的粒子的轨迹。证明了反物质确实存在!

12.5.4 反物质(antimatter)

现在我们知道不仅对电子存在反粒子,而且所有的基本粒子都存在反粒子。确实,人们可以推断有一些遥远的星系完全由反物质组成,这种星系发射出的光与我们所在的银河系发出的光一样,我们没有办法说明这些光子来自于正电子的量子跃迁而不是电子的量子跃迁。

当然,搬动一块反物质是极其愚蠢的!当一个粒子遇到反粒子时,它们交相湮灭,并随着一阵闪光而消失不见。在湮灭过程中释放的能量被光子带走。

没有必要去遥远的星球寻找反物质,某些放射性同位素在衰变过程中会发射出正电子。表 12.1 给出了某些正电子的放射性衰变:

表 12.1

衰变	半衰期
$_6C^{11} \rightarrow {_5}B^{11} + e^+$	$T=20.3$ min
$_9F^{17} \rightarrow {_8}O^{17} + e^+$	$T=1.2$ min
$_9F^{18} \rightarrow {_8}O^{18} + e^+$	$T=110$ min
$_{11}Na^{22} \rightarrow {_{10}}Ne^{22} + e^+$	$T=206$ yr

12.5.5 正电子放射断层造影术

物质世界中的反粒子出现在最反常的环境中,这一事实在医学诊断中发挥出巨大作用。在**正电子放射断层造影术(positron emission tomography,PET)**中,通过化学方法将一种正电子放射性同位素附着在一个新陈代谢很活跃的分子上(例如葡萄糖),然后通过静脉注射入体内。放射性同位素就好像"间谍",堆积到某些器官和组织中生物化学活性异常的区域。

在放射性衰变过程中放出的正电子平均移动几分之一毫米就会遇到电子,正负物质相遇后相互湮灭,如图 12.23 所示,向相反的方向送出两个光子,每个光子的能量为 511 毫电子伏(MeV),相当于一个电子的质量能,这就意味着光子的波长为 2.43×10^{-12} 米,处于伽马射线的电磁波范围。人类的组织对伽马射线是透明的,所以这种高频的"光"从身体内逃逸出来,并将完整的信号送到病人体外的探测器上。

$$e^+ + e^- \Rightarrow \gamma + \gamma \quad \text{送出了精确位置的信号}$$

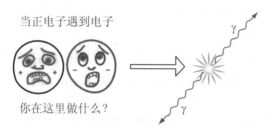

图 12.23

当同时点击两个相对的伽马射线探测器的记录装置时,PET 系统被触发。即使辐射源被高精度定位的数量很少,也可以得到因生物化学活性异常区域同位素聚集而形成的高精度三维图像(图 12.24)。$_9F^{18}$ 是最常用的同位素,主要因为它有非常合适的寿命,大约为 2 小时。

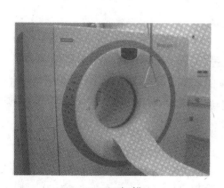
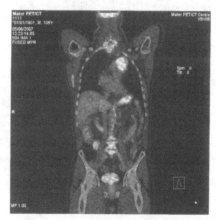

(a) PET/CT扫描　　　　　(b) 人类躯干扫描图

图 12.24　扫描 (提供者:安德里斯·亚当斯,都柏林,马特 PET/CT 中心)

12.5.6　反质子和反氢物质

放射性元素衰变过程中放出的正电子并不是唯一的反物质源,在粒子加速器中,高能质子可以碰撞靶中的原子核,或者自己本身面对面彼此相撞,由此释放出的能量产生了许多新粒子和一些粒子-反粒子对,如质子和反质子。这些新产生的粒子具有很高的速度,而且能够被分离并聚集成束。其中一种粒子束就是位于日内瓦近郊的欧洲原子能研究中心(CERN)的反质子束。

反氢原子

2002年8月,在CERN工作的物理学家们宣布第一次得到了大量受控的反氢原子。反质子被减速到加速器标准认定的极低速,然后被一个电磁陷阱俘获。接着将它们和从钠22(sodium-22)的放射性衰变中产生的大约7 500万个反电子混合在一起,放入第二个陷阱,这样就创造了一个反物质的环境。在这个环境中,反电子和反质子被"冻结",也就是运动速度足够慢,使它们有很多机会结合成原子。研究小组估计,在实验的头几周内已制备出大约50 000个反氢原子。

下一步将研究反氢原子的发光,并将它和正常的氢原子发光光谱进行比较,如果有差别,即使差别很小也意味着这个性质将产生另一个重大发现:物质和反物质之间基本不对称。

12.6 量子的现实性

12.6.1 对哥本哈根学派的评论

爱因斯坦感到很难接受新的思想。在爱因斯坦和玻尔持续多年的通信中,我们找到了对哥本哈根学说原理的生动活泼的讨论,爱因斯坦提出了非常聪明的问题,而玻尔的回答也同样聪明。在信中,爱因斯坦常常引用这样一句话:"我不相信上帝会掷骰子",而玻尔机敏地回答:"不要告诉上帝该做什么。"

还有一些物理学家和哲学家也表达了同样的疑问。在量子力学的发展中起重要作用的薛定鄂本人也不能接受量子的现实性的不确定性质。难道物理现实取决于"现实"是否被观察到吗?他设计出了**薛定鄂猫(Schrödinger cat)** 的悖论,这大概是说明量子理论明显荒谬的最著名的例子。这是一个虚构的情景,一只猫被放在一个密封的盒子里,加上少量放射性物质和一瓶毒药。一个放射性原子的衰变就足够引起毒药的释放,而在实验中所用的材料刚好够在实验过程中有50%的机会产生衰变。根据经典的观点,猫不是活着就是死了,我们只要打开盒子后就可以确定盒子中原先发生的是哪种情况。但按照量子力学的观点,在没有观察时,猫处在活与死这两种状态的叠加状态,只有当我们打开盒子时猫才成为要么活着要么死了的状态。

物理上更有说服力的例子是在 1935 年由爱因斯坦、鲍里斯·波多尔斯基(Boris Podolski,1896～1966)以及纳森·罗森(Nathan Rosen,1909～1995)联合提出的。他们利用哥本哈根学说证明了对某个电子的角动量测量能够立即作用到位于宇宙中任何地点的另一个电子,这就是 **EPR 悖论**。如果量子力学是对自然规律的正确表述,那么根据这些法则就会令人惊奇地存在着**没有确定位置**的质量,按照这个法则,在某个地点所做的观察会在瞬间改变极其遥远处的事件。这种想法尤其使爱因斯坦(图 12.25)难以忍受,因为根据他的相对论,任何一种作用的传播速度都不可能超过光速!

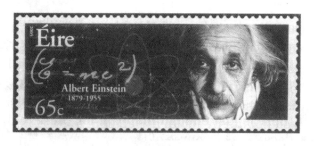

图 12.25　阿尔伯特·爱因斯坦(Albert Einstein)从来没有真正接受量子力学理论(提供者:爱尔兰邮局)

一种存在**隐变量(hidden variable)**的假说试图用来解决上述这些悖论。这些隐变量可被当作"隐藏的传动装置和车轮",它们决定了物理量测量的结果,但不影响我们的探测技术。隐变量维持了经典的观点,即基本的规律是实实在在可确定的,而表现出来的概率的性质则是由于我们缺少对这些隐变量的认识。

12.6.2　贝尔定理

约翰·贝尔(John Bell,1928～1990)(图 12.26),研究了玻尔量子力学的悖论,并着手宣扬爱因斯坦认为哥本哈根学说不完备的主张。他找到一种精确的方法用以回答是否存在隐变量的问题,他所利用的方法被称为**贝尔不等式(Bell's inequality)**,是一种说明体系具有"真实"性质的数学表达。结果,带有隐变量的理论满足贝尔不等式,而量子力学的理论则不满足。用一些实验来检验贝尔不等式可以一劳永逸地解决这个问题。

图 12.26　约翰·斯图尔德·贝尔(提供者:贝尔法斯特皇后大学)

用来检验贝尔不等式的实验有很多,最著名的实验是 1980 年代初期在法国奥赛由阿莱恩·阿斯佩克特(Alain Aspect)和他的同事用偏振光子所做的实验。所有这些实验的占压倒性优势的证据表明,自然规律不遵从贝尔不等式,而量子力学和哥本哈根学说都符合实验,光子不存在决定自己行为的隐秘因素。在下一章中,当讨论有关单个光子的实验时,我们会看到研究光的奇异行为的进一步实验。

12.6.3 量子的现实性的先驱

乔治·贝克莱(George Berkeley,1685～1753)(图12.27),是一位哲学家,也是英国国教圣公教的一位主教。他在1710年出版了一本名为《论人类知识的原理》的书,书中提出一种哲学思想,即物理客体的存在是因为感知,物质世界仅仅和思想有关,物质实体是不会独立存在的。毫不奇怪,当时他的哲学思想并没有被普遍接受,但是,现在却出现在光的量子力学的哲学含义中。他从爱尔兰只身来到美国,他所在的城市——加利福尼亚州贝克莱市,以及该城市的大学都是以他的名字命名的。

图 12.27　乔治·贝克莱(提供者:爱尔兰邮政的某个邮局)

历史的插曲

尼尔斯·玻尔(Niels Bohr,1885～1962)

玻尔(图12.28)于1885年10月7日诞生在丹麦哥本哈根。他的父亲克里斯蒂安(Christian)先是哥本哈根大学的一个编外讲师,后来成为生理学教授。他的母亲是艾伦·阿德勒(Ellen Adler)。

他在中学表现不错,但不是非常出色。他的物理成绩优秀。虽然玻尔不如他的哥哥哈拉尔德(Harald)那样优秀,他哥哥在1908年伦敦奥林匹克运动会上为丹麦赢得了银牌,但他还算是一名很好的英式足球运动员。

玻尔在1903年进入哥本哈根大学学习物理。1905年当他还只是一个二年级学生时,他决定参加丹麦皇家学院的有奖征文,主题是"液体喷射时的振动"。他搭建了自己的装置,这给评审人员留下了深刻印象,最终他在1907年1月夺得了金奖。

玻尔1909年获得硕士学位,1911年获得博士学位。由于嘉士伯基金会的资助使他得以在1911年秋季进入剑桥,并在汤姆森(J. J. Thomson)先生的指导下学习,他带来了一份他的论文的拷贝。而汤姆逊先生专注于自己的工作,无暇指导学生。在给哥哈拉尔德的一封信中,玻尔抱怨他的稿件被压在汤姆逊先生书桌上的一大堆稿纸下面。不足6个月玻尔就离开了剑桥,到曼彻斯特加入了欧内斯特·卢瑟福(Ernest Rutherford)的研究小组。

卢瑟福的实验室生机盎然,卢瑟福本人刚刚发表了一篇文章,被公认为是物理学发展史上的一篇经典之作,它指出原子的质量集中在很小的原子核中。在给哈拉尔德的另一封信中玻尔写道:"你可以想象得出这儿有多好,在这儿有很多人可以交流……而且是和那些最了解这些事的人交流……"

1912年玻尔和玛格丽特·诺鲁德(Margarethe Norlund)结婚,她伴随玻尔到曼彻斯特,随后在1916年玻尔一家回到丹麦时迎来了他们的第一个孩子。他们共有6个儿子,其中一个名叫奥格(Aage)的儿子继承了父志从事物理学,最终也跻身于诺贝尔奖得奖者的行列(1975)。

图12.28 尼尔斯·亨德里克·大卫·玻尔,1922年诺贝尔物理学奖获得者(提供者:©Nobelstiftelsen)

玻尔从曼彻斯特返回哥本哈根不久就担任了哥本哈根大学理论物理主席,1917年被推举为丹麦科学院院士,并获得了建立哥本哈根理论物理研究院的必要资助。研究院于1921年建成,玻尔担任主管直到去世。

该研究院很快吸引了世界各地的物理学家,如果将这些物理学家的名单列出表来,就像是那时的物理学家名人录:Lise Meitner(奥地利)、Georg Hevesy(匈牙利)、Hendrick Casimir(荷兰)、Peter Kapitza、George Gamow、Lev Landau(俄国)、Paul Dirac(英国)、Werner Heisenberg、Albert Einstein(德国)、Robert Oppenheimer(美国)、Kazuhiko、Nishijima(日本)……气氛非常热烈。通过研究人员的努力,原子结构逐渐被揭开,许多在微观世界中起主导作用的法则不断被探求。

玻尔在1922年诺贝尔奖颁奖典礼上的获奖感言中说道:"我们不仅相信存在原子,而且已经了解了单个原子的成分的详细知识。物质的所有物理和化学性质现在都清楚了。"

学院中大多数夜晚都有物理讨论,而且进行到很晚,但也有一些时间玩游戏和说笑。喜欢西部电影的玻尔产生了一个理论,解释为什么即使坏人先拔枪英雄射击也总比坏人要快。另外,他们还尝试把理论用于玩具手枪。玻尔的理论是这样的,坏人有预谋的行动不如英雄自发的反应快。总是扮演英雄的玻尔,他的动作经常比别人快。但是,不能肯定这是由于玻尔天生的运动天赋还是因为那个理论给出的深层原因。

一天晚上,Gamow、Casimir和Bohr参加完晚会返回时,试图翻越哥本哈根银行的围墙,赶到的警察没有采取行动,"啊,原来是玻尔教授!"

在研究院大门上方挂着一块马蹄铁。有人问玻尔是否相信运气,他回答道:"当然不。但是,有人说马蹄铁可以把运气带给那些不相信运气的人。"

对丹麦皇家科学院的巨大财政支持来源于嘉士伯啤酒公司,研究院的住宿不成问题,因为啤酒公司创始人卡尔·雅各布森(Carl Jacobsen)在他的遗嘱中规定,他在哥本哈根的大楼赠予当代"最杰出的丹麦科学家"尼尔斯·玻尔用作住宅。

玻尔对他所写的和所说的每一个字都非常认真和一丝不苟。事实上,他的同事和学生发明了一个名词"玻尔讲话(Bohrspeak)"用来定义一种非常紧凑的语言,其中的每一个字都经过斤斤计较,并且需要认真去琢磨,玻尔的语句经过精心构造用来表达他的想法,正如他自己所说:"你自己所表达的绝不会比所想的更清楚。"

1939 年 2 月 11 日两位奥地利物理学家奥拓·弗里希(Otto Frisch,1904~1979)和利兹·迈特勒(Lise Meitner,1878~1968)在《自然》杂志上发表了一篇文章,用一种他们称之为原子核裂变的过程解释了由迈特勒和奥拓·哈恩(Otto Hahn,1879~1968)原先所做的实验的结果。当铀被中子轰击时会分裂成"大小相近的两个原子核"。这种反应涉及那些紧密聚集在铀原子中心的原子核,这是迄今为止还未被接受的观点。在这个过程中释放出巨大的能量和更多的中子,这些中子反过来引发附近铀原子核的反应。玻尔事先得知了这一结果,于是在 1939 年 1 月 26 日在华盛顿特区召开的美国物理学会年会上宣布了他们的结论。

接着第二次世界大战爆发,丹麦被德国占领,玻尔收到他以前的学生德国人海森堡的邀请去访问德国。没有历史文献记录下在这次访问中发生的事情。可能海森堡告诉玻尔德国即将利用铀的裂变制造原子弹;也可能他想利用玻尔计算出维持连锁反应所需要的铀 235 的临界质量。2001 年迈克尔·弗莱恩(Michael Frayn)在伦敦西区办了一个名为"哥本哈根"的展出,其中提出了上述两种可能。还有第三种猜测,即海森堡提醒玻尔留在丹麦很危险,力劝玻尔逃亡。

后来在纽伦堡审判中透露,最初计划在 1943 年 8 月 29 日丹麦被占领的第二天就立即逮捕玻尔,后来决定把这个计划推迟大约一个月,因为那时再逮捕玻尔"不会引起太大影响"。

在间不容发之际,玻尔于 1943 年 9 月 29 日带着全家人乘坐渔船偷渡到了瑞典。第二天,已经安排了很多难民到瑞典的玻尔会见了国务大臣和瑞典国王古斯塔夫五世(Gustav Ⅴ),希望能让更多的犹太人乘船进入"瑞典收容所"。很遗憾,在那一时期,瑞典已经无力做出承诺。

玻尔和他的儿子奥格乘坐英国皇家空军蚊式战斗机从瑞典飞往英国,在飞行过程中他们一直挤在狭小的弹仓中,由于寒冷和缺氧几乎濒临死亡。飞行头盔对玻尔的大脑袋来说显然太小了,结果氧气管道的连接出现了问题,所以当飞机降落时玻尔已经昏迷过去。他到达英国后得知了美国核裂变研究的进展。

玻尔曾经认为,产生连锁反应所必需的铀的同位素 U-235 数量稀少,很难分离出足够的数量来制造炸弹。但是,现在从伯明翰传来的消息说派尔斯(Peirls)和弗里希(Frisch)探明了 U-235 的临界质量约为 1 公斤而不是以前所认为的 1 吨。美国已经从比属刚果进口了 100 吨铀矿石,这一含义非常清楚,美国相信能够制造出原子弹。玻尔立即写信给温斯顿·丘吉尔:"这一计划将给人类带来的灾难或利益是难以想象的。"他试图说服丘吉尔认真对待核能的发展,保证它为全人类服务,并且重申自己的主张:停止原子弹的开发。丘吉尔对此没有给予重视。这使玻尔清楚了他的影响是很有限的。

此后不久,玻尔秘密地来到美国络丝阿拉莫斯(Los Alamos)原子实验室,在实验室里玻尔被称呼为"尼克大叔",因为为了保密他被取名为尼可拉斯·贝克(Nickolas Baker)。他看到他从前的学生罗伯特·奥本海默(Robert Oppenheimer)所领导的"曼哈顿计划"中有关铀的分离的那部分项目的巨大规模(图 12.29)。原子核裂变产生的巨大能量很明显地被用作战争的武器,没有什么力量可以阻止这一计划的实施。玻尔承认:"他们不需要我制造原子弹。"

1945 年 5 月 8 日,欧洲的第二次世界大战结束,玻尔第一时间关心的就是阻止核军备竞赛。1944 年 5 月 6 日,玻尔来到伦敦求见丘吉尔(Churchill),试图使丘吉尔认识到控制核武器对世界安全至关重要。但是会见的气氛冷淡,丘吉尔显然讨厌玻尔。而玻尔在 1944 年 8 月 26 日会见罗斯福(Roosevelt)时气氛极其友善,但仍旧没能阻止用原子弹打击日本的军事计划。1945 年 8 月 6 日和 9 日分别在广岛和长崎爆炸了两颗原子弹(图 12.30)。

图 12.29　已安装完毕即将引爆的第一台原子能装置"小玩意",它被放在新墨西哥州崔尼蒂(Trinity)试验场一个 100 英尺高的钢架上(提供者:Los Alamos)

图12.30 1945年8月,长崎的核爆炸核能可以给人类带来巨大的利益,也能造成巨大的灾难(提供者:美国海军哈里·S·杜鲁门图书馆)

  1945年8月底玻尔返回丹麦,并一直住到去世。玻尔一生简朴,每天都是骑自行车去研究所。1952年在日内瓦建立了原子核研究中心(CERN),玻尔任第一届主席。玻尔把他的余生贡献给了促进原子能的和平利用上。1962年11月18日,玻尔逝世于哥本哈根。

第 13 章
光原子的粒子性

我们已经知道光的能量可用量子单位 hf 表示。在这一章中,我们将进一步证明这一能量以包的形式集中在一个个点上,其行为正如粒子一样;我们还将讲述一些实验,以说明光子不仅具有能量,也具有动量。

首先,我们将说明光子能够像子弹一样造成材料表面的明显损伤,尤其是金属材料,因为金属原子的外层电子结合较弱,更容易受到这种轰击的影响。在**光电效应**(photoelectric effect)中,电子被光子从金属表面轰击出来。由于这是一种瞬时发生的效应,根据出射电子的能量,我们可以推导出这种碰撞是"一对一"相撞。光电效应有很多实际的应用,我们可以利用光电效应把光信号转换成电流。

其次,我们将用实验证明光子具有粒子的另一种性质,即**动量**(momentum)。在**康普顿效应**(Compton effect)中,光子碰撞电子,然后光子和电子分别向不同角度的两个方向运动,我们可以利用能量守恒和动量守恒定律计算出这两者运动的角度和能量,就像我们计算台球的碰撞一样。

光子的散射和台球的散射有一个很有趣的差别。光子不会减速,它始终以光速运动。因为随着它的能量和动量的损失,它的频率降低而波长相应增加,所以它的速度保持不变。

13.1 光电效应

13.1.1 光的粒子性的证据

当人们围绕普朗克的新思想展开讨论时,爱因斯坦把他的注意力投向了光的特殊量子特性。正如爱因斯坦所指出的,麦克斯韦的经典理论已经在光的传播方面得到验证,但对辐射与物质的相互作用以及光的发射和吸收等方面的问题还没有进行研究。能量是以量子化方式集中在一个点上,还是散布在整个波面上?如果它是集中的,那么就应该有很强的局域效应。例如,如果它和电子相互作用,它能产生"短促的剧烈冲击"吗?

13.1.2 短促的剧烈冲击

在日常生活的世界上,以一系列短促的急剧冲击形式释放出能量比用连续的方式释放同样数量的能量更具有复杂性。你也许会用软管洗车,这对车体表面的冲击会比较柔和。当然不会有人推荐你用喷砂的方式洗车!因为这种方式把总量相同的能量分散聚集在每个沙粒中,因此而产生一系列短促的冲击,有可能渗透和破坏油漆涂层。如果同样多的能量集中在单独一个钢球内,则局部损坏会更加严重,不过表面的其余部分将不受影响。

光照射在物体表面会发生什么?日常的直觉告诉我们光在物体表面会形成平坦、均匀的分布。这个结论看起来是合理的,因为像人类皮肤这样柔嫩的表面都可以忍受光的照射,至少是忍受某种程度的照射。除了很强的光可以使金属表面温度升高外,人们大概想不出还会有什么效应。然而,人们惊讶地发现,某些金属(如锌、铷、钾和钠)等的表面被足够短波长的光照射时会产生所谓的"光电效应",立即释放出许多电子,这些电子脱离金属表面形成电流。

13.1.3 一个偶然的发现

光电效应是在1887年被海因里希・赫兹(Heinrich Hertz,1857～1894)偶然发现的。当时他正在用两个金属球之间的电火花产生无线电波,他注意到,当他用紫外光照射金属球时,两个金属球间的火花变得更长更亮了。当时,他没有认识到这是由于光照使电子从金属中释放出来的结果。一年后,威廉・哈尔瓦西斯(Wilhelm Hallwachs,1859～1922)利用其他金属表面证实了这一现象。

光束中是一些"颗粒"

存在光电效应的事实已经成为光具有粒子性的有力证据。出现少量物质的抛射更像是喷砂的结果!尤其令人信服的证据是,没有测到出现光电效应和开始光照之间的延迟,即使光强低到每平方米几个微瓦也会立即探测到光电流,这是事实上的瞬时效应(延迟小于10^{-9}秒)。

13.1.4 我们预期需要的时间多长？数量级的估算

从金属中碰撞出一个电子最少需要约 3 电子伏(eV)的能量(电子伏通常是原子物理中使用的能量单位,它是电子被 1 伏电势差加速后的能量,或者等于 1.60×10^{-9} 焦。)我们假定每个原子中有一个自由电子,而光电子来自于表面内 10 个原子层中的一个原子。如果光束均匀而稳定,强度为 5×10^{-6} 瓦/米^2,我们可以估算出电子累积接收到必需的能量所需的时间如下:

每平方米单层钠原子包含 $\approx 10^{19}$ 原子

$$\Rightarrow 10 \text{ 层中的原子数} \approx 10^{20}$$

5×10^{-6} 瓦/米^2 分散到 10^{20} 个原子上 = 每个原子上 5×10^{-26} 瓦

= 每个原子上 5×10^{-26} 焦/秒

释放一个电子所需的能量 = 3 电子伏 = $3 \times 1.6 \times 10^{-19}$ 焦

$$\Rightarrow \text{平均时间} = \frac{3 \times 1.6 \times 10^{-19}}{5 \times 10^{-26}} \text{秒}$$

$$\approx 10^7 \text{秒} \approx 4 \text{ 个月}$$

考虑到上面只是一个非常粗略的估算,显然,观察到光电子发射的时间至少要比它快 16 个数量级。这种情况就像大海不断侵蚀海岸,海浪的能量散布在广大的区域内,而且长时间地作用于海岸。如果这一功率以类似比例集中在一个粒子中,我们可能会觉得是直布罗陀的岩石不加警告地突然弹射出来。

13.1.5 "幸运"的电子

下面一种理论模型符合电子被光子轰击出金属表面的实验证据:金属原子有一个或两个外层电子,它们是相对自由的,可以认为这些电子组成了固态金属中的**电子气(electron gas)**。它们不仅可以从原子中被轰击出来,也可以被轰出金属表面。我们假定光子碰撞单个的电子,使其获得了足够的能量克服势垒并逃逸,在整个过程中只有极少数电子被释放出来,这些电子被光子击中完全是一种机会。这个"幸运"(或者可能是不幸的)的电子接收到整个量子的能量,而周围的电子不受影响。

某些释放出来的电子重新返回金属内部,而更多的电子则逃逸。在这个过程中形成了稳定的平衡态,此时在金属表面附近出现了"电子云",电子云中的电子做

随机的运动(图13.1)。

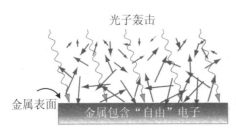

图13.1 "电子云"

13.1.6 爱因斯坦光电方程

1905年,阿尔伯特·爱因斯坦(Albert Einstein,1879～1955)(图13.2),根据上述的"一对一"模型发表了一篇文章,题目写得很谦虚,为"关于光的产生和传输的一个抛砖引玉的观点"。用了"抛砖引玉"这个词,表示事物不一定就是如此,也可能有另一种说法。

爱因斯坦提出,如果光子具有空间局域性,它就可能把全部能量传给电子,然后电子利用这些能量就可以从金属中逃逸出来,多余的能量将表现为"逃逸电子"的动能,图13.3中的公式表达了这一关系。

入射光子的能量 hf 等于释放电子所需要的最小能量(功函数 W)和最活泼电子的动能 KE_{max} 之和。爱因斯坦因为发现了光电效应所遵循的公式而获得了诺贝尔奖。

图13.2 阿尔伯特·爱因斯坦
(提供者:爱尔兰邮政)

爱因斯坦是伟大的理论家,但他不会做实验,所以要将公式提供给其他人以进行严格的实验验证。如果公式正确,将可以观察到以下现象:

1. "光弹子"的能量只和光的频率有关,而和其他因素无关。这一点反过来将表达出射电子的能量。

2. 每秒钟发射出电子的数目只和每秒钟入射在表面的光子数有关,也就是和光强有关,而和其他因素无关。

3. 电子发射将是瞬时的。

爱因斯坦光电方程
$hf = W + (KE)_{max}$

图13.3 爱因斯坦光电方程

美国物理学家罗伯特·密立根(Robert A. Millikan,1868～1953)大概因为他的下述工作而成名,他证明了电荷由一个个分立的不可分单元组成。一个电子携带一个这样的基本电荷单元,这种单元电荷的大小已经在他 1912 年发表的"油滴实验"中做出了测定。毫无疑问,他会把他的注意力转向定量研究光电效应中发射电子的特性。他的第一步工作就是测量不同频率的光照射不同金属时所发射的电子的能量。早在 1908 年美国物理学会波士顿会议上,他就宣布他打算通过确定**截止电势**(stopping potential)来测量这些电子的动能。这是一种反向的电动势,用来阻止电子到达位于真空管另一端的第二个金属盘。本质上他是给电子设置一个"带电的小山"让电子去爬,然后研究对应于不同频率的入射光,这个山要多高才能使光电流完全停止。

最初密立根不相信爱因斯坦的理论,他的初衷是想否定而不是证明爱因斯坦方程的正确性,"我根本不相信会有肯定的答案,不过,因为问题非常重要,所以我们必须找到某种答案。"

密立根实验的原理简单明了,但实验工作漫长而枯燥,它被拖了几年才完成。当他的实验结果证明了爱因斯坦的理论时,他慷慨地将其归功于爱因斯坦,并承认最初的怀疑是没有道理的。

13.1.7 密立根的实验

密立根方法就是将涂有光敏材料的表面封装在高真空的石英管中建立起一个"真空工作室",光照射在该表面上释放出电子,由于外加了一个指向右方的电场,电子不断地被扫走,形成电流。现在这些电子成为"暴露在外部"的状态,它们的行为很容易被研究。

表述密立根装置的简图如图 13.4 所示。从金属中轰击出来的光电子进入真空中,这样就可以对这一队电子进行分析。另外施加一个外电场,光敏材料的金属板(发射极)为负极,而在真空管另一端的电极(收集极)为正极。

所生成的电场使电子脱离发射极并被加速,电子穿过石英管进入外电路形成电流。

现在我们准备研究光敏材料被不同频率的光照射时所发射出的电子的性质。

---

① 即使把光看成粒子,我们也可以利用波的特征如频率和波长等来描述光子。

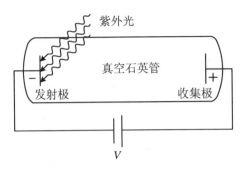

图 13.4　使电子云穿过真空管的实验装置

图 13.5 画出每种频率所产生的电流与石英管两端所加电压的函数关系及其结果。

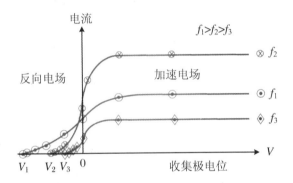

图 13.5　不同入射光频率产生的电流对应于石英管两端所加电压的函数关系

当加速电压增加时，电流增加，最终达到**饱和电流**(saturation current)，这时释放出来的电子全部穿过石英管。在一个单独的实验中可以看到，饱和电流的大小依赖于入射光的强度。（在图中的情况下，频率 f_2 的光最强。）

13.1.8　攀越山峰的电流

当外加电压减少到零时仍然有电流，有些电子不需要帮助就可以到达收集极，即使电压反向也还会有一些电流流动。这说明有部分释放出来的电子具有足够高的能量，可以克服阻碍它运动的电势而到达收集极。从图 13.5 曲线的左边部分可以明显地看到，尽管在反向电压下仍然存在剩余电流。这就好比泉水克服重力而上升到山坡上一样。

最终，当反向电压达到某一确定值即**截止电势**(cut-off/stopping potential)时，即使最活泼的电子也停了下来，电流停止了。对应于入射光的频率 f_1、f_2 和 f_3 相应的截止电势分别是 V_1、V_2 和 V_3。我们可以看到入射光的频率越高,对应的截止电势也越高。

最活跃的电子具有能量 eV,正好可以克服反向电势 V。根据爱因斯坦方程,eV 等于光子的能量减去**金属的功函数 W (the work function of the metal)**。

图 13.6 画出测量出来的截止电势与频率的函数关系。这个曲线和所有其他的有关光电效应的实验数据都符合这一简单方程所预测的结果!作为一种附带的优异结果,由此实验独立测出的曲线的斜率就是普朗克常数 h。

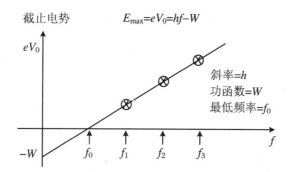

图 13.6 实验数据给出截止电势对应于入射光频率的函数关系。所有数据点落在一条直线上,精确地符合爱因斯坦方程

密立根放弃了原先的怀疑而承认"这是一种类似颗粒而不是类似于波的效应"。

注意,我们还没有涉及动量,因为电子基本上都是依附在晶格上,而晶格过于巨大,会把所有的动量吸收掉。

13.1.9 光电功函数

功函数是电子从金属中逃逸出来所最少需要做的功,它因金属的不同而不同(表 13.1)。另外,功函数决定了能在金属表面发生光电效应所需要的光子的最小能量。

13.1.10 实际应用

除了理论上的重要性,光电效应有大量的实际用途。它可以把光信号转换为电流。电视摄像机、防盗报警器、条形码阅读器以及各种各样的光传感器等都建立在光电效应的基础之上。

表 13.1　某些元素的光电功函数

元素	Al	Cs	Cu	Hg	K	Na	Pb
W(eV)*	4.28	2.14	4.65	4.49	2.30	2.75	4.25

可见光中最活跃的光子位于光谱的紫外端。比较表中上面部分和下面部分的数据可以看出，这种紫外光子能够使电子从铯、钾和钠中释放出来，但不能使它们从铝、铜、汞和铅中释放出来。

某些可见光子的能量

波长(nm)	400	550	700
光子能量 hf(eV)	3.11	2.26	1.61

最显著的实际例子大概就是**光电倍增管(photomultiplier)**，它可以将单个光子产生的电流放大到足以探测的程度。在第 14 章中将会讨论这类仪器在某些精巧的与单光子有关的基础实验中的运用。

1907 年，俄国科学家伯瑞斯·罗星(Boris Rosing, 1869～1933)实现了用阴极射线管中发出的光在荧光屏上形成图像。他的一个学生弗拉基米尔·科斯马·兹沃里金(Vladimir Kosma Zworykin, 1889～1982)(图 13.7)，专注于这一现象并为此申请了专利，这实际上就是最早的电视摄像机的思想。兹沃里金在 1923 年递交了专利申请，虽然那时他还没有适用的工作模型。

后来兹沃里金到美国威斯汀豪斯电气和制造公司工作，开始着手开发实用型摄像管，并将其取名为**映像管(iconoscope)**。它的前端有一层很薄的云母，上面淀积了成千

图 13.7　弗拉基米尔·兹沃里金(提供者：斯蒂夫·瑞斯特里，瑞斯特里收藏品，historytv.net)

上万个具有光敏性质的银和铯的化合物颗粒，形成由许多微小的光电池组合成的马赛克。当光照射到其中一个光电池上时，它会释放出电子从而使光电池带正电，扫描装置采集这些电池上的电荷，并将它转变为电信号。但是，兹沃里金的最初努力失败了，他在威斯汀豪斯的老板要他放弃这一计划，转做"更有用的事情"。

兹沃里金离开了威斯汀豪斯，并于 1923 年到俄国侨民大卫·沙诺夫(David Sarnoff)创建的美国无线电(RCA)公司工作。兹沃里金向沙诺夫说明映像管的想法是可以实现的，一定能够建成有商业价值的摄像系统。沙诺夫后来取笑他具有销售人员的才能："他告诉我这只要花费 10 万美元，但是，在得到一分钱利润之前公司需要投入 5 千万美元。"1933 年，在兹沃里金领导下实现了令人满意的电视画面的传输。

1938年,距他第一次提交专利的15年以后,他的映像管的专利最终获得通过。

图13.8 最早的电视画面(提供者:Steve Restelli,Restelli 的藏品,historytv.net)

图13.8是最早的传输电视画面的实况。埃迪·艾柏特(Eddie Albert)对此做了报道,并取名为**爱巢(The Love Nest)**。这是1936年11月6日国家广播公司(NBC)从帝国大厦的楼顶发出的广播,而在RCA大楼的62层上接收到的。

兹沃里金从来没有声称自己是电视的唯一发明人,他总是坚称:"……无数的贡献,每一个都只是为梯子增加了一个横档,使其他人可以爬得高一点,对下一个问题看得清楚一些。"

与此有关的另一个人是费罗·泰勒·范斯沃斯(Philo Taylor Farnsworth,1906~1971),一个14岁的神童,他独自构思了电子照相机的设想。当他在犹他州他父亲的农场中来来回回耕种田地时,第一次想到了线性扫描的原理,他把这一想法告诉了他的老师Justin Tolman,后者对此非常关注,并在有生之年一直给予他鼓励和资助。范斯沃斯在杨伯翰大学(Brigham Young University)读了两年,然后在旧金山一座阁楼上建起了自己的实验室。

在1927年他21岁时,他展示了最早的电视系统的工作模型,并获得了足够的赞助,在1929年创建了范斯沃斯电视公司。

两年后,范斯沃斯拒绝了美国无线电公司的收购提议,随后就陷入了有关电视专利权归属的漫长的法律程序。1934年RCA公司最终输掉了这场官司,并被强制向范斯沃斯支付版权税直到第二次世界大战开始,那时,所有这类设施的售卖都暂停了。

13.2 康普顿效应——光的粒子性的更有力的证据

13.2.1 真正的子弹具有动量

爱因斯坦光电效应公式以及普朗克最初的假设都只涉及能量守恒,而没有考虑动量。下一个需要回答的重要问题就是:光的粒子性是否能够进一步表现为光子在具有能量的同时也具有动量。

康普顿效应

对光子是否有动量的疑问在 1923 年得到了回答,阿瑟·康普顿(Arthur H. Compton,1892~1962)因为这方面的发现而在 1927 年获得了诺贝尔奖。他着手证明当光子和电子碰撞时光子具有完全和粒子一样的性质,即在碰撞过程中同时遵从能量守恒和动量守恒。

为了使光子能进入石墨靶,并和原子以及它们的轨道电子相互作用,康普顿需要能量大于可见光的高能光子。为此,他用波长范围很窄的 X 射线轰击石墨靶,部分 X 射线能够被石墨原子中的轨道电子散射,另外一些部分则被重量大得多的石墨原子核散射。

13.2.2 碰撞动力学的回顾

能量传递

当一个粒子和另一个粒子做弹性碰撞时,动量守恒和能量守恒定律被严格地遵守。(在弹性碰撞时,"能量"为动能。)但是,通常能量和动量都是从一个粒子传递给另一个粒子,每一个粒子传递的多少则和相碰撞粒子的相对质量及碰撞的角度有关。

在桌球游戏中,当母球"迎面"撞击质量相等的静止球时,全部能量和动量都从运动球传递给靶球,于是母球停止不动,而靶球以母球原来的速度运动。如果运动球只是从侧面撞击靶球,它将保持大部分动量和能量,此时运动球的方向变化得越大,传递给靶球的能量也就越多。

从大靶子的反弹

当靶子远远大于投射体时,它能够接收很多动量但只能接收极少的动能。例如,如果我们向公共汽车投掷网球,网球将以相同的速度弹回来,实际上没有损失动能,此时网球的动量相反;作为一种补偿,公共汽车反冲的动量等于网球初始动量的两倍,传递的动量能够大于运动粒子的初始动量,而事实上却没有传递动能。

13.2.3 X 射线光子的碰撞

通过 X 射线被原子核散射的方式,我们可以探讨光子与非常大的物体碰撞时产生的结果。虽然光子会改变方向并通过侧面传递动量,但它实际上并没有损失能量。不论散射角多大，光子的能量 hf 几乎和散射前完全一样，也就是说，出射光子的能量和波长与入射前相同。

在和自由电子碰撞的情况下，因为靶体的质量非常小，这时的碰撞动力学与两个台球相撞的经典动力学相似。

13.2.4　光子损失能量但速度不变

在经典力学中，当投射体将能量交给靶体后，它的动能及相应的速度都会减少。而光子的质量为零，而且总是保持同一个运动速度，所以它不可能由于"速度降低"而损失能量。

在光子和自由电子"碰撞"时，电子的动能增加而初始的光子转换成低频光子（也就是低能光子）。

假定 X 射线光子和静止的自由电子发生弹性碰撞，康普顿利用动量和能量守恒定律证明了光子的波长变化只和散射角有关（图 13.9）。公式中的其他参数 h、c 和 m（电子质量）都是普适常数（图 13.10）。

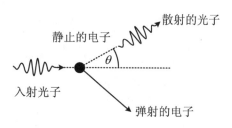

图 13.9　康普顿散射

在发生正碰撞的情况下（不太可能的情况），波长的最大变化为 0.004 885 纳米，这时光子按原路反弹回来。这样小的波长变化很难被测量出来，除非原来的波长很小，使波长的变化值在原来的波长中占有很大的比例（这是采用 X 射线的另一个原因）。

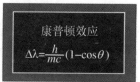

图 13.10　康普顿效应

经典的比喻

把一个弹性极强的球投向一堵石头墙：球没有把能量传递给石头墙，而且球以相同的速度弹射回来，其弹射回来的角度依赖于投射时的入射角。

在飞行途中与另一个球相撞：原来的球将损失能量，散射角越大，传递给另一个球的能量越多。

实验证据

当光子碰撞原子核时,虽然光子通常会改变方向,但几乎没有能量损失(也就是波长不变)。实验结果表明,在所有的角度都大量存在这种光子(图 13.11)。

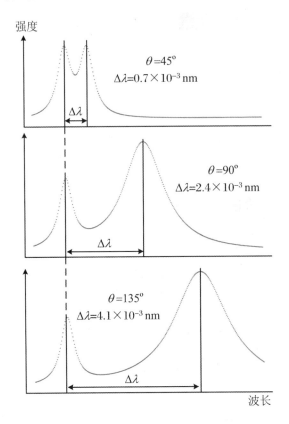

图 13.11　由钼元素的 K_α 线发出的 X 射线被碳散射后波长的位移

实验结果清楚地说明光子既有能量也有动量,和其他任何种类的粒子一样。

康普顿散射的理论模型被实验证实后,光量子的存在基本上没有异议了。

历史的插曲

罗伯特·密立根(Robert A. Millikan, 1868~1953)

罗伯特·安德鲁斯·密立根(图13.12)于1868年3月22日出生在美国伊利诺伊州莫里森市。他的祖父是一个有欧洲血统的美国拓荒者,住在西俄亥俄州,过着自给自足的生活。他经营自己的农场,种植自己的食物,鞣制皮革为家人做皮鞋。他的祖母则纺纱做衣服。

罗伯特的父亲塞拉斯·富兰克林·密立根(Silas Franklin Millikan)是一位牧师,他的母亲是玛丽简·安德鲁斯(Mary Jane Andrews)。1875年,密立根全家移居爱荷华州马克吉塔,一个只有3 000人口的小镇。小镇的名字马克吉塔(Maquoketa)的意思是指"大原木",事实上它位于中西部地区原始森林的边缘。全家共有大约1英亩土地,种植土豆、玉米和甜瓜,三个男孩和他们的三个妹妹在学校放假期间会在田里帮忙劳作。罗伯特挤过牛奶,也帮邻居放过马和修剪过草坪。他感到最振奋的是骑着没有马鞍的小马去赶散马群,捉住和驯化马匹。毫不奇怪,罗伯特长得非常强壮,健康而又灵活。后来,担任学生体育指导成为他进入大学的主要途径。在他以后的人生中,他一直保持着对健身和运动的兴趣,是一名优秀的网球运动员和热心的高尔夫球手。

1885年,密立根从马克吉塔高中毕业,然后进入欧柏林大学(Oberlin College)学习希腊语和数学,以及12个星期的物理课程。由于这些基础,他在欧柏林大学做了4年助教。1893年,由

图13.12 密立根,1923年诺贝尔物理学奖获得者(提供者:©Nobelstiftelsen)

于他在欧柏林大学的教授的推荐,他得到了哥伦比亚大学的物理奖学金。

1895年,密立根从哥伦比亚大学毕业,他的导师Dr. M. I. Pupin力劝他到欧洲去一两年,因为那时欧洲出现了伟大的新思想,美国的科学已经远远落后于欧洲。Pupin博士甚至还借给他300美元,这笔钱并非无足轻重,它解决了密立根的路费。密立根在国外的一年中积累了丰富的经验,他接触了一些当时有名的物理学家并听了他们的讲座,如巴黎的庞加莱(Poincaré)、柏林的普朗克(Planck)、哥廷根的能斯特(Nernst)。在消极的方面,他在德国看到连续不断地进行列队操练的军队所引起的骚动,还有那些"自负的、穿着过分讲究的军官"的盛气凌人的态度,特别是他在学校中看到了另一方面的问题,即"学生中好斗的情绪",有时甚至引起决斗,在哥廷根他就目睹过许多次。

1896年夏天，正当迈克耳孙(Michelson)在芝加哥大学他所在的系里给密立根提供了一个助教职位时，密立根立即准备返回美国。因为缺少现金，他把自己的行李抵押给横渡大西洋运输船的船长，并对他说，在到达纽约时，他会支付船资以换回自己的财产。

他在芝加哥工作的工资每年800美元，与欧柏林为他提供的1 600美元的工资相比，是少了点；但是能在迈克耳孙手下工作的机会以及加入到令人振奋的研究氛围中去的愿望轻易地抵消了金钱的损失。在第一次研讨会上，密立根准备了一篇调研报告，综述了汤姆森(J. J. Thomson)的文章"阴极射线"，这篇文章被普遍认为是有关电子理论的最早的一篇文章。汤姆森指出，阴极射线不是以太中的波，但它由许多细小的带负电的粒子组成(他把这些粒子称为微粒)，粒子的质量小于氢原子的千分之一。就是这一篇文章使密立根开始对电子产生了兴趣。

1902年4月10日，密立根和芝加哥大学应届毕业生Greta Blanchard结婚。他们的庆祝典礼在晚上举行，他在他的自传中供认，那天他在出版商的办公室里审阅他的有关力学的书的清样直到很晚，差一点就耽误了他自己的婚礼！当然，一切都完满地结束了。之后，这对青年伴侣花了7个月在欧洲做蜜月旅行。他们生了三个儿子：Clark，Glen和Max。

1906年，密立根做了最早的测定电子电荷的实验，那时，他设计了1万伏的电池，以便产生足够强的电场来抵消地球引力，使蒸汽中的带电液滴悬浮在空中。他很快就改进了方法，采用油滴，并在低倍显微镜中观察每一个油滴。

如果携带着大量电子的油滴中电荷减少或增加，油滴就会突然开始运动。使每个油滴通过一系列施加了不同电场强度的路段，形成上升或下降的运动，并准确测定每段行程的时间。密立根从中发现，一个指定油滴的速度总是发生一系列阶梯状的变化，阶梯的大小等于某一确定单位的倍数。他总结为，当油滴在运行过程中失去或增加一个电子时产生一个单位电荷的变化。

为了获得一个油滴的数据通常要花几个小时，所以密立根夫人经常会在最后一分钟改变社交安排，因为她的丈夫被羁绊于"观察油滴"。密立根十分相信这个实验，他写道："一个人可以计算在一个指定的很小的电荷中自由电子的数目，就像他可以计算自己的手指或脚趾的数目一样。"他在1912年在柏林召开的德国物理学会年会上提交了他测定的电子电荷数据为$(4.806 \pm 0.005) \times 10^{10}$静电单位$(= 1.603 \times 10^{-19}$库仑$)$。这一数值是非常准确的结果，极其近似于目前最好的数值1.602 17库仑①。

密立根从1912年开始研究光电效应，并将此后的三年时间全部投入了此项研究。他接受普朗克的光的能量是量子化的理论，但不认同能量的局域性，即能量聚集为一个包，像点状的粒子一样在空间传播。在其早期一篇论述普朗克常数的文章

---

① 译者注：严格的写法应是$1.602\ 17 \times 10^{-19}$库仑，原书中省略了后面的数量级表示。

中,他着重把自己的观点和"爱因斯坦把光电效应和量子化理论联系起来的努力"区分开来,他写道:"光子虽说不上是一种轻率的假设,但也是一种大胆的假设。说它轻率是因为它和光的波动性的经典理论相矛盾……光的微粒说是完全不可想象的,它无法与光的衍射和干涉现象统一起来。"

后来,密立根成为第一个承认自己错误的人。他自己的实验证据清楚地表明光子的局域性的假说是正确的。他在1914年发表在《Physical Review》上的一篇文章中写道:"经过多年的检测、更改和探讨,有时让人很浮躁……这项工作得到的结果与我最初的设想相反,它成为爱因斯坦方程的第一个实验证据。"

密立根由于"他在基本电荷和光电效应方面的工作"而获得了1923年的诺贝尔物理学奖。在他的获奖感言中有一段他对理论和实验相互依赖关系的生动描述:"科学靠理论和实验这两条腿朝前迈进。有时候这条腿在前,有时候又是另一条腿。但是,只有理论和实验两者都用到,才能不断地前进……我不断地努力促进实验这条腿至少达到和以太波的理论相平行……"

密立根的一生都倾注于原子、电子和光子物理的研究。1910年,贝尔电话公司的一位雇员,他以前的学生Jewett向他提出了电话信号放大方面的问题。当时,在纽约和芝加哥之间进行通话虽然是有可能的,但是要保证如此长距离的传输而声音不失真的技术还没有实现。贝尔电话公司的首脑想赶在1914年旧金山博览会之前在纽约和旧金山之间建一条电话线。密立根和他的学生们根据他们在电子束方面的经验,开发出"电子管放大器,能够实际上几乎不失真地放大人类的语音"。用他自己的话说:"之前在很大程度上还是科学家手中玩物的电子,已经作为强有力的工具进入了人类商业和工业生产的市场。"

在第一次世界大战爆发时,美国海军上将格里芬(Griffin)要求密立根帮助开发和建造一种探测德国U型潜艇的监听装置,这些德国潜艇已经对同盟国的船只造成了巨大的危险。密立根立即挑选了约10所大学的物理学家组成研究小组来解决这个问题。最有希望的方案是威斯康星大学马克斯·梅森(Max Mason)提出的设想,在船体两侧安装一整排"耳朵接听器",每一对耳朵上用作监听器的管子的长度可调,这样,舰船前方很远处的声源发出的所有的脉冲都将会被同相地接收到。这个系统的工作原理基本上类似于透射光栅。这种实验型的"伸缩喇叭接收器"很快建成并投入工作,但是,美国海军没有能力在那么短的时间内建造出这种船只。他们在密立根的帮助下,说服亨利·福特(Henry Ford)愿意将他庞大的汽车制造资金转向支持制造装有梅森探测器的小型快艇。

很快,战争结束了,密立根回复了平民的生活。几年后,他被劝说放弃了芝加哥大学的工作,接受了在帕萨迪纳①(Pasadena)的全职工作,在此之前,他每年有几个月

---

① 译者注:Pasadena是美国加利福尼亚南部的小城,位于洛杉矶东北郊,著名的加州理工学院就位于此。

时间在帕萨迪纳担任物理研究的主管。因为阿瑟·弗莱明(Arthur Fleming)投入数百万美元的信贷来创建"可能是最强的物理系"，于是，密立根成为加利福尼亚理工学院(Caltech)的主管。此后加州理工学院越办越强，许多欧洲物理学家的精英都到这里来访问和工作过，包括爱因斯坦、洛伦兹、玻尔、薛定鄂和海森堡等。在1930年代，密立根指导的研究领域远远超出了理论物理，还包括了遗传学、生物化学、航空学和癌症治疗。

按照密立根的想法，加州理工学院应该成为美国科学领袖人才的摇篮。近年来，诺贝尔奖获得者如理查德·费曼(Richard Feynman)和默里·盖尔曼(Murray Gell-Mann)及其他一些人延续了物理学在这方面的传统。

密立根有坚定的宗教信仰，他出版了很多哲学书籍以及一些有关科学和宗教相互调和的书。引用他自传中的一段话："据我分析，宗教和科学是两股像姐妹一般的伟大力量，它曾经推动和正在推动人类向前和向上前进……你不能人工造出自然界而不考虑它最杰出的属性——意识和品格……那些你知道你自己在另一个世界所拥有的东西……通常理解的唯物主义是一种十分荒谬的和没有道理的哲学，我相信大多数善于思考的人们确实也是这样认为的。"

1953年12月9日，罗伯特·密立根逝世于加利福尼亚的圣马力诺(San Marino)。

第 14 章
光原子的波动性

我们已经确定了光具有波的性质,并详细讨论了相关证据。光像波一样传播,也像波一样绕过尖角发生弯折,表现出衍射和干涉的性质。所以它肯定是波。

后来,我们讲述了光的粒子性。光的量子化行为类似于子弹,它在光电效应中能够把电子从金属表面击打出来,而在康普顿效应中弹射出电子,它有能量和动量,它一定是粒子。

现在我们已经习惯了光有时候像波有时候像粒子的事实,但我们还会遇到某些更加不可思议的事情。让我们来考虑这样一种情况:当我们使用的光源微弱到每个光子之间相隔几万米时将会发生什么?我们无疑是在处理一些单个的光子,然而,不论如何,这些光子没有忘记它们的波的血统!我们使这些光子通过杨氏狭缝这样的装置时依然会看到干涉现象。即使这时候没有任何两个光子靠近到可以产生干涉的程度,哪怕使用的是比较明亮的光源,也没有光子到达出现暗条纹的区域。一个孤立的光子似乎不可思议地同时通过了两个狭缝。光子显然是一个分立的粒子,然而它有像波一样的行为。

似乎这还不够奇怪,我们可以安排这样一种情况,就是光子所通过的两条路径没有像杨氏狭缝那样靠在一起,而是分开无限远的距离。现在我们发现了一些违反逻辑的事实,假设光子有两条可能的路径,如果等到光子从其中一个路径出发后,再关闭另一个路径,尽管两条路径可能离得相当远,但它也会对光子产生影响,就像一种远程作用,甚至比电力和万有引力的作用还不可思议!

这一章的结尾将简述**量子电动力学**(quantum electrodynamics,QED),这是涉及光和物质的最基本行为的理论。

14.1 一次一个光子

人眼的灵敏度非常高,在完全适应黑暗的情况下,它可以探测到只含有 5 到 6

个光子的微弱信号。按此观点来分析,一个圣诞树上的小灯泡每秒大约发射出 10^{20} 个光子。我们没有进化到可以看到单个的光子也许是件很幸运的事,因为即使在最黑暗的夜晚,杂散的光子也可以产生一系列断断续续的微弱闪光,使得我们的大脑无法处理。

14.1.1 单个光子的探测

我们可以用**光电倍增管(photomultiplier)**来探测单个光子(图 14.1)。

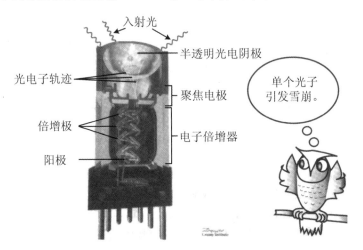

图 14.1 光电倍增管(提供者:斯坦福大学 Sanjiv Sam Gambhir 博士)

这种探测器的原理是光电效应,以及这样一个事实:当一个高能电子轰击金属盘时能够释放出更多的电子,而且其中的每一个电子都会轮流在依次排列的金属盘上重复上述过程。在光电倍增管中有 10 或者 12 个这样的金属盘。

光子引发了连锁反应从而产生电脉冲,这个电脉冲可以用常规放大器来放大。通过和扬声器相连,可以将这个电脉冲转换为听得见的"咔哒"声。

14.1.2 又长又细的线

为了研究单个光子的性质,我们需要光束中的光子分得足够开,以便我们基本上可以"一次一个"地研究它们。我们选择一种弱光源,例如 10 毫瓦氦-氖激光器发出的波长为 632 纳米的窄光束(对应的频率为 4.75×10^{14} 赫兹)。

激光器辐射的功率 10 毫瓦 = 10^{-2} 焦/秒,一个光子的能量是 $hf = 3.14 \times 10^{-19}$ 焦,所以,每秒钟辐射出的光子数 = $10^{-2}/3.14 \times 10^{-19} = 3.2 \times 10^{16}$。

然后将光束减弱到10^{12}分之一,剩下每秒32 000个光子,这听起来像是有很多光子,但是它们分散在光每秒传播的距离也就是30万千米内。这相当于在稀释的光束中光子之间平均相距10 000米(图14.2)。(每秒发射的光子串成一行可绕地球7圈。)

图14.2 经过滤光器的光子间隔约10 000米

14.1.3 单缝衍射

许多实验表明光具有波的性质,另外一些实验也令人信服地表明光是粒子。将这两个方面融合起来看看会发生什么事情,这一定是非常有趣的。需要动脑筋设计出一个实验,它能表达出光是一束粒子,然后还能确定这些粒子同时也表现出类似波的性质。

该项工作是在一个完全黑暗的屋子里进行的,我们把光束的强度减弱到如上所述的一次一个光子。在第一个实验中,我们用这束光照到一个很窄的狭缝上,在狭缝后面放置一张感光底片。在这样弱的光强下,我们必须等待很长时间。最后,当把底片显影后,我们发现"光子落点"的分布和我们用"正常强度"的光源所应该得到的衍射图形一样(图14.3)。

图14.3 照相底片显示的"光子落点"的分布

这一结果多少有些奇怪,但我们大概可以给出某种解释。也许因为光子一个接一个地通过狭缝,它们受到狭缝边缘的吸引,因而不是所有的光子都按直线前进。这可以解释衍射图形的中心条纹有一定宽度;次极大则比较难以解释。但是,如果我们充分发挥想象力,也许我们会想出一些东西。

14.1.4 双缝衍射和干涉

然而，当我们更进一步，而且使"光子离得很开的光束"通过两个靠得很近的狭缝时，"边缘吸引"的理论就完全失败了。我们再一次得到和使用正常强度光源得到的完全相同的结果。和"标准的"杨氏实验一样，在两束光覆盖的区域内出现明、暗两种条纹，暗纹位于通过两个狭缝的光束产生相消干涉的区域。但这种说法似乎不成立，因为这次我们不能说是两束光干涉，光子是一次一个分开到达的，彼此相距 10 千米，相互之间不可能干涉！

单个光子通过两个狭缝所产生的图形和光波通过这两个狭缝产生的图形相同。

14.1.5 光子一个接一个到达的"咔哒"声测量

这次我们尝试一种更为精致的实验，在这个实验中用光电倍增管阵列替代屏幕，使我们可以记下每一个光子每次到达的时间和地点（图 14.4）。再用极细的狭缝进一步减弱光束的强度，通常每一次只会有一个光电倍增管受到光子撞击。我们听到了一系列离散的敲击声，显然光就像一束粒子流。

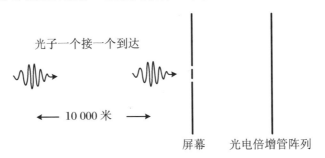

图 14.4 采用极其微弱的光和光电倍增管探测器的杨氏实验

每一个光子"孤立"地通过装置，下一个光子大约在 10 千米外，因此光子之间很难用到干涉理论。装置中也没有其他可与之产生干涉的光子或光波！

光子似乎以随机的方式到达探测器，就像下冰雹的情形一样。

图 14.5 所显示的干涉图形是研究离散光子的效应这一课题的一部分结果，该课题是荷兰代尔夫特理工大学（Delft University of Technology）两位三年级学生 Niels Vegter 和 Thijs Wendrich 在 S. F. Pereira 博士的带领下进行的。（实验装置包括一个图像增强器及其与之配套的高灵敏度感光底片，实验中逐渐增加曝光时间，这些和我们上面所说的方法略有不同。）

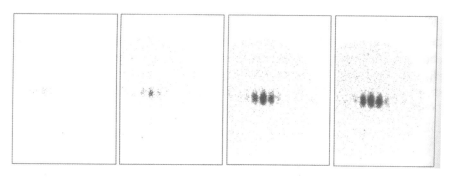

图 14.5 "图形的成长过程",荷兰代尔夫特理工大学所报告的实验结果(黑色的线条是光子实际到达的区域)(提供者:S. F. Pereira)

一开始只有少数光子落在屏幕上,它们似乎是随机分布的。渐渐地"落点"的花样开始出现了,我们看到很奇怪的结果,有些区域内根本没有光子到达,我们得到了黑线(暗纹),如同光的波动理论所预测的一样。最后,我们得到了和标准的杨氏双缝实验所得到的完全相同的明、暗条纹。

由于粒子总是遵从波的干涉花样,一定存在一种自然规律阻止粒子落在某些特定的区域,虽然每一个光子独自到达,但它看起来还是服从波通过两个相邻的狭缝时的干涉定律。

我们能够知道一个光子到达了狭缝并被光电倍增管探测到,但我们不知道这个光子走过的是哪条路径,我们只能说两条狭缝都是开启的。一旦我们关闭了一个狭缝,常规的暗条纹就消失了,我们会重新得到单缝衍射花样。通过"关闭一扇门"可以使光子到达关闭之前不可能到达的区域,也就是两扇门都打开时的暗条纹所在的区域。

根据波动理论,穿过两条狭缝的光波相互干涉,并形成干涉条纹。但是一个光子怎么能同时出现在两个地方又是如何和自己发生干涉的呢?

设想通过对装置做小小的调整来尝试解决这一问题。我们在每一个狭缝旁边安装一个小探测器,以便告诉我们每一个光子走哪条路径。当这两个探测器中的一个发出信号且同时对应屏幕上出现一个落点时,我们即可跟踪光子,这样我们就能知道光子走过哪条路径。除了插入探测器外,我们没有用任何其他方式来干扰实验。但结果十分引人注目,屏幕上的干涉花样变了,不再是典型的杨氏双缝干涉条纹,而是回到单缝衍射的特点。

上述结果说明,进行测量的动作干扰了实验结果。这种类型的实验被做过很多个,每一个单独的实验都证实了上面的结果。答案是我们不可能确定任何一个特定光子到达的地点,因为进行测量的动作本身使情况发生了变化。

14.1.6 将可能的路径分开

可能有人会说只有当光子的路径靠得很近时才会发生干涉效应。我们可以用如图14.6所示的一个干涉仪来反驳这一观点,图中我们可以使两条路径离开任意远的距离。

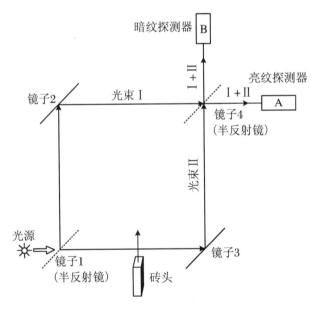

图 14.6 典型的干涉仪实验

按照波的常规表述方式,当光束到达半反射镜1时,差不多有一半的光被反射(光束Ⅰ),其余的光被透射(光束Ⅱ)。这两束光沿着不同的路径传播,到达半反射镜4。半反射镜4的作用和半反射镜1相同,它将每一束光的一半透射,一半反射,所以经过半反射镜4的光包含光束Ⅰ和光束Ⅱ各50/50的混合。其中一束"**调配(recombined)**"光到达探测器A,另一束则到达探测器B。

我们可以调节干涉仪,使得光束Ⅰ和光束Ⅱ同相到达A("亮纹"探测器),而反相到达B("暗纹"探测器)。事实上,没有光到达B,这可以用波的理论中的相消干涉来解释。

为了适应粒子的表述方式,我们将激光束的强度降低到使每个光子之间相距很远,即下一个光子进入装置之前上一个光子已经远远地离开了。按此方法进行实验,我们就会发现,得到的结果和用波的方式得到的结果完全相同。虽然如我们所知光子是一次一个地通过装置,然而暗纹探测器 B 没有记录到撞击,这说明没有光子到达,所有的光子都奔向探测器 A。

无论如何,在两条路径都是开放的情况下光子被阻止到达 B。虽然两条路径离得很开,但我们不知道光子选择的是哪一条。只要两条路径都是可选择的,就不会有光子撞击探测器 B!

下面我们引进一种干扰,即关闭一条路径。为了保证光子不会通过,我们在图 14.6 中"下方"的那条路径中插入一块砖头。这时不可思议的事情发生了,暗纹探测器立刻受到光子撞击,而探测器 A 仍然记录到光子,但数目大约只有原来的一半。这次我们知道光子选择的是哪条路径,显然是没有转头的那条路径。不存在两条可供选择的通路,光子一定是通过"上方"的路径过来的,因此所有的光子都是从左边到达半反射镜 4,其中的一半经过透射到达探测器 A,而另外一半则反射后到达探测器 B。

14.1.7 "延时选择"(delayed choice)

普林斯顿大学(Princeton University)的约翰·惠勒(John A. Wheeler,1911~2008)提出了一个更加精巧的实验。他建议当光子已经行进在装置中"自己的路途"上时,再确定那时想要使用的条件。

在实验的延时选择期间,当光子差不多完成向镜子 4 前进的路程时,随机地打开或关闭路径。所以,当光子走向镜子 1 时"不知道"装置中最下面那条路径是开的还是关的。

显然,这要求要以快得多的速度来移动砖头,而这一点可用电子控制来实现。马里兰大学的 Carroll Alley 和他的同事在 1986 年成功地进行了这个实验。

Alley 用光电开关代替砖头,光电开关可以在 5×10^{-9} 秒(5 纳秒)时间内打开或关闭路径,而光子穿越该装置所需要的时间大约是 30 纳秒。实验结果正如惠勒所预言的那样,当路径关闭时对结果没有影响。如果光子能够选择两条路径,就出现干涉,而且探测器 B 保持没有光照射的状态;反之,当一条路径被关闭时,即使此时光子正在行程的中间也不会有干涉现象,探测器 B 能记录到光子撞击。

14.2 费曼的"光子的奇异性理论"

14.2.1 部分反射

当光到达两种介质的界面时,一部分被反射,另一部分进入第二种介质,牛顿对这个事实感到非常困惑。从光子的角度来看,它的命运是不可预测的,它有一定的概率被"弹射回来",也有一定的概率垂直进入第二种介质,这是典型的量子力学的情况。

让我们按照理查德·费曼(Richard Feynman)构想的量子电动力学方程,来考虑单个光子的部分反射。设想有这样一些均匀分散在空间的光子到达空气和玻璃的界面,如图 14.7 所示。

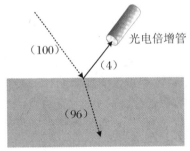

图 14.7　单个光子的部分反射

假设有 100 个光子入射到玻璃表面,平均有 96 个光子被透射,4 个光子被反射。

让我们仔细考虑一下会发生什么。光子一个接一个地到达表面,它们是完全相同的。什么原因造成一部分光子被反射而另外一部分光子被透射?也许玻璃表面某些区域有瑕疵,鼓起来的地方反射光子,而空洞的地方使光子透过?

现在我们用薄玻璃片代替块状的玻璃,这时我们发现,进入玻璃片到达其下表面的光子出现同样的现象,有些光子透射进入空气,而另外一些反射回玻璃,反射和透射的相对百分比与上表面发生的相同。

光电倍增管记录了从两个表面反射的光子,当每个光子进入光电倍增管时,我们会听到"咔哒"一声。

如果在上表面 100 个光子中有 4 个光子被反射,我们预料可能有 8 个或略少一点的光子经上、下表面两次反射后到达光电倍增管(图 14.8)。(略少一点是因为最初的 100 个光子只有 96 个到达下表面,以及从上表面返回光电倍增管的途中的衰减。)

实验结果否定了部分反射是由于每个表面的瑕疵或鼓包的说法,结果和我们预期的完全不同。有时候光电倍增管记录不到任何撞击,有时候又有多于 16 个光子! 它完全依赖于玻璃的厚度。

新的运算法:4+4＝0 到 16
我们预计的和得到的不同!

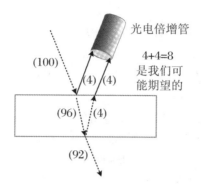

图 14.8 我们所期望的不是我们所得到

当光子到达玻璃表面时,光子是反射还是继续前进由它与下一个表面的距离来决定(图 14.9)。

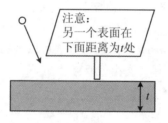

图 14.9

即使是孤立的光子也有波的性质!

在第 8 章中,我们介绍了光被薄膜反射时,从薄膜上、下两个表面反射的两列波之间产生的干涉现象。现在当我们处理孤立的光子时发现了同样的结果! 光电倍增管记录下它们的撞击,说明有类似于粒子的性质;然而,同时它们也遵从波的规律。光子具有两种面孔,我们既可以看成这一种,也可以看成另一种,这取决于我们如何去看(图 14.10)!

图 14.10 记得这个类比吗?

14.2.2 光子的奇异性理论

我们已经看到光不仅仅具有粒子的性质，而且这种光的粒子——光子具有不同于其他粒子的性质，它可以同时经过几条路径从一个地方到另一个地方；虽然表面上它没有通过该路径，但它似乎"知道"另外一条路径是开还是关。它的反射规律遵从一种奇怪的运算方法。

如果我们把双缝换成具有几万条狭缝的衍射光栅，我们在光栅一边的 A 点到另外一边的 B 点之间为光子提供了大量可供选择的路径。

我们发现，光子撞击形成的花样准确地对应由波的模型得出的干涉花样。不知为什么，所有可能的路径促成了屏幕上的干涉花样！

14.2.3 "路径求和"

为了解释所有可能的路径如何决定一个光子从 A 到 B 的概率（图 14.11），理查德·费曼（Richard Feynman）1948 年提出了一个新体系，现在被称为**路径求和方法**（**sum-over-histories approach**）。这一方法可以概括为：

"每一件可能发生的事都对发生的事起作用。"

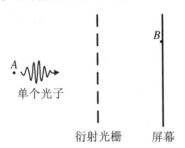

图 14.11 面对光栅的单个光子

14.2.4 旋转振幅矢量

在费曼体系中，光子的每一个可能路径都用一个"箭头"表示，被称为**振幅矢量**（**amplitude vector**）。在衍射光栅的情况下，每通过一个狭缝从 A 到 B 的路径就对应一个振幅，包括那些并不直接成直线的路径。对所有可能路径的振幅求和就可以得到光子从 A 到 B 的概率（图 14.12）。

在经典世界中不会有类似"路径求和"这样的事，只可能有一条路径（图 14.13）。当存在大量可能性任你选择时，我们只能选一个，其余所有没被选取的可能路径实际上都是与我们的选择无关的。如果我选择在图书馆学习,就绝不会知道我在高尔夫比赛中是赢还是输,也不会知道我在夜总会中丢失了什么!

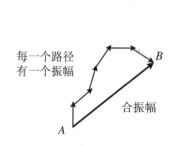

图 14.12 将振幅按坐标矢量方法相加得到一个光子从 A 到 B 的概率振幅

图 14.13 在日常的世界里我们从大量可能的路径中只能选择一条

费曼理论还有一个最重要的观念,即当我们带着光子沿任意一条路径行进时,振幅矢量在快速旋转,它随着时间的变化而指向不同的方向(图 14.14)。我们把该矢量想象为一只虚拟的秒表的指针,用这个秒表来测量旅行所用的时间。在光子到达 B 点的那一刻按停秒表,矢量所指的方向与旅途所用的时间有关,它是旅途终止时的方向,这一点对于我们计算光子选择某一特定路径的概率是最重要的。

然而,振幅矢量和普通的秒表有一点不同。秒表的指针旋转得比较慢,每一个选手到达比赛的终点时,指针所指的方向差不多相同;而在光子运动期间振幅矢量的旋转非常快,快到每秒几亿转,当光子到达 B 点时,矢量可能指向任何一个方向。

如果我们拿掉狭缝,光子将可能有无穷多条路径从 A 到达 B,而每一个路径都有一个振幅矢量(图 14.15)!

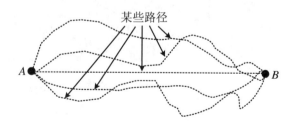

图 14.14 旋转振幅矢量

图 14.15 从 A 到 B 的每一条路径有一个有限的振幅

毛毛虫问的是一个很有意思的问题,答案绝不像猫头鹰回答得那么简单。我们通过实验知道光在自由空间中沿直线从 A 传播到 B,那么怎么可能对其他那些路径也有振幅?

光为什么沿直线传播？

我们不可能比费曼回答得更好，正如他在其著作《量子电动力学：光和物质的奇异理论》中所说的：

"我们在考虑所有的可能路径时，每一条弯曲的路径都有一条靠得很近的、短很多的路径，因而有更少的时间（实质上是箭头的不同方向）。只有紧靠直线路径旁边的那些路径具有方向几乎相同的矢量，因为它们的计时几乎相同。仅仅这类矢量才是重要的，因为这些矢量最终可以合成一个大的矢量。"

总结如下，靠近最短路径的那些路径所用的时间几乎相同，所以秒表停在几乎完全相同的位置。它们的振幅指向差不多相同的方向，而且互相加强。时间很长的路径，也就是那些很远的路径，变化非常明显，所以，它们的振幅指向任意的方向，而且互相抵消（图14.16）。

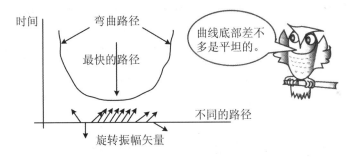

图 14.16　曲线的最小值处斜率为零

14.2.5　如何理解这一切？

对所有的路径求和以及旋转矢量的模式是不可思议的和难以让人信服的。费曼这样说明物理学家们怎样学会处理问题："他们已经学会去懂得，基本的问题不是他们对一个理论是否喜欢，而是理论所给出的预言是否和实验一致。问题也不在于理论是否具有赏心悦目的哲学形式，是否易于理解，或者从通常的观点来看是否合情合理,量子电动力学的理论以一种按通常的观点认为是违反常理的方法来描述自然,而这些描述完全符合实验。所以我希望你们能够接受自然,以它本来的面目——不合常理的面目。"①

14.2.6 将所有路径放到一起

没有人会因为对光的这些方面感到困惑而遭到指责。我们在费马的最短时间原理的基础上建立了几何光学,在波动光学中我们考虑了光的波动性,现在我们要考虑矢量振幅!

事实上,这些方法是数学形式的方法。费曼体系中矢量振幅的加和减与波的叠加方法相同,虽然表示单个光子可能路径的矢量振幅显得高深莫测,但是数学运算的结果是一样的。

先不谈"路径"和"旋转的箭头",让我们设想如图 14.17 所示的两列波,它们沿两条不同的路径从 A 到 B,然后再相聚。与最快的路径紧邻的那些路径长度几乎相等,到达 B 点的波几乎同相,所以在 B 点的合振幅很大;选择较长、较"迂回"路径的波到达 B 点时可以有任意位相。一般情况下,大量这类的波相遇将会抵消。

图 14.17 当路径的长度相差很大时,到达 B 点的波之间有任意大小的位相差

那么,新的理论是什么呢?

费曼揭示的新的、功效强大的理论涉及的体系可延伸到包含物质的最基本的粒子——电子。他的理论考虑了以下三种基本的行为:

(1) 一个光子从一个地方到另一个地方;

---

① Richard P. Feynman. 量子电动力学:光和物质的奇异特性[M]. 新泽西州普林斯顿:普林斯顿大学出版社,1985.

（2）一个电子从一个地方到另一个地方；
（3）一个电子可以发射或吸收一个光子。

费曼认为，这些行为产生了涉及光子和电子的所有现象。它们成为量子电动力学的基础。

14.2.7 量子电动力学

量子电动力学（QED）不是一种新的理论，它起源于1929年，被用来叙述光和物质的相互作用。光子不仅和物质有这种相互作用，而且也和携带基本电荷的电子有相互作用。

1929年，狄拉克把狭义相对论融合进量子力学中，发展出电子的相对论。该理论指出电子具有**磁矩（magnet moment）**，说明它类似于一个小磁体，能够和磁场相互作用。这个磁矩的大小在特定的单位制中被定为1。1948年，精密的测量得出的结果与上述值有微小的但很明显的偏差。测量值为1.001 18，小数点后最后一位的实验误差为3。分析认为，这一偏差是由于电子和光子的相互作用造成的。

费曼的理论体系不仅预言了这一偏差，而且极其准确地预言了它的数值。他计算出来的磁矩是1.001 159 652 46，对比目前非常精确的实验结果是1.001 159 652 21。这一数字的准确程度相当于从伦敦到纽约的距离的误差只有人类头发厚度！

在量子电动力学理论中，电荷之间的力是通过**虚光子（virtual photon）**的交换来传递的。将费曼的三种基本作用结合在一起得到的过程被表示在如图14.18所示的**费曼图（Feynman diagram）**中。

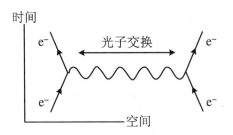

图14.18 费曼图画出了两个电子之间的光子交换，由此产生电子之间的电磁作用力

费曼图以一种看似简单的图解方式解释了非常复杂的过程。

例如，我们考虑这样一种情况，在时间-空间坐标中的两个电子，初态时一个电子在点1，另一个电子在点2，变到第二个态后，一个电子在点3，另一个电子在点4。

首先，有两个最直接的方式：电子可能互相"不顾"对方，而直接从 1 到 3 和从 2 到 4，或者它们采取了"交叉"路线，从 1 到 4 或从 2 到 3。我们不厌其烦地画出图形（图 14.19）表示这些情况。

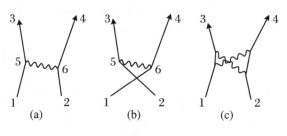

图 14.19

前两个费曼图[图 14.19(a)和(b)]所表达的方式为，电子到达中间点 5 和 6，交换一个光子，然后继续分别去向 3 和 4。在第三个图[图 14.19(c)]所表示的过程中，有两个光子被交换，我们可以画出许多独特的图。

问题的复杂性在于中间的交换点可以是时空坐标中的任意一点。在每一个图中对应所有路径的振幅必须通过计算和相加，正如费曼指出的："这儿有几亿个小矢量需要加在一起，这就是为什么学生毕业论文花了 4 年时间来弄清楚如何有效地进行这项工作……但是，当你是毕业生时，为了得到毕业证书，你必须坚持下去。"

然而，任务不是毫无希望的。图中的接头越多，振幅就越小，概率迅速下降到几百万分之一，甚至更小，于是，立即就有很多复杂的路径可以被忽略。同时，计算机程序可以提供帮助（许多计算是重复性的，对电脑来说是非常理想的）。

一旦掌握了方法，收获是颇丰的。量子电动力学被证明是一种非常完美的理论，所提出的预言与实验一致，而且其结果的准确性也是空前的。

理查德·费曼(Richard Feynman)和朱利安·施温格(Julian Schwinger)以及朝永振一郎(Sin-Itiro Tomonaga)一起获得了 1965 年度诺贝尔奖，原因是"他们在量子电动力学方面的基础性工作，开创了基本粒子物理的新篇章"。

历史的插曲

理查德·费曼(Richard Feynman,1918~1988)

理查德·费曼(图 14.20)出生在纽约郊区一个被叫作发洛克威(Far Rockaway)的小镇。他始终保持着谦逊的举止和浓重的布鲁克林口音,他不喜欢炫耀,也不喜欢任何形式的庆典,即使当他因为在量子电动力学方面的贡献而获得1965年诺贝尔奖时,他也是平静地而且多少有些勉强地接受下来。他对诺贝尔奖不感兴趣:"我已经得到了奖励——发现了这样一种奇妙的自然法则。"

费曼一直到17岁才离开发洛克威,去麻省理工待了4年,然后到普利斯顿读研究生直到1939年。1941年,他和Arlene Greenbaum结婚。她送给他一条座右铭:"你在乎别人是怎么想的吗?"1946年,Arlene死于肺结核,而这条座右铭却一直终身伴随着费曼。

1943年,费曼到洛斯阿拉莫斯(Los Alamos)为曼哈顿计划工作,这是美国高度机密的原子能研究项目。他在那里待到1946年。而后到康奈尔大学任教直到1951年。随后他去巴西待了很

图 14.20 费曼,1965年诺贝尔物理学奖获得者(提供者:©Nobelstiftelsen)

短一段时间,再到加利福尼亚理工学院任职理论物理教授。1955年,他和Gweneth Hawarth结婚,他们生育了两个子女,Carl和Michelle。

费曼对物理的伟大贡献当然是量子电动力学,然而这并不意味着这是他仅有的贡献。实际上,任何一个物理学领域都有他的独到见解。他传播知识的能力是非凡的,一代又一代的学生以及他的同事都受到过他的启发。费曼的讲课就像演出,自始至终让人感到是一种享受。Robert Leighton 和 Matthew Sands 记录了他在加州理工学院的杰出的本科生课程讲稿,并由此整理出版了三卷教科书,这些书无疑是同类书中最新颖和最具启发性的。

费曼从中学起就针对许多课题设计了一些有独创性的小实验。其中有一个用于研究"蚂蚁的智力"的实验,主要研究蚂蚁如何知道要到哪里去,以及它们之间是否会交流。他把一些蚂蚁放在纸条上,将它们轮渡到放在孤立高台上的糖的旁边,再移开。然后他将其中一些蚂蚁放到最初的出发位置。很快就有无数蚂蚁匆匆跑到"轮渡码头"附近,显然,消息已经传开:这条路通往放糖的地方。接着,他把实验深入了一步,把蚂蚁集中到码头,然后把它们拿到放糖的地方,随后将它们放回不同的地方。于是出现一个问题:如果一个蚂蚁想再次得到糖,它是回到最初被运送

的地点，还是去到它们被返回来的地点？实验结果清楚地表明，蚂蚁的记忆时间很短，它们只能记住最后停靠的港口，绝大部分蚂蚁都返回到最后"到达"的码头，而不是最初"出发"的港口。

费曼喜欢做各种各样的事情。他在巴西时学习过演奏桑巴音乐，参加过里约热内卢的狂欢节游行。他和很多艺术家成为好朋友，其中的 Jirayr Zorthian 教过他画画。他在他的所有作品上签上"Ofey"。其中一些作品达到了出售的水平，这些画作现在都成了收藏品。1982年，虽然他重病在身，但仍在影片《南太平洋》中扮演了一个巴厘岛上的酋长 Hai。

费曼喜欢搞恶作剧。他在洛斯阿拉莫斯为高度机密的曼哈顿计划工作，主要是分离铀的同位素以用于制造原子弹。为了使自己放松，他在业余时间尝试破解安全组合的密码，很快他就可以打开保险柜和装有机密信息的文件柜。他的一次行动曾引起巨大恐慌，那次，他不想通过官方渠道获得自己需要的文件，于是他打开了保险柜并留下了一张字条，上面写道："借用文件 No. LA4312——保险柜窃贼费曼。"

被军队除名

在战后驻德国占领军进行的一次精神检测中，费曼决定如实回答问题，而结果如果不是完全出乎意料也是让人大吃一惊，他被归为 D 类——有"缺陷"。例如：

"你认为人们会议论你吗？"——"当然。当我回家时，母亲常常对我说她怎样向她的朋友谈起我。"

"你的头脑中出现过噪音吗？"——"有时候当我倾听一个有外国口音的人讲话时出现过。例如，我能够听到 Vallarta 教授说：'Dee-a, dee-a electric field-a.'"

"你如何评价生命的价值？"——"64！！你能不能告诉我怎样测量生命的价值？"——"可以。不过你为什么说64，而不说其他的，比如73？"——"如果我说73，你可能会问我同样的问题。"

费曼对组织和权威的态度可以从他与后来任欧洲粒子物理研究中心主任的维斯科普夫（Victor Weisskopf）的一次打赌中表现出来，赌注10美元，打赌的内容是：他，费曼，绝不接受一个"承担责任的职位"。赌注被正式写了下来，上面对"承担责任的职位"的定义是"由于该职位的性质，要求持票人发布指令让其他人执行特定的行动，尽管事实上持票人并不懂他所发布的要别人完成的事情"。10年后的1976年，费曼收到了10美元赌注，因为找不到证据说明他发出过他本人都不理解的指令。

挑战者号航天飞机

1986年1月28号，"挑战者"号航天飞机发射失败，升空后几秒钟航天飞机爆炸（图14.21），全部7名宇航员在飞船中遇难。美国国家航空和宇宙航行局主任，费曼以前的学生威廉·格雷汉姆（William Graham）邀请他参加事故调查委员会，费曼

图 14.21(提供者:美国国家航空和宇宙航行局,肯尼迪空间中心)

勉强地接受了,并为此项任务以他惯有的作风到处奔波。由前国务卿罗杰斯(William Rogers)主持的委员会举行了多次会议(公开的和私下的)并进行了大量官僚主义式的讨论。费曼以自己的方式进行工作,他询问技术人员和工程师,并向车间的工人了解飞船构造的细节。他发现技术人员和管理人员缺乏沟通,而且,他们的担心似乎从来没有到达高层人员的耳中。一个主要的担忧是,飞船发动机密闭接头处的密封圈在强烈的震动下有可能泄漏。

在一次国家电视台直播的公开会议上,费曼从飞船发动机模型上取下 O 型密封圈并浸入一杯冰水中,他向观众展示了用于绝热环的橡胶在冰水的温度下受到挤压后失去了弹性。在飞船发射的那天早晨温度是零下 2 度,而之前最近的一次发射时温度为零上 12 度。因此关键时刻密封圈失效,使得火箭燃料外泄,从而引发大火。费曼用他在五金店买的一把钳子和螺丝刀在电视演播厅里以他自己的方式证实了事故的真正原因!

当委员会公布它的最终报告时,费曼添加了一段附录,附上他对事故原因的个人看法:一方面是科研人员和技术人员的合作变差,另一方面是管理不善,导致了"挑战者"号的灾难。

尽管费曼晚年疾病缠身,但他从未放弃冒险精神。尽管他的脑海中有很多想法,但他的一个非同一般的强烈愿望是去参观唐努图瓦(Tannu Tuva),因为他一直记得他童年时期所看到的三角形和棱形的图瓦邮票(图 14.22),而图瓦是一个位于蒙古西北被群山环抱的小小的苏维埃共和国(图 14.23)。吸引他注意的一个奇特的原因是,该国首都名称 Kyzyl 是他所遇到的唯一一个只有 5 个辅音字母组成的单词!他和他的一位朋友 Ralgh Leighton 花了很大力气,同时查阅了图瓦文-俄文和俄文-英文字典后凑出了一封信,请求准许到该国进行文化访问。

图 14.22

由于苏维埃和美国之间关系的原因,这种访问在当时是不会被接受的,而且在之后的几十年里也没有希望得到批准。费曼于 1988 年 2 月 15 日去世,虽然他在做最后一次大手术时,他在加州理工学院的几百名学生都为他排队献血,但仍未能挽救他的生命。而就在他逝世的几天前,从莫斯科发出的正式邀请函寄到了,收信人为"费曼和他的政党",邀请他访问唐努图瓦。

图 14.23

第 15 章
相 对 论
第一部分：如何开始

对所有人来说真空处处相同……

狭义相对论(special relativity)是论述不存在任何物质的真空以及光在这样的真空中的传播。随后的**广义相对论**(general relativity)则介绍因空间扭曲而导出的宇宙万有引力定律的几何表示。下面我们只讨论狭义相对论。

在爱因斯坦(Einstein)1905年发表他著名的论文之前就早已出现了许多指向相对论的原理。17世纪，伽利略(Galileo)就曾提出过，在移动的船舱中和在静止的实验室里所做的相同实验能得出严格相同的结果，因而地球的运动无法用落体实验来测定。与爱因斯坦同时代的荷兰物理学家亨德里克·洛伦兹(Hendrik Lorentz)和法国数学家亨利·庞加莱(Henri Poincarè)也各自独立导出了狭义相对论的数学公式。然而，毫无疑问，对这些原理的最终提炼和逻辑关联并使之成为可供观测的预测，应该归功于阿尔伯特·爱因斯坦。

正如量子理论改变了我们对周围世界的认识一样，相对论"消除了过去对事物先入为主的偏见"，并提出了新的基本的哲学原理，对于空间、时间、能量和物质这些似乎是显而易见的概念都从不同的角度加以考虑。光在新的理论中扮演着一个核心的角色。

在苏黎世专利局工作期间，爱因斯坦用业余时间思考有关空间和时间的问题。他并没有试图解释特定实验的结果；实验验证应该是他工作之后的副产品。他曾试图想象以最完美的方式构建世界，如同他若是上帝所应该做的那样！它的基本标准是对称、简洁和优雅，对宇宙方方面面都适用。

爱因斯坦从两个即使不是显然的但似乎是合乎逻辑的基本假设开始：真空是绝对均匀和对称的，光在真空中的速度处处相同。他在这些假设基础上，经过逐步的逻辑推理，得到了那些并不是显而易见的结论。

我们慢慢地遵循这些步骤一步一步地进行下去。令人惊奇的是，它们并非是难以想象的困难。时间的相对性可能是最有挑战性、最新奇的有待理解的概念。

15.1 空间和时间

在空间中或在它周围没有物质作参照物是很难讨论空间本身的。人们可以想象真空中的一个空盒子，或空荡荡的太空中的恒星和行星——如果去掉盒子、恒星和行星，那么会留下什么？

15.1.1 空间和古代哲学家

在我们能够确定空间的概念之前，古代哲学家依照他们自己的观点定义了它。他们似乎认为空间是一个区域，里面存在具体物质。地球是"悬挂在空间的一个球"。地球是实际的物体，必须存在于某个地方。空间是它"生存"的地方。

可能还存在另外的空间，如天堂，根据巴比伦人的观点，它是"一个由遥远的大山支撑着的圆顶"。这就意味着天堂的空间不同于地球占用的空间。古希腊人把两个天体合并，想象成地球外由同心透明球体包裹，各自承载一个天体。至于两个球体之间的空间是什么，他们并没有过多地考虑。

毕达哥拉斯（Pythagoras，约公元前550年）（图15.1(a)拿手稿者）不同意空间是空荡荡的概念，他相信，空间是由一个"完整的有限数字链"构成的。当然，数字不管是否完整和有限，都是一种抽象的存在，从这个意义上说，毕达哥拉斯的解释并不是特别有用或经得起推敲。他想向空间注入物质，而作为数学家，他最拿手的莫过于数字。

亚里士多德（Aristotle，公元前384~322）（图15.1(b)）认为，每件物体都可以在空间中占有一个"位置"。"每个可感知的实体根据其本性处在某个地方。"他断言有一种称为"绝对运动"的东西，从空间的一个地方移动到另一个地方，因此接下来可以把"绝对静止"定义为"待在同一个地方"。因而，亚里士多德的惯性定律被陈述为"物体在不受任何外力作用时保持静止不动"。

(a) (b)

图 15.1　毕达哥拉斯（Pythagpras）（拿手稿者）和亚里士多德（Aristotle）（雅典学院的壁画）

15.1.2　空间——直观的概念

也许会令人惊奇,直至近代我们对空间的直观看法基本与古人相同。很自然,地球、太阳、星星和银河系,甚至小到原子、电子和量子波包,都在宇宙空间中占据着部分空间并运动着。宇宙是个巨大的舞台,它提供所有物质存在的空间。

"如果我们拿掉所有物质会剩下什么？"这一问题的答案并不清楚。剩下的只是个空空的舞台。那里没有任何东西——没有原子,没有电子。毕达哥拉斯的有限数目的无限海洋的观点可能是很简洁的,但它很抽象,经不起探究①。

15.1.3　空间和时间——牛顿的观点

讨论**空的空间**有意义吗？艾萨克·牛顿（Isaac Newton）不仅说明了空间的基本性质,而且也解释了时间的本质。这些观点在当时或者被忽视,或者被认为是完全无关的问题。他的观点被当作历史事件而没有被考虑其科学价值,因为它们没有产生可验证的预言。

对于他的**基本原理**,牛顿首先声明:"我不是在定义时间、空间、位置和运动,它们是众所周知的",然后又自相矛盾地提出了以下定义:

绝对时间——"就其自身及其本质而言,是永远均匀流动的,它不依

---

① 在这里我们不讨论现代的观点,即认为在没有物质的空间存在像电磁振荡一类连续的作用,或现代对虚粒子的产生和湮灭的观念。

赖于任何外界事物。"

绝对空间——"绝对空间,就其本性而言,是与外界任何事物无关而永远是相同的和固定不动的。"

相对于"绝对空间",牛顿将"相对空间"定义为"绝对空间的一个可移动的维度。例如一个洞穴里的空间,在一个时刻是绝对空间的一部分,而在另一时刻则会是这个绝对空间的另一部分"。他将"位置"定义为"被一个物体所占用的那部分空间,它可能是绝对的,也可能是相对的,需要根据物体所占用的空间种类而定"。

牛顿的物体**运动**的概念是"从一个位置转移到另一个位置,并且运动可能是绝对的也可能是相对的,这取决于这些位置是绝对的还是相对的"。

毫不奇怪,人们发现自己被这些定义所困惑。牛顿也承认自己被困惑,他说:"然而,很难从表观上发现并有效辨别一个特定物体的真实的运动。"

在这里阐明牛顿的定义似乎没有意义。相对空间本身就是一个不明确的且很模糊的概念,其中"相对"一词就产生问题——"相对于什么?"更好的办法是忘掉牛顿的**绝对空间和时间**概念而采用爱因斯坦的建议"重新开始",并顺着一系列逻辑步骤进行推理。

15.2 "刻板的教条主义"

15.2.1 从零开始

爱因斯坦对流行于他那个时代的自然哲学家中的保守观点做了毫不讳言的评论:"……尽管在某些方面取得巨大成就,但在原则问题上教条主义仍然盛行。"这就向摆脱陈旧(先入为主)的时空观迈出了一大步,并建立起一系列全新的时空观的逻辑思维方法。**对称性(symmetry)** 原理作为自然定律的基本先决条件应运而生。

这样一种先入为主的观念通常指的是测量,尤其是速度测量。举例说,有一个乘客在行进的火车中步行穿过车厢,他或她的速度就取决于观察点。对于坐在车厢里的其他乘客来说,所观察到的速度是很慢的;但因为列车在飞驰,所以如果从站台上观察它,就是很快的;而若从地球外观察,则可能会更快。我们有一种固有的偏见,认为外空间有一个处于绝对静止状态的点,人们可以通过它来确定绝对运动。另外,还有一个绝对时钟会管理宇宙时间。

15.2.2 参照系——定义观测点

无论是隐性的还是显性的,涉及空间和时间的物理测量都是从预先给定的、数学上称之为**参照系**(frame of reference)的视角得出的。我们想象自己"坐在"参照系的原点,所有的位移、速度和动量的测量都严格地依据这个参照物。当然,通常没人会提及坐标系或参照系;然而,确实有一种隐含的,可能不是显性的,但通常被认为是理所当然的参照系。测量结果精确地依赖于参照系。

在不同参照系中的速度

让我们回到运行的火车。在下面的例子中(图15.2),当我们描述东方快车的一位检票员走过一节车厢这一运动时,可以选择多种逻辑参照系。他的速度将完全取决于我们的观察点。

图 15.2 验票员"真正的"速度是多少?

站长的观点

"火车以 100 千米/小时的速度行进"的说法意味着参照物在火车以外的固定点,可能是火车站。观察者可能是站在站台上的站长。从站长的主观角度来看,在火车上朝前走的检票员的速度略高于火车,是 103 千米/小时。

旅客的观点

"检票员以 3 千米/小时的速度走向火车头"意味着参照物在车厢里。观察者可能是坐在车厢里某位子上的乘客。当然,对于乘客这一参照系,他本身是静止的,而站长以及整个车站都以 100 千米/小时向反向移动。

检票员的观点

检票员也同样从自己的角度来看待同样的事物,在他看来,他自己是静止的,而其他人都在移动(尽管他可能过于谦虚不把自己当参照系)。从他的观点出发,站长以 103 千米/小时的速度向后飞驰而过,而乘客后退的速度就慢得多,仅为

3千米/小时。

宇宙观察点

最后,把观测点延伸到地球以外,甚至是银河系外的宇航员。由于地球自转并且绕太阳公转,同时整个银河系相对于其他星系也处于运动状态,从宇航员的角度来看,检票员、乘客和站长的运动将是所有这些运动的合成。

我们可以得出结论,对每一种运动只能指定一个参照系。有的人可能本能地觉得某些参照系会比另一些更重要,特别是会存在一个唯一的基础参照系使我们可以定义**绝对运动**(absolute motion),直到有人能够证明不存在那样一个"**绝对参照系**(absolute frame)"。爱因斯坦建议,为了从头开始,第一步必须考察当前流行的抽象概念,并判断哪些是事实上的"**主观偏见**"。他希望以具体的方式分析这些概念并通过逻辑推理产生明确的预测,看哪个能经受得住考验。

15.2.3 指出偏见

绝对空间(absolute space)

有一种偏见在当时的哲学家中很流行,即人们可以在某处定义一套绝对的、固定的数轴,组成一个测定绝对空间的参照系。这个绝对参照系提供了一个基本的、静止的参照点,并给出绝对运动的含义。由这个绝对参照系就可以测出物理常数(如光速)的"**真值**(true value)"。为使这种思想具体化,人们假设了一种遍布在宇宙中而没有质量的被称为**以太**(ether)的虚构的实体。它定义了在宇宙中静止的介质,并由此提供了一个绝对参照系(图 15.3)。另外,它也使原本应该没有任何东西的完全的真空中有了某种物质。支持以太概念的一个重要证据是基于光波可以穿越宇宙的事实,因为可以肯定,要传播诸如声波一类的波是需要一定种类的介质的。

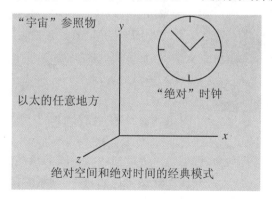

图 15.3 宇宙的"想当然"模式

绝对时间(absolute time)

第二个偏见是有关时间的概念。根据牛顿的说法,时间是绝对的。引用他的话:"时间的流逝是出于其本性,并没有任何外界因素的影响。"人们可以想象一个"主时钟(master clock)",所显示的是"国际标准时间",它在处处相同。

毕达哥拉斯认为空间是被有限数字充满的。而自然哲学家则认为是"以太"把它充满的。他们都相信空间中一定存在东西。

15.3 寻找以太

15.3.1 迈克耳孙-莫雷实验

在1880年期间,有两个美国人——阿尔伯特·A·迈克耳孙(Albert A. Michelson,1853~1931)(图15.4)和爱德华·莫雷(Edward Morley,1838~1923)做了一系列实验来测定地球在空间的运动速度。如果宇宙被静止的以太填满,则当地球绕太阳轨道快速运转时就会感到有一种以太风。光顺着以太风的方向传播时速度就该快得多,而逆向时则要慢得多。这就表明,在光传播的不同方向上速度的测量值应该不同。

迈克耳孙和莫雷建起了一套光学设备用于测量光速是否与方向有关。他们所寻找的效应是如此之小而实验装置又是如此之精细,所以为了减少震动,当他们做实验时,洛杉矶市所有的电车都停止运行。

图15.4 阿尔伯特·阿伯拉罕·迈克耳孙(提供者:梅岗蒂克山国家公园天文台,魁北克)

15.3.2 渡船的时间

迈克耳孙-莫雷实验的原理可以通过模拟两艘相同的承载着旅客的、在河中航行的船来了解。其中,一艘是横渡河流然后返回,另一艘则顺流然后返回。两船的出发点和返回点都在同一码头。河水从左到右有一个流速 v,如图15.5所示。两艘船有相同的静水速度 V,并且总行程都是 $2D$。但是,这两个行程的时间相同吗?

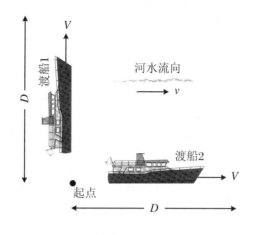

图 15.5　两艘渡船

直观上看起来答案不清楚。到底是横渡一个来回还是先顺流而下然后逆流而上一个来回更艰难？

渡船 1

为了横渡河流，渡船 1 将不得不逆着水流成一个角度行驶，以使水流的速度和渡船的速度合成一个横渡河流的合速度。选择适当的水流速度和渡船的静水行驶速度，我们可以计算往返的角度和时间。

假设渡船的速度 V 是 5 千米/小时，水流的速度 v 是 3 千米/小时，河流的宽度 D 是 4 千米，那么就可以利用如图 15.6 中所绘的直角三角形来算出合速度是 4 千米/小时，则横渡河流的时间是 1 小时（单程）。

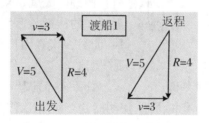

图 15.6

总行程的时间＝2 小时

渡船 2

在顺流而下的旅程中，渡船随波逐流，其合速度是 5＋3＝8 千米/小时，则向下航行的 4 千米旅程需要 1/2 小时。

逆流的旅程中，渡船必须抗拒水流，则合速度只有 2 千米/小时，因而它需要用

2小时去完成返程的4千米。

$$总行程时间 = 2 + \frac{1}{2} = 2\frac{1}{2}（小时）。$$

渡船2的往返时间要长些（图15.7）。

哪艘渡船用时多，哪艘渡船用时少这并不重要，重要的是为什么用时不相等。

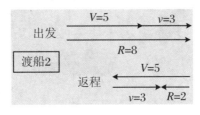

图15.7

15.3.3 实验详情

迈克耳孙（Miclelson）和莫雷（Morley）提出一个聪明的主意：使用现在被称为迈克耳孙干涉仪（Michelson interferometer）的仪器（图15.8），把"时间渡船"原理应用于光通过以太的旅程的实验。在这个仪器中，一面镀银的半透镜把一束光分解成两束。随后这两束光线相互成直角行进。每束光到达第二个镜子后被反射回镀银的半透镜，两束光线在此汇聚。

假设以太风是从左向右刮的，则经由反射镜2的往返旅程相当于渡船2，顺风和逆风，而另一半经由反射镜1的光线则往返都是"侧风"行进。

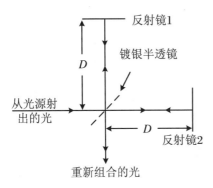

图15.9 迈克耳孙干涉仪

如果两个旅程存在有时间差，则重新合成一束光的两个分量就会有相位差，探测器就会检测出干涉花样。

迈克耳孙和莫雷慢慢旋转他们的仪器，他们期待当以太风从逆风渐渐变为顺风时位相差发生的变化。在此期间，干涉条纹会移动并通过**零标记（null mark）**的位置。他们试着在白天和夜晚的不同时间做这个实验，并在一年中重复了多次实验（图15.9）。

由于从来没观察到干涉条纹的变化，因而没有证据证明以太的存在。（因为任何旋转都会使干涉条纹移动，所以实验时不需要知道以太风的方向。）通过对两种干涉仪测量结果的比较，可以鉴别结果的"**否定性程度（degree of negativity）**"：

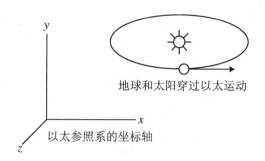

图 15.9　经典图像——地球穿过以太，以太是静止的，可作为一个绝对参照系

地球绕太阳运动轨道速度是 30 千米/秒。

迈克耳孙-莫雷实验标称灵敏度 ≈ 7～10 千米/秒。

现代实验（用 X 射线）的灵敏度 ≈ 3 米/秒（慢跑速度）。

如果存在以太，为什么不能测出以太风？

15.3.4　权威结论

爱因斯坦曾问道：为什么必须用数字的集合或假想的以太或其他东西来填充空间？难道我们就不能认为空间本身就是空无一物吗？

迈克耳孙和莫雷的结果实际上没有否定这一点；实验很成功。他们没测出任何东西，没有以太，更没有以太风。

15.4　对称性

15.4.1　空间是处处相同的

爱因斯坦在苏黎世专利局工作时就发展了他的关于时空的基本性质的思想。很显然，如果不存在以太，那么我们就有"空无一物的空间"。

在空的空间中，没有什么东西可以把一个地方和另一个地方区分开来，因而我们不得不放弃在空间"标记"一个点以区别于另外的点。爱因斯坦的下一个逻辑步骤是应用对称性原理，说明在空的空间的任何一个地点与其他地点无法区别。在空的空间没有里程碑！从"这里"到"那里"的说法毫无意义，因为此时"这里"和"那里"没有任何区别！词典中把运动定义为"位置或场所的改变"。在空的空间中没有所谓的场所，因而也没有像绝对运动或绝对速度等概念。

当然，我们可以谈论实物目标，如地球和月亮之间的距离。对于那样的物体，运行速度是有意义的，但在空的空间中"绝对"速度就没有任何意义。人们不能定义一个绝对静止的坐标系或相对于那个坐标系的绝对速度。

爱因斯坦将此一笔勾销，从完全对称的假设开始，着手建立起一个逻辑链，以此导出经得起考验的结论。

15.4.2　新的模式

传统的空间图像不能很好地表示宇宙的结构。无限大的空白书页应该更好些。这里没有中心，没有边沿，没有特定的方向，没有绝对的参考点。时钟和绝对坐标系是我们假想的虚构事物；它们是主观假想的实例。

当然，我们可以把物质甚至是我们自己放进模型中。我们可以放入恒星和行星并描绘它们的相对运动。我们也可以描述从一个行星到另一个行星的运动。但绝对运动或相对于空间的运动本身毫无意义。

15.5　狭义相对论

15.5.1　狭义相对论的基本假定

爱因斯坦提出两个基本假定来总结他空间一致性的推理：
1. 所有惯性（未加速）参照系都是等价的。
2. 对于所有观察者光速都相同。

简单的两句话全面定义了狭义相对论。其他一切都遵循逻辑链进行推理，并引出令人惊奇和难以置信的物理结论。更值得注意的是，爱因斯坦是在还没有办法进行实验验证时做出他的"古怪"预测的。

15.5.2　爱因斯坦的第一个假设

自然界没有区别

我们在做物理实验时通常采用最方便的参考系，把自己放在原点。虽然世界在运动,但是一个观察者不管是坐在实验室里还是在飞机上或在火车上,都会认为自己是静止的。我们通常把这些参考系标记为 S, S' 或 S''。在图 15.10 中,实验室被称为 S 参照系。没什么奥妙,它们只不过是一个符号!

第一个假设说明物理定律适用于所有未加速的参照系。把自己放在原点构建自己的参照系,这种想法是很合理的。没有任何参照系可以被定义为绝对静止的并且在某些程度上比其他参照系优越。

如果没有预先告诉你是在旅行,那么无论你是在飞机上用餐还是在火车上来回走动,甚至是在喷气式飞机上打台球,这些都和平时感觉没有不同。倘若没有起飞和降落或颠簸之类的加速度,所有事情和在候机室时没有两样。

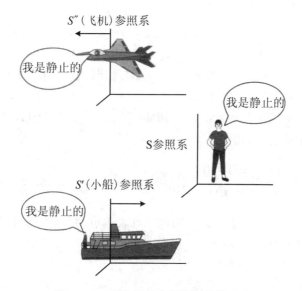

图 15.10　所有惯性参照物都是等价的

我们多数人曾有过另一种经历,从停在车站的列车窗口看其他轨道上的火车就会感觉到我们的火车像是开动了。几秒钟后,当其他火车的最后一节车厢离开了,我们才会确信这是其他火车在离开,我们的火车仍然停在车站里!根据第一个假设,如果我们"关上窗帘",并且和外界没有联系,就不可能用物理实验检测出匀速运动。无论窗帘是开启的或关闭的,我们只能说我们中的某个人相对其他人在运动。

15.5.3　伽利略的正确想法!

伽利略·加利雷(Galileo Galilei,1564~1642)在用公式表达他的"等效原理"

时，已经远远超过了他的时代。他写道：

> 把你和你的一些朋友关在一艘大轮船甲板下的最大房间里，里面有蚊子、苍蝇和其他有翼类的小昆虫；再放一支装满水的大管子，里边放进一些鱼；另外挂一个瓶子，让瓶中的水一滴滴地滴进放在它下方的细颈瓶中。在船静止时观察一些细节，有翼小虫以相似的速度飞往各个方向，管中的小鱼游向四面八方，瓶中的水滴全部滴进下面的细颈瓶……现在让船以你希望的速度动起来，只要运动是匀速的并且没有其他波动……你就无法识别上面提到的那些行为的最小变动，或区别船是运动的还是静止的。

伽利略没有提出疑问——"静止"的确切含义是什么？

伽利略的理想实验

伽利略通过一个模拟实验来阐明他的论断：地球绕太阳转而这个事实不会影响涉及落体的实验。他断言，不管船是静止的还是以一个恒定的速度向任意方向行进，水滴总会以稳定的速度持续从倒挂的瓶中滴进下方正对着的瓶子中（图 15.11）。

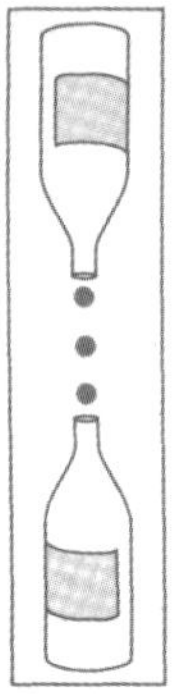

引用当前的术语，我们说在所有惯性系或伽利略参照系中进行的实验都是相同的。

图 15.11

15.5.4 伽利略变换（Galilean Transformation）

比较不同参照系中的观察者表达事物的数学方法被称为坐标"**变换（transformation）**"，它把原点位于一个参照系的坐标轴变换到原点位于另一个参照系的坐标轴。

伽利略变换是两个惯性系间标准的经典变换，例如灯塔参照系和一艘以恒定速度 v 沿 x 方向驶过灯塔的船（图 15.12）。对灯塔系统，我们不妨选择 S 为参照系，则船和船上的所有物体正沿 x 方向运动。而在船或被称作 S' 参照系上的伽利略认为他自己和他的实验仪器是处于静止状态。因而，例如坐标 x'（有可能是瓶子的位置）对他来说是不变的。每个物体的参照系应用于整个空间，而坐标轴延伸到各个地方。如果我们选择 S 和 S' 两个参照系，当秒表启动时，也就是时间 $t=0$ 时两个参照系是重合的，则同一物体（在两个参照系）的坐标之间的关系由图 15.13 中的等式给出。只有 x 轴受影响，y 轴和 z 轴不变。

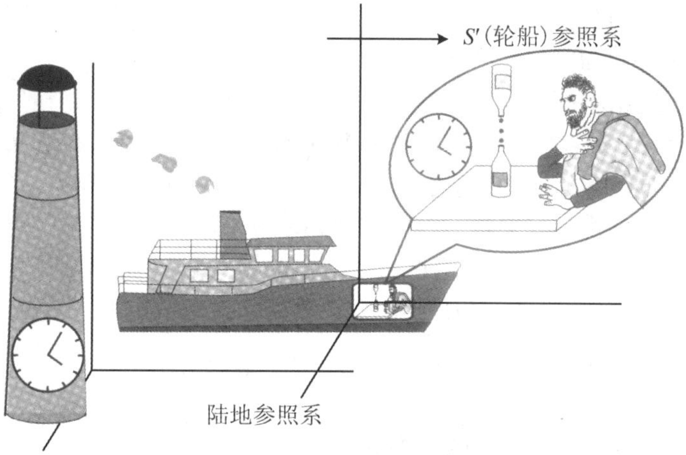

图 15.12　伽利略变换给出 S 和 S' 参照系的空间坐标

15.5.5　伽利略的第一个步骤

也许有人认为,伽利略早于爱因斯坦 300 年就提出了相对论的第一个假定,然而,把它描述为朝向最终目标的第一步,这种说法更为准确。伽利略的描述出自直觉,因为当时数学原理还没有建立。这个课题就留给了艾萨克·牛顿和后来的阿尔伯特·爱因斯坦,他们把直觉的描述转换为确切的陈述。

伽利略的直观描述被牛顿在他的运动定律中表达了出来。牛顿第二定律指出,力和加速度成正比,而不需要限定物体是静止的还是已经在运动的。不管是在干燥的陆地上,还是正在被轮船或飞机输送,昆虫和鱼受到的作用力相同,而且也以同样的无规律的方式活动;水滴也会从一个瓶子直接落到正下方的另一个瓶子中。

图 15.13

爱因斯坦转向下一步,也就是最后一步。

15.5.6　爱因斯坦的第二个假设

坚定的信念

第二个假设,即光速对于所有的观察者都是相同的,跨出了新的、超越伽利略假设的重要的一步。当时伽利略的想法只限于探求支配下落的水滴和飞行的昆虫的力学定律,光的传播不在他的考虑范畴内。这并不奇怪,因为当时通常认为光速是无限的。

爱因斯坦的第二个假设是第一个假设的逻辑扩展。它虽然看起来是个小步骤,但堪比尼尔·阿姆斯特朗(Neil Armstrong)的"人类的巨大飞跃"。它赋予了物理定律的对称性和普适性的新理解。

如果我们确信了所有参照系都是等价的,接下来就有:不管是在地球上的实验室里,还是在喷气飞机上的另一实验室,甚至是在宇宙飞船上,测量光速所得结果应该是完全相同的。否则,我们测试光速就应该区分是哪个参照系。

对于真空空间中的光来说,没有顺流或逆流。所有的方向都是等价的。这就是为什么迈克耳孙和莫雷的实验得出了否定的结果,或至少不符合当时的思路。伽利略并没意识到,如果在他的理想实验中用的是光而不是下落的水滴,他将会得到一个更强有力的论据!

15.5.7 一个与光有关的假想实验

尽管光速对于所有观察者都一样的假设好像是对第一个假设的简单的认同,它的结果似乎毫无意义。

在一个假想实验中,假设地球上一个观察者向一艘离他而去的宇宙飞船开激光枪(图 15.14)。无论是谈论波还是光子都无关紧要,我们仅仅关心有一个光信号在追赶和超越宇宙飞船。

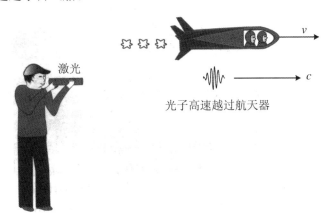

图 15.14　地球上的人和航天员在测量同一光信号的速度

地球上的观察者和宇航员在各自的实验室里通过测定光信号经过标定距离的时间来测量光信号的速度。根据爱因斯坦的假设,在各自的参照系 S 和 S' 里两个观察者所得的光信号速度都相同。

15.5.8 悖论①——他们怎么能得到相同的结果呢?

"常识"告诉我们,当光信号正在超越宇航员时,它相对于宇航员的速度比相对于地球参照系的速度要低。而爱因斯坦的第二个假设"光速对任何观察者都相同"告诉我们的却有些不同。我们或者接受,或者不接受。如果我们接受它,我们就必须接受那些结论。奇怪的是,它们看来好像是对的!

我们必须承认,产生矛盾的不是自然法则本身,而是自然法则的本来面目和我们主观认为它们应该是什么样的之间的矛盾。

15.5.9 爱因斯坦归纳事实

让我们试着把爱因斯坦模型和他的结论形象化。为简单起见,我们假设开始时(或更正式地表示为在 $t = t' = 0$ 时)两个参照系的原点重合,并且光源被放在共同的原点上。光信号像一个巨大的、快速增大的气球向四面八方发散。

每个观察者都会有各自的看法和说法,但即使当参照系分开后,他们仍然会说光线从他们参照系的原点均匀地发出。这样从图 15.15 上就发现了一个问题:两个人的说法似乎是不相容的。

15.5.10 数学形式上的"不可能"

以上两个说法可能是矛盾的,但若把它们放进数学公式,问题就不存在了。我们简单地定义两个参照系 S 和 S',根据各自的坐标系把光速表示为以下公式:

$$c = \frac{\text{行程距离}}{\text{所用时间}}$$

---

① 悖论(《钱伯斯词典》定义):一个陈述表面看起来很荒谬,但它却是或可能是真的。

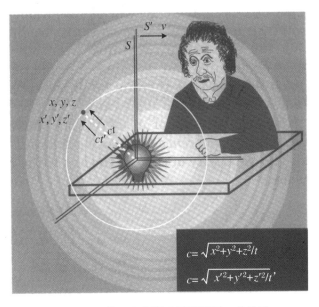

图 15.15 从两个参照系看到的同一光信号

由于 c 是常数，而且两个坐标系中距离不同，所以两个坐标系的时间间隔也应该不同。

为了"解决不可能"，我们必须消除任何传统的时间的概念，并引入一个全新的概念。我们可以假定没有宇宙时钟，而时间在两个参照系中以不同的速率流逝；应当放弃牛顿的**绝对时间**的概念，即时间"是本性，它的流逝不受任何外部因素的影响"。"时间的相对性"的概念是解决这个矛盾的关键（图 15.16）。

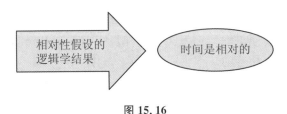

图 15.16

地球人和航天员所使用的计时器可能是相同的，它们都正常运行，但各自处于不同的"时间参照系"。没有什么道理可以说一个是"正确的"而另一个是"错误的"。既没有中立的仲裁者也没有宇宙时钟。航天员的生物钟，他的脉搏和他对时间的感觉都与他自己的参照系中的时间流逝相关。

15.5.11 洛伦兹变换(Lorentz transformation)

伽利略变换没有给出在所有惯性参照系中相同的光速的值。给出这个相同值的是丹麦著名物理学家亨德里克·安东·洛伦兹(Hendrik Anton Lorentz,1853~1928)。伽利略变换和洛伦兹变换(图15.17)的基本区别是,后者对应的任意两个参照系的时间坐标不相同($t' \neq t$)。

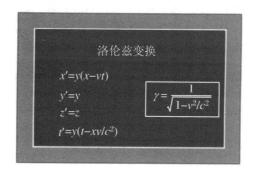

图 15.17　洛伦兹变换

这样,在坐标变换中引入我们的距离/时间公式,就不难得到在两个坐标系中光速具有相同的值。

15.5.12　伽马因子(gamma factor)

洛伦兹变换方程的关键参数,是相对论伽马因子(图15.18)。对于相对速度比光速小得多的情况,$\gamma \to 1$。于是,洛伦兹变换就回到伽利略变换,相对论效应被忽略。

实际上,人造卫星绕地球飞行或航天器飞向月亮时,速度都远没有接近相对论的速度。协和式喷气飞机是一种超音速飞机,对于付费旅行的旅客是最快的旅行方式,时速可达两倍音速。但是,由于空气中声速(≈300米/秒)比光速低一百万倍,当然 $v^2/c^2 = 10^{-12}$ 也非常小,所以伽马因子对旅客或飞行员都不会有任何影响。

图 15.18

另一方面,在宇宙辐射和加速器中的基本粒子以接近于光速(百分之一以内)的速度运动,这时相对论时间就变得非常重要。表15.1列出相对于各种速度(光

速的倍数)的伽马值。

表 15.1 相对论的伽马因子

v	空气中声速=300 m/s $=10^{-6}c$	地球绕太阳的轨道速度=30 km/s = $10^{-4}c$	0.5c	0.9c	0.99c	加速器光子的速度=0.999c
γ	1.000 000 000 000 5	1.000 000 005	1.15	2.3	7.1	22.3

15.5.13 是事实还是虚构?

时间的膨胀给科幻小说家们提供了丰富的材料来源。值得考虑的是,其中有多少具有物理上的可能性,有多少纯粹是虚构的。最明显的问题是有没有"时间旅行"的可能性。

我们可以提出一个强有力的论据来说明为什么时间旅行不是合理的命题。

首先,相对论的理论没有提出时间倒退的机理。当 v 取零到 c 之间的数值时,伽马因子为正数。对于 v 值大于光速,伽马因子没有物理意义。

第二,有一个很好的物理上的理由。它与相对论无关,这可说明为什么回到过去不可能。这是一个与任何参照系无关的基本的热力学定律,它断言时间只会单向流动。

最后,有一个逻辑上的理由。时间倒流意味着人们有可能回到过去以消除已发生的事件的起因,从而改变历史。

15.6 重现毕达哥拉斯定理

毕达哥拉斯定理(The theorem of Pythagoras)指出,直角三角形的斜边平方等于两个直角边平方之和。这是我们所学到的第一个几何定理。

在毕达哥拉斯以前,人们早已知道一个三个边长符合"**幻数**(magic number)"的三角形是直角三角形。左边的邮票(图 15.19)说明数字 3、4、5 构成那样的三角形。我们选择这三个数来表示本章早些时候叙述的渡船的速度和它的垂直分量,是因为它们既简单又方便。

毕达哥拉斯做了适用于所有的直角三角形的通俗的说明。我们可以把它用来表示从都柏林到爱丁堡的位移矢量,如图 15.20 所示。

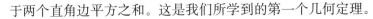

图 15.19 毕达哥拉斯定理(提供者:希腊邮局)

第一种情况,x 轴和 y 轴分别是东西和南北方向。(我们假定地面是平的，忽略地球的弯曲。)第二种情况，坐标轴旋转了一个角度。为了方便起见，每种情况我们都把都柏林设为原点，则爱丁堡的坐标由 x, y 变为 x', y'。

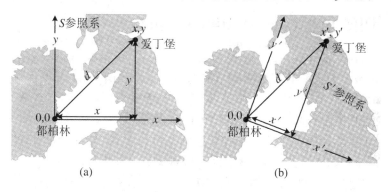

图 15.20

都柏林到爱丁堡的距离不变。无论使用哪个参照系，位移矢量分量的平方和 $(x^2+y^2)=(x'^2+y'^2)$ 相等。矢量在坐标轴变换时保持不变。

15.6.2 转向三维坐标(three dimension)

毕达哥拉斯定理同样可以很好地用于三维坐标的情况，即三个相互垂直的分量的平方相加（图 15.21）。当坐标轴绕原点旋转时，给定点的坐标会改变，但其平方和不变（图 15.22）。

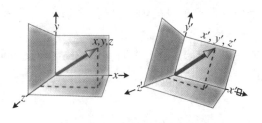

图 15.21

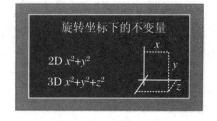

图 15.22

15.7 四维坐标(fourth dimension)

我们很难把多于三维的坐标形象地表达出来。然而,数学并不依赖于形象化的图形,很早以前数学家们对抽象几何就已经很熟悉。1844年,来自什切青(Stettin)(当时属于普鲁士)的赫尔曼·格拉斯曼(Hermann Grassmann,1809~1877)发表了一篇题为"广延数值理论"("Die Lineare Ausdehnunglehre")的论文。它定义了多维的数学形式,早于我们现在所熟知的矢量代数。

数学家们感兴趣的是体系的逻辑性和完美性,不考虑是否有物理意义,因而矢量空间是一种纯数学的构想,它具有抽象的、预先规定的性质。它可以有任意数目,甚至无限数目的维数,是一个超越了日常理解的概念。

赫尔曼·闵可夫斯基(Hermann Minkowsky,1864~1909)是一位生于立陶宛但父母是德国人的数学家。他在1908年使用了把时间作为第四个维度的几何方法来解释爱因斯坦的相对论假设。当年的9月21日,闵可夫斯基在科隆的第80次德国国家科学家和物理学家大会上做了题为"时间与空间"("Ruum und Zeit")的报告。他用以下语言作为他的开场白:

"我想展现在你们面前的有关时间和空间的看法是从实验物理学土壤中萌芽的,这就是它们的力量所在。它们是基础。从今以后,单独的空间和单独的时间会像影子般消失,只有它们之间某种组合能表现为独立的实体。"

毕达哥拉斯定理被引入四维几何并且应用于时空长度或间距不变(invariant length or interval of space-time)的观念。

15.7.1 时空坐标中不变的间距

"事件"的定义

在时空中,一个事件由四个坐标(x,y,z和t)标定。它可能是伦敦一场足球赛中裁判员的一声哨声,也可能是飞往遥远星系宇宙飞船上宇航员的引人瞩目的比赛。第一种情况,事件由地球参照系坐标表示,第二种则由宇宙飞船参照系标出。

有什么事物对所有观察者都一致吗?

让我们回到爱因斯坦在桌面上的实验。他考虑时空坐标中的两个事件:
事件1是当两个参照系重合时从位于两个参照系原点的光源发射出光信号。

事件 2 是同一信号到达时空中的另一个点。图 15.23 桌面上的方程式是根据爱因斯坦假设得到的光速表达式，对所有观察者来说都一致。我们可以把它写成另一种形式：$x^2 + y^2 + z^2 - c^2t^2 = 0$，利用它来定义时空坐标中事件 1 和事件 2 的**间距**(interval)，这一间距对任意参照系都相同(图 15.24)。无论是在地球上还是在宇宙飞船上，或者是在其他地方，都能得到精确的相同的值。

图 15.23

爱因斯坦实验中的事件是通过光信号相互联系起来的，根据以上方程，它们之间的时空间距为零。除第四项时间分量是减号以外，时空间距的表达式和毕达哥拉斯的"平方和"公式相同。这种情况下，空间和时间的分量数值相等，符号相反。

为了依照我们所熟悉的三维几何的思路建立一个四维几何系统，我们必须把时间分量的平方项设为负值。在数学上，像这样的数字被称为**虚数**(imaginary numbers)，可以有它们本身的物理意义。

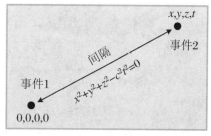

图 15.24 空间-时间

表达式 $x^2 + y^2 + z^2 - c^2t^2$ 定义了任意两个事件间的间距，无需用光信号相联系。通常它的值不是零，但无论是什么值，对于所有参照系都相同。

一个时空间距具有时间和空间两个分量。就像一个"法向"矢量在坐标轴旋转时数值保持不变一样，在洛伦兹变换下的时空间距也是恒量。时空间距的值对于每个人来说都是一样的，但使用不同参照系的观察者得到的时间和空间的分量却不相同。

据说毕达哥拉斯在感恩节奉献出 100 头牛作为供品供奉缪斯(Muses)以感谢缪斯让他有了重大发现。如果他认识到这个发现的重要性，恐怕他会认为这 100 头牛的贡品仍远远不够！

15.7.2 抽烟的宇航员

让我们用一个科幻短片来展示不变的时空间距,不过计算是有事实根据的。

宇宙飞船上的一个宇航员以很高的速度飞向或远离地球。他吸着和他在地球上所吸的同一品牌的烟。实际上吸烟用的时间相同。

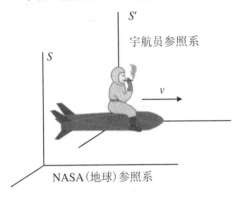

图 15.25

在地球上美国国家航空和宇宙航行局(NASA)的观察员用"超级望远镜"观察宇航员(图 15.25),并测定吸烟时间,以确认宇航员没超过被允许的休闲时间。

(NASA 观察员根据光到达他的望远镜的时间延迟来确定吸烟时间。)

事件 1:宇航员点燃香烟。

事件 2:宇航员吸完香烟。

他吸烟用了多长时间?

对这个问题没有"正确的"答案,答案与参照系有关。宇航员会考虑的是他和雪茄所在的静止参照系中的时间 t'。这个时间称为**特有(本征)时间(proper time)**①,它和 NASA 观察员所测的时间 t 不同。

事件 1 和事件 2 间距不变,是唯一一个让两个观察员都同意的事。

对宇航员来说,两个事件之间不存在空间间隔。点烟和吸完烟都发生在"同一地方"。

从地球观察员的观点,宇航员吸烟时段飞船飞过距离为 x。

NASA 间隔是: $x^2 + 0 + 0 - c^2 t^2 = v^2 t^2 - c^2 t^2$。

而宇航员的间隔是: $0 + 0 + 0 - c^2 t'^2$。

对于宇航员和"NASA 观察员"来说,时空间距是相同的,因此有图 15.26 中的等式,这样得到 NASA 时间和宇航员**特有时间**的关系:

NASA 时间 $= \gamma \times$(宇航员特有时间)

---

① 译者注:在以往有关相对论的翻译中,"proper time"通常被译为"本征时间"。本书译者认为不妥。"本征时间"的表达容易被误解成一种绝对的、特殊的时间属性。而相对论表明不存在绝对的时间,不同坐标系中的时间间隔可能不同,但所有的惯性参照系都是等价的,不能说哪个参照系的时间更为"本征"。另外,单词"proper"的原意("本身的,特有的,合适的"等)和表示"本征"的单词"intrinsic"或"eigen"也不尽相同。因此,本书中将"proper time"一词翻译为"特有时间",表示对指定坐标系"特有"的时间。

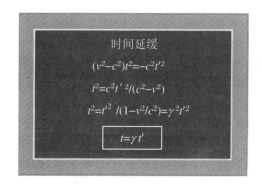

图 15.26

伽马因子把特有时间间隔和在其他参照系的时空间距的时间分量联系起来。

由于 $\gamma>1$，所以在其他参照系中的时间总是要（比特有时间）长一些。对于我们，宇航员的香烟（还有他的生命！）会显得更持久，他的活动会像"慢动作"。而航天员自己却觉得没什么区别。他的时钟显示的是他自己的特有时间。这个效应被称为**时间膨胀（time dilation）**。

15.8 一个哲学插曲

15.8.1 "同时发生"是什么意思？

牛津词典对"同时发生"的定义为"在相同的时刻发生"。转换成相对论的语言就应该意味着两个事件间距的时间分量 Δt 为零。但我们知道，时间只是间距中的一个分量；它对所有的观察者并不都相同。某些观察者认为的"同时"，对另一些观察者则不是。"同时"这个词应用于时空分离的事件中没有意义。在宇宙中任何地方都没有绝对的"现在"。

让我们还回到我们"实际的"例子。在伦敦开始的一场足球赛和一个远在亿万千米外旅行的宇航员的引人瞩目的比赛是两个时间和空间都分立的事件。当有人从某个参照系观察时可能会发现它们之间的间距只有空间分量而时间分量为零，在这种情况下时间是同时发生的。在另外的参照系中的观察者可能发现间距具有时间和空间两个分量。对于他们，事件发生在不同时间。没有哪一个说法可被称为"绝对的"正确或错误。

历史的插曲

亨德里克·A·洛伦兹(Hendrik A. Lorentz, 1853～1928)

亨德里克·安东·洛伦兹(图15.27)于1853年7月18日出生在荷兰的阿纳姆(Arnhem)。他4岁时母亲格特露达就去世了。他说话很晚，这表明早期的语言技能可能影响后来的心智能力。他6岁时进入阿纳姆市著名的学校Master Swater，马上就成为班上的优等生。天生害羞的他发现这使他很尴尬，以至于他认为故意制造数学上的失误会使他变得不显眼。然而，在他认为可能制造失误时，却又感到看起来如此荒谬，以至于他马上放弃了这个想法。取而代之，他用自己的钱买了本对数书，在他9岁时就自学如何使用它。

亨德里克的父亲格利特·弗雷德里克·洛伦兹(Gerrit Fredrik Lorentz)在亨德里克10岁时再婚，继母路贝塔·赫普吉斯(Luberta Hubkes)与他相处很好。

1870年，洛伦兹进入莱顿大学(Leyden University)学习数学物理，并在22岁前获得了博士学位。3年后，他受聘理论物理教授职位——简直是青云直上！此后他一生都住在莱顿。

图15.27 亨德里克·安东·洛伦兹，1902诺贝尔物理学奖获得者(提供者：诺贝尔基金会)

洛伦兹从学生开始就对詹姆斯·克拉克·麦克斯韦(James Clerk Maxwell)的电磁理论很感兴趣,并且在他做博士论文期间修改了这个理论,使其适用于处理反射和折射现象。1878年,他在一篇论文中扩展了他的研究,讨论了为什么光通过介质时速度会慢下来,并得出了介质中的光速和它的组成的关系。几乎在同时,丹麦物理学家路德维格·洛伦兹(Ludwig Lorentz,1829~1891)也得出了相同的公式。这个密度和折射率之间的关系式现在被称为洛伦兹-洛伦兹公式。

洛伦兹坚持了多年的周一早上的公共演讲变得很出名。不管对同事、政治家还是陌生人,他都很有魅力,并有出色的待人接物的技巧。优秀的驾驭语言的能力使他获得了主持国际聚会的机会。他是1911年秋第一届索维尔会议(Solvay Congress)的主席,这是一次由比利时实业家恩威特·索尔维(Ernst Solvay)组织的会议,邀请了当时最有名的物理学家讨论由经典物理过渡到革命性的量子物理的问题。洛伦兹又继续担任了在1913年、1921年、1924年和1927年举行的所有索维尔会议的主席。他从来没有真正地研究量子力学。据说有一次在与海森堡讨论中有人听到他说:"很难相信除了一个矩阵,我什么都没有!"

洛伦兹和他的学生彼得·塞曼(Pieter Zeeman)因其在磁场对辐射现象的作用的研究而获得了1902年的诺贝尔物理学奖。洛伦兹在他的诺贝尔奖报告中首先对他的学生塞曼表示敬意,但塞曼由于生病未能去斯德哥尔摩。洛伦兹提出了一个理论,认为电磁波是由原子中的微小带电粒子(后来被称为电子)的振荡而产生的。他通过计算得出,如果把光源放在强磁体的两个极之间,则单一频率的光源能够发射出三个不同频率的光。塞曼用精细的系列实验证实了它。在该篇报告中,洛伦兹对克拉克·麦克斯韦表示敬意,因为他是光的电磁理论的创建者;他对海因里希·赫兹表达敬意,由于他用实验证明了麦克斯韦方程的结论。洛伦兹继续说道:"整个自然界充满了电磁波,虽然波长不同,但本质基本相同……电磁波开始用于无线电报,去年夏天已建成从英国西南角远至芬兰湾的无线电报的传输。"

1902年,洛伦兹与大多数的物理学家一样相信以太的存在,"光的载体充满整个宇宙"。没人发现过以太的直接证据,并且迈克耳孙和莫雷在1887年完成的实验也没能测到"以太风"。洛伦兹怀疑在地球穿过以太的旅途中是否被压缩并拖动以太,从而引起一个像水绕着一艘船流动的复杂的以太流。在诺贝尔奖的报告中,他以描述的方式发挥了这个主题:"我们可以希望用一个巨大的、飞快运动的活塞来代替以太吗?……在地球以高于特快列车几千倍的速度在太空中每年一圈地绕太阳运行的过程中……我们可能会想象出在这种情况下……地球会把自己前面的[以太]推开,而以太就会流向行星的后面……以便占据地球刚腾出的空间……"他推断,地球被处于湍动的以太包围,因而从恒星发出的光在到达地球的过程中会受到某种程度的影响。但是洛伦兹也承认天文观察对以太运动给出了否定的答案。

1892年，洛伦兹提出了另外的解释：刚体（如迈克耳孙的仪器）会在运动方向上发生微小的收缩。迈克耳孙实验的零结果可以根据对条纹移动的计算进行尺寸修正得到预测。洛伦兹并不知道爱尔兰科学家乔治·菲茨杰拉德（George Fitzgerald）在1887年发表的一篇短文也提出了几乎同样的收缩。值得称赞的是，后来洛伦兹每次演讲都感谢菲茨杰拉德首先发表了这个想法。这就是著名的洛伦兹-菲茨杰拉德收缩。

1904年，洛伦兹用不仅调整长度也调整时间参数的方法改进了这个修正，"把时间和空间都拉拽变形"，这就是著名的坐标和时间的洛伦兹变换。爱因斯坦把这个理念发展成为全新的时空哲学，为相对论奠定了基础。

洛伦兹似乎从未完全接受爱因斯坦的理论。他在1913年的一个报告中提出了他的质疑："就这个演讲者①而论，他在老的解释中找到了较为满意的说法，根据这个解释，以太至少还拥有一定的实质性，空间和时间可以截然分离，对'同时发生'不会有更深层的解释。最后应注意的是，不可能观察到比光速更高速度这个大胆的断言包含一个我们可以接纳的假想出来的限制，也是一个不可能被毫无保留地接受的限制。"

讲到相对论的历史不能不提及法国数学家朱尔·亨利·庞加莱（Jules Henri Poincarè）的贡献。庞加莱在其1898年发表的一篇题为"时间的度量"（la mesure du temps，法文）的论文中写道："……我们并没有关于两个时间间隔相等的直觉。定义两个事件的同时发生或它们发生的顺序，与定义两个时间间隔相等一样，必须用尽量简单的语言来叙述这些自然法则。"在1900年巴黎国会会议的开幕致辞中，庞加莱严肃地质疑了以太存在的问题。在1905年6月5日收到的一篇通信中他写道："证明绝对运动是自然界的普遍规律几乎是不可能的。"爱因斯坦解释他的相对论的假说的第一篇文章于6月30日被接收。在庞加莱随后发表的文章和演说中从未提及爱因斯坦。同样，我们也发现爱因斯坦的文章中也只有一次提到过庞加莱。相反，洛伦兹很认可爱因斯坦和庞加莱，他在其著作中经常引用他们的文章！

毫无疑问，洛伦兹得到了爱因斯坦的高度尊重，后来他写道："年轻一代的物理学家还没有充分认识到H·A·洛伦兹在理论物理基本原理的组成中起决定性作用的部分。造成这个古怪事实的原因是他们过于完全地吸收洛伦兹的基本思想，以至于他们无法理解越是大胆的思想在物理学中表现得越简单……"

1920年，洛伦兹的才智被用于解决实际问题。荷兰大部分地区低于海平面，总是存在洪水泛滥的危险。1916年元月，须得海（Zuiderzee）海堤（图15.28）两处决堤，造成大面积水灾，因此荷兰政府决定建一个横穿须得海北部的大坝，以使它和北部海域隔绝。这个计划需要很复杂的规划，需要考虑潮汐、风暴潮以及靠近北边海岸线的陆地和许多岛屿之间洋流的影响。

---

① 译者注：这里的演讲者应该指洛伦兹本人。

图 15.28　须得海堤图

1918年，荷兰议会任命一个包括工程师、海洋学家和气象学家的委员会，邀请洛伦兹主持该委员会。虽然洛伦兹很忙，但作为爱国的荷兰人，他还是决定接受这项任务。他应用他的流体动力学的理论知识来计算水流通过复杂渠道网络和沙滩的速率，用苏伊士湾和布里斯托尔海峡的较简单的模型检验他的计算结果。他发现了意想不到的效应，如潮汐波和从海岸线反射波的干涉而导致的驻波和由强大共振效应导致的异常强大的洋流，因此大坝的设计不得不考虑能承受最坏的可能性。这项工作使洛伦兹一直忙到1926年。完成的报告有超过一半是洛伦兹本人写的。1927年1月，大坝的修建几乎是在报告完成后就立即开始了，并且在5年后顺利落成——很可惜洛伦兹没能等到这一天。

洛伦兹于1928年2月4日去世。O·W·理查森在一篇文章中记述了他的葬礼："葬礼于2月10日在哈勒姆(Haarlem)举行。葬礼期间，荷兰12个州的电报和电话服务暂停3分钟以悼念当代荷兰最伟大的人物。这引起了许多外国同僚和杰出物理学家的关注。欧内斯特·卢瑟福(Ernest Rutherford)总统代表英国皇家学会在葬礼中做了赞扬他的演说。"

第 16 章
相 对 论
第二部分：可验证的预测

相对论是在没有实验验证手段的情况下发展起来的。它们的概念对于"日常世界"是如此陌生，以至于很容易被怀疑。其基础假设有可能是错误的，或论证的逻辑性有某些缺陷。

爱因斯坦确信它的理论不是简单的数学幻想，而是宇宙基本定律的真实描述。当有人问起："爱因斯坦教授，你怎么知道你的理论是正确的？"他回答："我能说的只是，如果它不正确，耶和华就错过了一个极好的机会。"

爱因斯坦这一工作的伟大成就在于它并没有止步于仅仅成为一个完美到连上帝都不会忽视的理论，理论所得出的一些预测在许多年后被实验证实。为了体验时间膨胀，太空旅行者必须以接近光速的速度行进。虽然太空人的香烟的例子是科学上的虚构，但宇宙辐射中的基本粒子以 0.9 倍至 0.99 倍光速飞向我们却是事实。这时，时间膨胀就变得不可忽视。20 世纪 50 年代对宇宙辐射的研究提供了时间膨胀真实存在的证据。

爱因斯坦最著名的预言是根据方程 $E = mc^2$ 得出的质量和能量的等价性。这个等价性在 1942 年得到确认。当时恩里克·费米（Enrico Fermi）和他的团队在芝加哥的一个壁球室里进行了第一次核连锁反应试验。带有戏剧性但又不幸的是，它导致了 1945 年广岛和长崎的"原子"弹爆炸，质量被转换成了巨大的能量。现在我们可以用可控的反应堆来产生能量，同时我们也知道核反应是太阳产生光和热的源泉。

关系式 $E = mc^2$ 看起来完全与狭义相对论无关。质量和能量的等价性是由涉及时间和空间对称性的论证推断出来的，这似乎很不可思议！在本章中，我们试图遵循逻辑链条一步步进行推理。一旦指明了道路，就需要我们将力学的基本知识从相对论原理转向质能等价原理。核能的存在确实是个非常有说服力的证据！

16.1 时间膨胀

16.1.1 行动中的时间膨胀(time dilation in action)

地球无时无刻不受到从宇宙其他地方来的,主要是由高能质子组成的**宇宙射线(cosmic radiation)**的轰击。幸运地,或是上帝的安排,地球的大气层为我们遮掩了大部分射线。在上层大气中,质子和空气相互作用,引起能够产生新的物质粒子的核反应。随后开始进行一系列连锁反应,最终产物包括具有超大穿透力的 μ 介子①,其中少量被大气吸收。μ 介子很不稳定,存在的时间仅有百万分之二秒(图 16.1)。

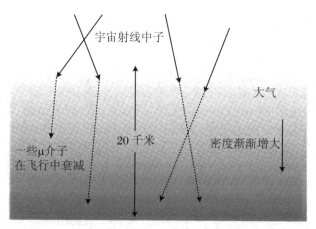

图 16.1 宇宙射线相互作用(由于时间膨胀,许多 μ 介子到达海平面)

16.1.2 活在借来的时间里?

多数 μ 介子是在海平面以上两万米处诞生的。它们的平均寿命大约是 2×10^{-6} 秒,因此,假设它们以接近于光速飞行,那么它们在衰变前预期将飞行 600 米。

既然它们是在 20 千米以上的高空诞生的,为什么会有那么多能到达海平面?

---

① μ 介子是在 1936 年被首次发现的,质量是电子的 200 倍,电荷大小与电子一样,但可正可负,有时可称为"重电子"。

从统计的角度来看,一个不稳定粒子能存活超过它平均寿命30倍的几率是 e^{-30} = 10^{-13} 数量级——是国家彩票中奖几率的百万分之一!从某种意义上说,这些飞行的 μ 介子似乎发现了超长寿命的奥秘!

其秘密在于一个事实,从我们的参照系来看,μ 介子的平均寿命以及在它衰变前能飞行的距离扩大了 30 个数量级(γ 因子)。对我们来说,μ 介子在飞行时的寿命比它们处于静止状态的寿命长得多——这就是时间膨胀的一个具体例证。

使用"借来"这个词来说明显然是由时间膨胀获得的时间是不准确的。在 μ 介子的参照系中时间流逝和我们参照系的时间流逝精确地一致。

在现代加速器实验室,例如 CERN(日内瓦)和布鲁克海文(纽约州长岛),μ 介子束可以按预定产出并以接近光速的速度在一个圆形储存环中运行。时间膨胀使它们"活着"的时间比它们静止时被观察到的平均寿命要长许多倍。

16.2 把能量引进图像

相对论原理涉及的是惯性系统的对称性和光速的恒定性。它完全没有明确如何引入质能的等价关系,即 $E = mc^2$ 这个爱因斯坦最著名的公式。

其原因是,到目前为止,我们只提到**运动学**(kinematics),它只研究运动而不涉及力。现在我们就把注意力转向包含力、能量和动量的**动力学**(dynamics)。

要找到质量和能量的关系,我们首先必须找到在不同参照系中能量和动量的关系。我们开始着手考虑在一个假想实验中两个台球相互碰撞的动量。

在那样的碰撞过程中,作用力和反作用力相等并引起动量的改变,但是这种改变如何受到速度接近光速时的时间膨胀的影响?

16.2.1 动量守恒——台球实验

假设有两名台球运动员,一名在火车站,另一名在过路的火车上。他们各自击打一个母球,如图 16.2 所示,用的是完全相同的球,两名运动员击出的球以他们各自参照系所测的速度相同。实验尽量很小心地进行,以使两个球能通过一个开着的车窗相撞,正当火车经过车站时,两球相撞反弹如图 16.2 所示。由于是在正面观察,母球都沿原路返回。

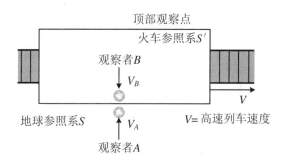

图 16.2　假想的击球

图 16.2 中设两个观察点——火车内部的参照系 S',火车外部的参照系 S。

我们假设两个球是完全弹性碰撞,在这种情况下具有完全对称性。从每个击球者的观察点看,他击出的球精确地沿碰撞前的路径返回。每个击球者都有等价的观察点,并且各自都认为在自己的参照系里是静止的。

对于观察者 A,他看到的是自己的球以反向的速度和动量直线返回,而另一个球则只是一个侧击并继续留在火车上,随之从左到右继续旅行。观察者 B 则得到相反的结果,正如他所认为的,他的球直接返回,而另一个球则从他的左边向他的右边斜飞出去。无论我们使用经典定律还是相对论定律,位置都是对称的。

列车是"高速列车",其运行速度堪比光速。为了说清楚问题,以世界上最快的列车——巴黎到里昂的高速列车(Train a Grande Vitesse,TGV)为例,2007 年它在法国创造的最高时速是 574.8 千米/小时。为了展示相对论的效应,我们的"高速列车"应该具有接近光速一半的速度,即每秒 150 000 千米,比 TGV 创造的最高纪录要快 100 万倍。

为确保思想实验的完整性,我们假设实验前每个观察者都有机会在自己的实验室里测试两个球(图 16.3),直到他们都认为两个球完全相同,尤其是球的质量相等。

图 16.3

16.2.2　和另一个时间参照系的相互作用

由于我们的高速列车的运行速度接近光速,所以相对论的时间膨胀效应就明显;这样我们就认为物体间的碰撞只在不同的时间参照系中发生。这是牛顿从未想象到的!动力学定律中包括了把时间作为一个基本参数,而我们脑海里一定会想,在这种独特的情况下要做哪些新的考虑。

每个观察者都会注意到有些奇怪的现象。在其他参照系中,时间似乎过得慢些(记得航天员——他的香烟维持时间长些,他的活动显得慢些)。从地球观察者的观察点来看,在高速列车上的击球者动作显得迟缓,他的球似乎以慢动作行进。碰撞的动力学看起来有些不对头:z方向的总动量在碰撞前后不相等,动量守恒的基本定律没被观察到(图16.4)!

我们必须假设在所有的参照系里,而且是每一个步骤都符合动量守恒定律。如果情况不是如此,我们可以确定一个"享有特权的"、动量守恒的参照系,因而他与其他参照系不同。这个结果就与相对论产生了矛盾。

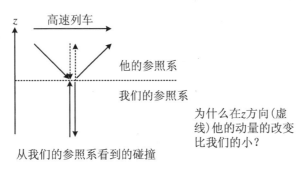

图 16.4 表观的动量不守恒

参照系的概念使我们深入了解自然定律的基本对称性。一旦概念建立起来并且相对性公式被导出,就可以将它应用于任何一个合适的参照系。我们可以撇开高速行驶的列车而简单地考虑两个台球的斜碰撞,其中一个台球从左到右高速运行,另一个相同的台球垂直射向列车行进的方向。(由于

我们是地球的居民,因此将地球作为静止参照系是最方便的。)

16.2.3 动量的相对论定义

动量不守恒不是真实的,因为它们是使用了不同时间尺度的参照系所感知的。为了观察的一致性,我们必须考虑两个参照系所测得的时间的关系,即我们在上一章导出的关系。也就是将在"其他"参照系所测的速度乘以相对论 γ 因子(γ-factor)(图16.5)。

图 16.5

经典的牛顿公式把动量定义为质量和速度的乘积,在这里仍然适用,但必须乘上 γ。

我们定义一个物体的静止质量 m_0 是在物体所在的参照系,简称**静止参照系** (rest frame),所测得的质量。一旦物体相对于观察者发生了运动,观察者在物体的静止参照系里就不再观察到静止质量。为了获得所有速度下的修正的动量公式,我们必须用**相对论质量**(relativistic mass) $m = \gamma m_0$ 来代替静止质量(图 16.6)。

图 16.6

经典物理中 $\gamma = 1$,因而 m 和 m_0 没有区别,只有一种质量,用字母 m 表示。

当物体的速度接近光速时,相对论质量快速趋近于无限。这就意味着如果你有质量,你就不能够以光速旅行,更不用说比光速快!(图 16.7 表示 m/m_0 随 v/c 的变化趋势。)。

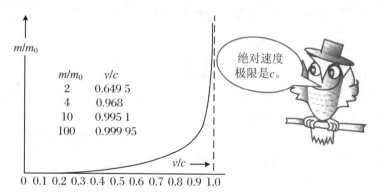

图 16.7 相对论质量是速度的函数

16.2.4 "能量含量(energy content)"

经典的计算

在牛顿力学中,力被定义为物体动量的改变量。图16.8中一位士兵对一辆1908福特T型汽车施加力而产生动量。与动量同时出现的还有因做功使汽车运动而产生的动能。功被定义为力与汽车被推过的距离 s 的乘积。

图16.8 做功产生动能

为了计算所做的功,我们要用到牛顿第二定律(力=质量×加速度),并需要结合末速度、加速度和走过的距离之间的关系。这就告诉了我们启动老式福特发动机有可能产生多少动能!

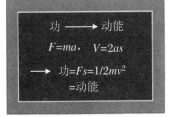

图16.9

图16.9是假定力和产生的加速度是常数时的计算公式。如果士兵累了,那么力就不再是常数。我们就把路径划分成无限小段,分别计算各小段的功然后累加(即积分)得到总功。不管它是如何到达的,是用恒定的力还是用变化的力,是逐渐的还是突然的,或走走停停,最终的动能仅与质量和速度的平方有关。

相对论的计算

动能的经典计算在"正常"速度下是完全正确的,其中,质量是常数。但是当速度与光速相比不可忽略时,相对论伽马因子就开始起作用。当我们的速度越接近光速时,汽车(以及司机)的质量增加的速率越快。

在图16.10中我们用了大量的艺术形象表达了T型福特汽车达到相对论速度的不可能的场景。随着汽车的惯性的增大,要对它进一步加速就越来越难。打个比方,惯性必定会沿 γ 因子曲线升高而形成一座"惯性山"。当我们越来越接近光速时,这座山也越来越陡峭。

要计算具有相对论性的动能,我们可以保留牛顿的力的定义:力是动量的变化率。这种情况下,力不是常数;它和惯性质量有很大的关系,因此也和速度有关。

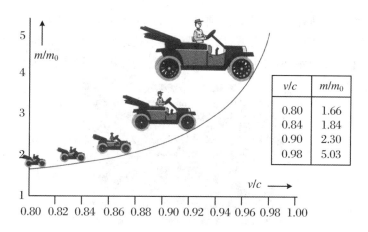

图 16.10 福特 T 质量的"激增"

在一个加速系统中,从静止到末速度所做功的积分列在图 16.11 黑板的第二行。在随后一行,我们看到积分的结果为两项之差:一项 mc^2 是系统总能量(包括动能),另一项 m_0c^2 是静止质量能量。

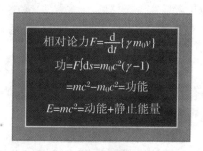

图 16.11

这就反驳了被认为是物理上最著名的方程,$E=mc^2$,似乎不知来自何方的说法。

动能是在任意给定的参照系中物体在运动时的总能量和静止时的能量之差。

静止质量能量是由相对论引入的一个全新的概念。物质的每个颗粒都具有能量,纯粹是由于它的存在而具有的能量。质量是能量的一种形式。

相对论对动能的表达和经典公式 $\frac{1}{2}mv^2$ 似乎没有相似之处,它几乎没有提及运动物体的速度,那么光速与动能有什么关系?

其"奥秘"在我们把 γ 表达为二项展开式时就会揭晓，如图 16.12 所示黑板所列。把 γ 的表示式插入动能公式，我们得到一系列级数。当 $v \ll c$ 时，只取第一项，回到了经典公式。另一项可以忽略，除非你旅行的速度几乎接近光速。

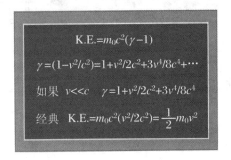

图 16.12

爱因斯坦于 1905 年 9 月 27 日发表了题为"物体的惯性与它的能量含量有关吗？"[①]的文章。本质上，惯性质量是在做功时创建的。按经典的概念，功转化为能量，可以是动能、势能或热能，除此之外，还应该包括质量能。论文中爱因斯坦显示出他极有远见的眼光，他推断：

"使物体的能量含量提高（如镭盐）不是不可能的，这个理论可能会成功地接受考验。"

16.2.5　让事情变得有希望

质量到能量——交换速率

在微小的质量中具有大量的能量。如果能够把一粒沙子完全变为能量，那么这些能量足够驱动一辆普通轿车行驶约 90 000 千米，相当于绕地球两圈多！

一定不能把静止能量与物质的化学能混淆，例如燃烧煤得到的能量。静止能量大量存在，但它通常被锁定在原子核里，只有在很特殊的情况下，如在核反应时，才得以释放。

用电子伏表示能量

在核物理和粒子物理中更常用的、数值更简单的能量单位是**电子伏特**(**electron volt**)。

几乎在所有的场合下，这都是一个很小的单位；更普遍的是用大些的单位：千电子伏 1 keV = 10^3 eV；百万电子伏 1 MeV = 10^6 eV；千兆电子伏 1 GeV = 10^9 eV；兆兆电子伏 1 TeV = 10^{12} eV。

---

① 物理年鉴(annalen der physik)，18：639 - 641，1905。

质量通常以 eV/c^2 为单位表示。在这种单位下,质量和粒子的静止质量能在数字上相等。例如:质子的质量为 m_p = 938.3 MeV/c^2,而质子的静止能量为 $m_p c^2$ = 938.3 MeV。

16.2.6 高能粒子加速器

欧洲粒子物理研究所(European Organization for Nuclear Research,CERN)最早的加速器是 1959 年开始运行的质子同步加速器(PS)。它是当时世界上最高能量的加速器,用 100 个磁体做成直径为 200 米的圆环。PS 可以把质子加速到的最大能量是 28.4 GeV。

超级质子同步加速器(Super Proton Synchrotron,SPS) 完成于 1976 年,位于地下隧道。质子在一个包含有 1 317 个磁休、直径为 2.2 千米的环中被加速。质子可达到的最大能量是 450 GeV。它在运行几年后,还仍是世界上最高能的加速器。

最复杂的加速器是**强子对撞机(Large Hadron Collider,LHC)**,它在 2010 年创造了最高能质子-质子对撞的世界最高纪录。LHC 产生每束能量为 3.5 TeV 的反向质子束流。质子束流在环上的四个点发生碰撞。

图 16.13 是欧洲核子研究委员会和它周围的乡村。两个白色圆圈标出 SPS 和 LHC 粒子加速器的轨道。

图 16.13　CERN 实验室的航拍照片(提供者:© CERN)

在单个设备上无法把质子(或其他粒子)从静止加速到如此高的能量。CERN 的加速器组合提供了一系列的中间步骤,质子束流在注入高能设备前循序渐进地在低能设备中逐步被加速。出现在 LHC 的质子已经过 PS 和 SPS 加速(图 16.14)。

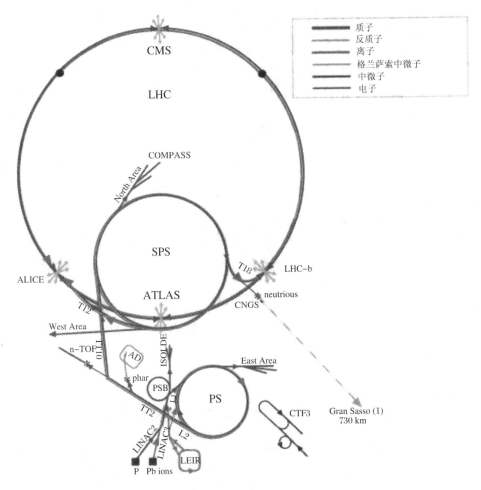

图 16.14　CERN 的组合加速器

直到 1933 年，在一个被叫作**克罗夫特-沃尔顿（Cockroft-Walton）**型加速器中进行了最早的质子加速。最早的加速器是由约翰·克罗夫特（John Cockroft，1897～1967 年）和欧内斯特·沃尔顿（Ernest Walton）（图 16.15）于 1932 年在剑桥建起来的。两人因"他们在人工加速原子内的粒子以获得原子核蜕变方面的开创性工作"而获得了 1951 年的诺贝尔奖。他们首次实现原子核的人工裂变。

图 16.15　欧内斯特·沃尔顿（提供者：爱尔兰邮局）

16.2.7　少量额外速度的成本

就速度而言，用来加速粒子使其速度越来越接近光速所做功很快达到快速衰减点。SPS 加速器中能量为 400 GeV 的质子的速度是 0.999 997 53c,相比之下,从初始 28 GeV 的机器所加速的质子运行速度"只有" 0.999 362c。建立这样一个巨大的"新"加速器所得到的速度增量仅为 0.006%! γ 因子以一种非常实际的方式表现自己,也就是表现为加速器的成本!

16.2.8 原子核的结构

毫无疑问,在经典世界中任意一个结构的质量等于它各部分质量的总和。例如,一间房子的质量是砖块、灰浆、木头和粉刷的涂料的总和。

原子核(nuclear)不需要用砂浆来黏合,它是由**质子(porton)**和**中子(neutron)**组成的。这些质子和中子由很强的核力粘合起来——一种很神奇的砂浆,其神奇性表现为它使原子核中质子和中子的质量之和大于整个原子核的质量。

如果我们想把原子核拆开,我们就必须提供能量来生成多余的质量(图 16.16)。虽然质量变化的百分比非常小,但由于质能交换率很低,所以很难把原子核拆开。

表 16.1 列出了质子、中子和一些轻元素原子核(包括其中所有成分)的质量。

图 16.16 原子核屋子

表 16.1

名称	符号		质量(a.m.u.)①	分项总和	差值
中子	○	n	1.008 987		
质子	⊕	p	1.008 145		
氘	○⊕	d	2.014 741	2.017 132	0.002 391

① 1 a.m.u(atomic mass unit,原子质量单位)=1.66×10^{-27} kg = 931.5 MeV/c^2。

名称	符号		质量(a.m.u.)	分项总和	续表 差值
氚	○⊕○	t	3.016 997	3.026 119	0.009 122
氦³	○⊕⊕	He³	3.016 977	3.025 277	0.008 300
氦⁴	○○⊕⊕	He⁴	4.003 879	4.034 264	0.030 385

上表中的统计不平衡,总量不等于各部分的总和。

举个例子:

He^4 原子核各组分质量的总和＝两个中子质量＋两个质子质量＝4.034 264 a.m.u.

而 He^4 原子核的质量＝4.003 879 a.m.u.

氦原子核的质量比各组分总和小 0.030 385 a.m.u. 或 28.3 MeV/c^2,即小 0.76%。

缺失的质量(Δm)用能量单位来表示,称为原子核的**束缚能**(binding energy):

$$束缚能 = (\Delta m)c^2$$

16.2.9 核聚变(nuclear fusion)——向太阳提供能量的自然方式

太阳是由核能驱动的,已持续了百亿年。基础反应包括将氘聚变成氦。缺失的能量转变为反应产物的动能,这部分动能又转变为热能,在太阳的核心创建了 10^9 摄氏度的高温。在这个温度下,更多的氘原子聚集在一起——自发产生热核聚变反应。

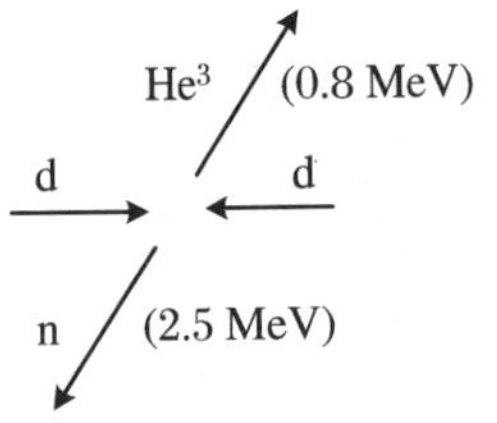

我们可以计算两个氘形成一个氦原子释放的能量(图 16.17):

图 16.17

$$d + d \to He^3 + n$$

质量缺失 $\Delta m = 0.003\ 518$ a.m.u. $= 5.84 \times 10^{-30}$ 千克

能量 $= (\Delta m)c^2 = 5.64 \times 10^{-30} \times 9 \times 10^{16} = 5.25 \times 10^{-13}$ 焦

释放的能量 $= 3.3$ 百万电子伏

16.2.10 核裂变(nuclear fission)

当像铀等重元素分裂成两个或更多碎片时产生裂变。例如,中子诱导的核反应:

$$中子 + U^{238} \Rightarrow Ba^{145} + Kr^{94}$$

裂变时,分项总和小于整体质量,释放出能量。然而,这种裂变的碎片,钡和氪的同位素是中子富集的,具有高不稳定性,几乎立即就发射出两个或三个中子。这些中子反过来又轰击其他的铀核,引起更多的裂变。同位素 U^{238} 是相对稳定的,裂变只能由高能中子引发,因此连锁反应不能持续。而 U^{235} 则不稳定得多,如果把 U^{235} 富集到它的临界质量,那么杂散的宇宙射线中子流就会立即引起连锁反应,如同原子弹爆炸一样。

16.3 从对称性到核能的步骤

大纲

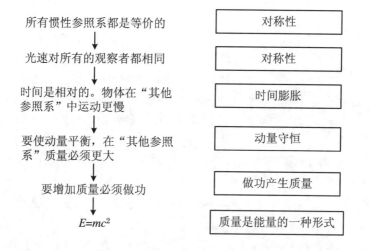

历史的插曲

阿尔伯特·爱因斯坦(Albert Einstein, 1879～1955)

阿尔伯特·爱因斯坦(图 16.18)于 1879 年出生在德国乌尔姆(Ulm)。他说话很晚,但他一开始说话就是完整的句子。他在四岁时就对世界及其中的自然法则充满了好奇。例如,他对磁性罗盘很感兴趣。有一根针"孤立而又触摸不到,被全封闭起来。受到一种难以置信的力量控制,指向北方"。后来他把它称为他的"第一个惊奇"。

在自传中,他写道:"12 岁那年,我经历了第二个惊奇。就是欧几里得(Euclid)对三角形三边的高交于一点的证明。它们本身虽然并不是显而易见的,但是可以很可靠地加以证明,以致任何怀疑似乎都不可能。"

爱因斯坦未成年时学习既不特别好也不坏。他这样评价自己："我主要的弱点是对单词和课文的记忆很差。"他坐在教室里显得很无聊，半闭着眼睛偷偷地笑，他的这种态度显然不被任课老师赞同。在他五年级时他确实被要求过退学，被他激怒的老师说："你的存在亵渎了我在班级中应有的尊严。"他不喜欢当时实施的教学，他后来写道："我相信，可以用鞭子抢夺一只正在饕餮的食肉猛兽的食物，如果可能，还可能在它不饿时强迫它进食，特别是吃强迫它接受的食物。"

他是谦虚的、和蔼可亲的、含蓄的，他对物理定律的完美和逻辑性心怀敬畏。他写道："关于世界的最不可思议的事情是，世界能够被了解。"同时，他认识到了自己的思维能力。在衡量一个科学理论时（他自己或其他人的），他会问自己："假如他是上帝"，他是否会建造一个同样的宇宙！

图 16.18　阿尔伯特·爱因斯坦，获 1921 年诺贝尔物理奖（提供者：诺贝尔基金会）

著名的苏黎世技术学院（Zurich Institute of Technology）的入学考试系统没有发现爱因斯坦的潜能。他在 1895 年的入学考试中，在数学和物理方面的表达没问题，但在生物和语言表达方面却失败了。1896 年，他通过了第二次考试。即使在大学，他也不是个好学生。正常的课程使他烦躁，因此他不在课堂听课，而是跑去物理实验室消磨时间，或是去其他地方阅读科研论文。詹姆士·克拉克·麦克斯韦尔是他心目中的英雄之一；他对电磁学的预言正是逻辑推理的一种方式，后来爱因斯坦把它用于相对论的推理。

爱因斯坦很幸运地结交了个好朋友马歇尔·格罗斯曼（Marcel Grossmann，1878～1936），他很认真，笔记做得很好。快考试时，爱因斯坦拿这些笔记死记硬背，终于在 1900 年按时毕业，并在一所中学获得了一个短期工作的机会，当上了一名数学和物理教师。格罗斯曼和爱因斯坦的友谊保持终生。他们一起发表过许多文章。后来爱因斯坦把广义相对论公式化时，是格罗斯曼提供了数学专业方面的支持。

1902 年，爱因斯坦在波恩专利事务所得到了更稳定的工作，在那里他一直工作到 1909 年。1906 年，他被提升为二级技术专家，有了一个合理的身份。专利所工作不是很忙，他在工余时间——也有可能工作时间内可以做有关相对论的原创工作。

这在物理学历史上是个很令人振奋的时期。1900 年马克思·普朗克提出了光量子的存在。这个观点两年后才被普遍接受，但在当时吸引了爱因斯坦进行探索的意识。普朗克做的只是"清除根深蒂固的主观偏见"。几年后，这句话被爱因斯坦引用到他的时空观中。

此后的大事记：

1903年：和米列娃·马利奇(Mileva Maric)结婚；两个儿子，先后育于1904年和1910年

1909年：苏黎世，任理论物理副教授

1914年：柏林，任恺撒·威廉研究院(Kaiser Wilhelm Institute)教授

1919年：和米列娃离婚

1919年：和伊莎(Elsa)结婚

1921年：获诺贝尔奖

1932年：获普林斯顿教授职位

爱因斯坦在1905年发表了狭义相对论方面的有名论文，题为"论运动物体的电动力学"。题目反映了他对麦克斯韦的电磁学理论的深刻理解。麦克斯韦的研究包括了电荷运动和电磁波的传播。爱因斯坦认识到运动是相对的，因此必须考虑对不同参照系的现象的描述。

爱因斯坦因他的"光电效应定律的发现"而获得1921年的诺贝尔奖。值得一提的是，在他的一生中发表过很多文章，其中任何一篇都有资格获得这个奖项。他在1905年发表的文章中把普朗克的能量量子概念扩展到"光原子"的概念。这个概念多年后才被物理学界普遍接受。有的人会猜测诺贝尔委员会为什么不是因为狭义相对论而给予爱因斯坦这个奖项？这是因为当时这个理论还没完善，科学界对狭义相对论的一些原理还有争论。

爱因斯坦非常幽默。他的赴美签证申请遭到一个妇女团体的反对，声称他"有共产主义的倾向"，他说道："我从来没受到过如此精力充沛的女性的拒绝，或者如果有过，那么肯定没有一下子那么多人。"

在一封未署名的信中，爱因斯坦被问道："由于重力，一个人有时直立在圆形地球之上，有时倒立，有时向左倾斜，有时朝右。莫非是人们像坠入爱河一样在做蠢事？"爱因斯坦回答道："坠入爱河并不是人们做得最愚蠢的事情，不应该追究重力的责任。"

在爱因斯坦的著作中，我们还发现了有关宇宙和宗教的重要思想。对于纽约市主日学校(Sunday School)的问题"科学家祈祷吗？"，他回答说："每个认真追寻科学的人会越来越确信灵魂是宇宙法则的体现，这个法则超越了人类世界的法则。在它面前我们以及我们有限的能力应该感到十分渺小。以此而论，对科学的追求就导向了一种特殊的宗教意识，这种意识和天真的宗教狂热完全不同。"在给美国基督教和犹太教的全国会议的另一封信中，他写道："如果当代的宗教信徒本着那些宗教创始者的精神去认真思考，去行动，则在不同信仰的追随者间就不会存在宗教上的敌意。"

1932年，爱因斯坦应普林斯顿大学的邀请，每年在那里工作五个月，剩下的七个月仍在柏林。不久，纳粹掌权，他在普林斯顿大学的身份由原来的访问学者变为

永久职位。1940年,他成为美国公民。

在一封日期为1939年8月2日的信中,爱因斯坦告诉富兰克林·罗斯福(Franklin Roosevelt)总统:法国的弗雷德里克(Frèdèric)和艾琳·约里奥(Irène Joliot)以及美国的恩里克·费米(Enrico Fermi)和里奥·希拉德(Leò Szilárd)所做的实验表明,有可能在铀上建立核连锁反应。就是说,所释放的巨大的能量有可能用于一种"新型的超级炸弹"。他还提醒,德国已停止出售从他们最近强占的捷克斯洛伐克矿开采的铀。罗斯福在10月回信说,他将成立一个包括标准局负责人的董事会,从陆军和海军挑选人员研究爱因斯坦建议的可能性——很迅速的反应,但没人指出紧迫性。

爱因斯坦在1940年3月和4月再次写信强调德国加强了对铀的兴趣,以及凯撒·威廉研究院被政府接管用来进行高度秘密的铀的研究的信息。

他不知道当时美国政府是否认识到核能的潜力。曼哈顿发展原子弹的计划即将推出,但是,爱因斯坦因被认为是个"左倾政治活动家"和"危险人物"而被禁止参与这个计划。

爱因斯坦写的第四封也是最后一封信,日期是1945年3月25日。然而,这封信没能在罗斯福总统1945年4月12日去世前送达。显然,爱因斯坦并不知道原子弹计划早已实施。第一次爆炸试验于1945年在新墨西哥州进行。

当爱因斯坦听说了1945年8月长崎原子弹爆炸时,他震惊了。他的方程$E=mc^2$解释了核能从何而来,但不是解释如何去制造炸弹的。他看到由于他的发现,一种可怕的武器被制成了,这使他极度悲伤。

在他生命的最后十年,爱因斯坦致力于核裁军事业。"战争是赢了,"他说,"但和平没了。"他生命中的最后一次活动是签署一份敦促所有国家禁止核武器的声明。

阿尔伯特·爱因斯坦于1955年4月18日在普林斯顿逝世。

第 17 章
通向"重光子"的征途

接下去是光……

许多最基本的物理现象与光及其属性都有某种程度上的关联,这就是本书的主题。我们以爱因斯坦的狭义相对论作为结尾,该理论在光速是普适常数的基础上导出质能等价关系。当爱因斯坦在他的"智力实验室"里得出著名的方程时,他很难想到,在半个世纪内就能建造出设备,能够以他曾经预测的精准的转换率把能量转化为质量。

当在粒子加速器中创造质量变为可能时,一个通往新世界的窗户被打开了。众多新的基本粒子被发现。探索支配这个微观的、准原子核世界的物理定律成为主要的、令人振奋的目标。许多国家的实验物理学家们汇集他们的技能和经费来组建规模空前的、极其复杂的实验以使他们自己走向技术的最前沿。

爱因斯坦的话,"关于世界的最不可思议的事情是,世界能够被了解",同样适用于新的世界。当理论物理学家揭晓粒子的性质及它们间的关系时,他们发现用逻辑论证的方法可以预言未被观察到的粒子。

我们的光的故事和它在宇宙中的地位的最后一章,以存在一个包含三种粒子的粒子家族的预言而结束——这三种粒子的质量是质子的 100 倍——它们是弱的核力的载体,类似于光量子承载电磁力的功能。当一个空前巨大和极其复杂的粒子束对撞加速器被建立起来以寻找"重光子"时,它成为理论家因他们的预言而受到高度尊重的证据。

17.1 把质量转化为能量

17.1.1 碰撞产生粒子

方程 $E = mc^2$ 给出了质能转换的转化率。众所周知,这样的转换可以发生,而

"核能"这个术语已是我们熟悉的语言。但是很少有人知道相反的过程也会发生。基本上,如果有足够能量聚焦于一点,这些能量就可能创造出物质。事实上,这只是在原子核或亚原子核水平,例如一个高能质子和另一个质子或中子碰撞时才会发生。

通常,我们知道如果一个物体撞击另一个物体,它的能量必然会传到某个地方。例如,如果两辆汽车以 100 千米/小时的速度相撞,两辆汽车都将会撞成碎片,而碎片被抛向各个方向,汽车的动能转换成飞行的碎片的动能,破坏金属所做的功变成热,汽车可能着火。如果两架飞机以 1 000 千米/小时的速度相撞,毁坏的程度将更大。如果一个质子以 300 000 千米/小时的速度撞向一个静止的质子,将会发生什么?质子不会损坏或成碎片,那么,能量去了哪里?

这种情况下,似乎是"凭空"生出喷射粒子束,主要朝前方喷射。这些新生的粒子可能是我们熟悉的物质,像质子和中子(伴生有它们的反粒子),或"新"的粒子,它们不稳定,在远小于 1 秒内衰变。

17.1.2　π 介子(π meson)的预言和发现

相互接触的质子间的静电排斥力足以使它们飞离而去,而质子和中子在一起形成紧密束缚的原子核,一种更强的力必定会把它们束缚在一起。1935 年,汤川秀树(Hideki Yukawa,1907~1981)发表了一篇题为"论基本粒子的相互作用(On the Interaction of Elementary Particles)"的文章,在文中他提出存在一种新的粒子,它们提供了上述的束缚力。他认为这种粒子扮演的是一种**交换粒子(exchange Particle)**的角色,类似于光子在电荷间的电磁相互作用中所扮演的角色。汤川的计算预言,这种新粒子的质量是电子的 200 倍(不像光子,质量是零)。汤川当时在日本工作,与欧美的物理学家几乎完全隔绝。第二次世界大战开始后,这种隔阂更厉害,很少有时间或机会建立实验来寻找这些粒子。

早在 1937 年,卡尔·安德森(Carl Anderson)和赛斯·尼德迈尔(Seth Neddermeyer,1907~1988)在观察云室中的宇宙射线相互作用时观察到被认为是汤川所提出的粒子,但后来证明是另外的粒子。虽然它的质量大致正确,但缺少重要的特性——它和质子、中子不存在强相互作用。中子和质子间的核力的载体怎么可能与它们不产生强相互作用?原来他们所观察到的是我们在上一章已提到的

μ 介子(μ meson)。

战争刚结束,科学家就认识到汤川粒子是核相互作用机理的关键角色,并正式开始寻找。1947 年,塞西尔·鲍威尔(Cecil Powell, 1903～1969)从布里斯托大学(University of Bristol)W. H. 威尔士实验室发射了多个载有核照相乳胶剂探测器的气球到大气层顶端(图 17.1)。核乳胶基本上是由一叠照相胶片压成一个实心块状的材料,它对带电粒子有很高的敏感性。当带电离子通过这种材料时就形成潜影。显影后,在乳胶层上的银颗粒,引用鲍威尔的话,"就像一根无形的绳子上的玻璃珠",形成一个可以在高倍显微镜下观察到的三维图像。

图 17.1　正在发射的气球(提供者:布里斯托大学物理系)

成功来得很快,某一次观察的结果显示,有一个飞过的轨迹被确认为来源于一种具有与汤川预言的粒子特征相匹配的粒子。这一轨迹因粒子停止在感光乳胶中而终结,而一种新的轨迹似乎是汤川粒子蜕变成另一种新粒子的痕迹,后来被证实为 μ 介子。由于汤川粒子的质量介于电子和质子之间,所以它被命名为 π 介子(pion),来源于希腊字母 μέσο,意为"中间"。

汤川秀树因发现π介子而获得 1949 年的诺贝尔物理学奖。而赛西尔·鲍威尔则由于对 π 介子的观察而获得了 1950 年的此种奖项(图 17.2)。他们的发现标志着物理学历史新篇章的开始。用鲍威尔的话说:"它揭示了一个全新的世界,就像我们突然闯入一个有围墙的果园,里面有茂密的树木和大量的各式各样成熟的奇异的水果。"

揭示宇宙射线粒子的探测器最初只有一种方法,即研究高能相互作用。然而后来的五年里,加速器在美国建成,欧洲和苏联能够制造出能量越来越高的质子束。用这些质子轰击靶,物质就能

图 17.2　汤川秀树和赛斯·鲍威尔(提供者:布里斯托大学物理系)

以一种可控的方式变成能量。鲍威尔的"奇异水果的果园"的大门就此打开了!

除了已知粒子以外,大量的具有不同质量和性质的粒子也陆续被发现。沿着探索的道路在"粒子动物园"中发现了各种各样的物种。创造性的大爆炸正在被小规模地进行复制。

17.1.3 粒子间作用力

强和弱的核力

基本粒子通过强和弱的核力和电磁力(万有引力太弱以至于不能扮演显著角色)与其他粒子相互作用。强作用力使原子核中的核子结合在一起,并且还负有创建新粒子的功能。这种力具有的典型的作用时间是 10^{-22} 秒,近似于它以接近光速横穿原子核的直径所需的时间。受强核力作用的粒子通常被归类为**强子(hadron)**,来源于希腊语"αδροσ",意为"强"。源于放射性β衰减的弱作用力同样也可能来源于相对长寿命的粒子,如 π 介子,具有平均寿命 2.6×10^{-8} 秒。强作用和弱作用都是短程作用,其作用范围不超过原子核直径。强作用力的强度大约是弱力的 10^{12} 数量级。为理解以上说法,我们假设 1 只蚂蚁的力量可以推动相当于 0.1 克重物,而 8 位橄榄球运动员争球的力可以推动相当于总重 1 000 千克的物体。二者之比是 10^7,仍然远低于强弱核力之比。实际上,强弱核力之比相当于 100 000 名球员的力量和 1 只蚂蚁的力量之比!如图 17.3 所示。

(a) 火蚁(提供者:美国农业部动植物检疫局USDAAPH2SPPQ 资料,www.invasive.org)

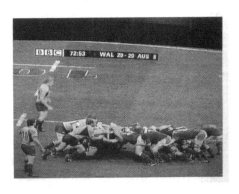

(b) 威尔士队澳大利亚,加的夫,2006年8月

图 17.3

用数学式表示以上比值:

$$\frac{100\ 000\ \text{名球员}}{1\ \text{只蚂蚁}} = \frac{\text{强核力}}{\text{弱核力}}$$

有一些粒子完全不受强核力的影响,它们被称为**轻子(lepton)**。光子就是这个"全免疫俱乐部"中的一个成员(表 17.1)。

表 17.1　抗强核力免疫俱乐部（成员表，1964 年）

名称	光子	中微子	电子	介子
符号	γ	$\nu_e\ \nu_\mu$	e	μ
质量	0	~ 0	m_e	$207\ m_e$

电磁力（electromagnetic force）

带电荷的粒子也会受到电磁力作用。而如同轻子对强核力免疫一样，电中性粒子不受电力和磁力作用。电磁力比强核力弱 100 倍，并服从早在 19 世纪就被麦克斯韦证明的电磁定律。电场和磁场被用于加速和引导加速器环中的质子。同时，它们还被用来分离和控制在靶上产生的带电粒子的二次粒子束。

17.1.4　基本粒子领域的法则

爱因斯坦相对论的相关原则在基本粒子领域是非常明显的。关系式 $E=mc^2$ 支配了所有粒子的产生过程，新老过程都相同。当这些新粒子随后衰变成其他粒子时，能量的释放也是由同样的方程支配的。质能关系建立得如此完善以至于质能单位都可以互换。在这个领域里所研究的物体在快速运动，其速度通常都接近光速，因此时间膨胀对原子核的和亚原子核中处于运动中的粒子是个需要考虑的重要因素。

爱因斯坦不是唯一能够以让人满意的方式观察亚核世界的科学家。马克斯·普朗克的"革命性的假说"就指出光能量具有量子化单元。尼尔斯·玻尔提出了电子的轨道角动量也是量子化的假说，从而扩展了能量量子化的概念。现在我们发现量子化在粒子领域中是常规行为，而非特例。粒子本身具有本征角动量，它是量子化的。它的值与它在何处或它在做什么无关。最终，在哥本哈根玻尔研究院发展起来的量子力学的哲学思想支配了整个领域，处理问题的方法基于概率论而非确定论。

海森堡的**不确定原理**（uncertainty principle）以一种很现实的方式产生。当列出式子 $\Delta E \Delta t = h/2\pi$ 时，它可以被解释为自然界允许能量守恒可以有 ΔE 误差，前提是时间间隔 Δt 足够短。这个规则在粒子通过强相互作用而衰变，并且寿命很短的情况下有非常现实的意义。这样的粒子也被称为**共振态**（resonances），其寿命是 10^{-22} 秒数量级，这就意味着它们具有本征的质能不确定量 ΔE。这个不确定量被称为**共振宽度**（resonance width），可能高达 20%。

狄拉克的电子必须有反粒子（正电子）的推论可扩展到粒子家族的全部成员。有一个定则非常严格地适用于某些类型的粒子：它们不能被单独创建，必须伴随有反粒子。没有相应的反质子保持平衡,就不能在宇宙中增加一个多余的质子,或者没有反中子,我们也不能在宇宙中添加中子。这个定则不适用于介子,对它们可以创建任意数量(适用于常规条件)。

中微子(neutrinos)

动量守恒在亚原子核领域被精确观察到。这要追溯到1931年沃尔夫冈·泡利(Wolfgang Pauli,1900~1958)的观察,当时他正在完善他的放射性贝塔衰变的理论。他提出了一个"无奈的补充说明"来解释动量丢失的实验结果,假设所丢失的动量被神秘的粒子带走了。他称这种粒子为"小中子"或"**中微子(neutrino)**"。这种神秘的粒子看起来似乎既无质量又无电荷,并且似乎完全不存在相互作用。事实上,它好像除了携带能量和动量外就没有其他属性,就像皇帝的新衣,人们不得不凭空相信中微子的存在。三十年后,中微子的相互作用先后在洛斯阿拉莫斯(Los Alamos)、布鲁克海文(Brookhaven)和CERN被观察到。实际上,有证据表明中微子不是只有一种,而是有两种,用 v_e 和 v_μ 表示。泡利的预言被证实了。

17.1.5 夸克(quarks)

在基本粒子果园中品尝美味水果并非不会面临问题。1934年,有了质子、中子和电子,这些都是构建物质的基本模块,使我们有了一个看似简单的模型来说明宇宙由什么构成。1960年代早期,有几百种基本粒子被发现。从而上述的图像变得不那么简单了。看起来很不可思议,自然界应该有大量的基本实体存在,质量范围从零到大于质子,它们有看不见的结构。

下面轮到理论物理学家从看似混乱的混沌中寻找秩序了。加州理工大学的莫里·盖尔曼(Murray Gell-mann,1929~)、尤瓦尔·尼曼(Yuval Ne'eman,1925~2006)和乔治·茨威格(George Zweig,1937~)相信对称性原理可以用于微小世界,就像用于经典物理一样。他们应用19世纪挪威数学家马里乌斯·索菲斯·李(Marius Sophus Lie,1842~1899)发展起来的代数学把这些粒子组合成若干个数学家族。学术上把这一数组的对称性称为SU(3)(一个具有3×3数组的幺正对称群)。1963年,盖尔曼提出一个概念上比较简单的描述,用三个抽象的数学字符来识别这些被他称为"**夸克(quark)**"的实体。

夸克模型(图17.4)仅指强子,受强核力作用的粒子。像电子、介子和中微子这类**轻粒子(lepton)**没有亚结构。这些夸克被赋予有些奇特的名字 u(up,上), d(down,下)和 s(strange,奇异)。质子、中子和更重的粒子由三种夸克构成。因而,例如表示质子构成的是 uud,而中子则是 udd。反质子和反中子则包含三个相应的反夸克。介子由一个夸克和一个反夸克构成,例如带负电的 π 介子是 $\bar{u}d$。

正常的物质仅由 u 和 d 夸克构成。s 夸克是粒子的组成部分,它在 1950 年代早期被发现,由于当时对它的行为不了解而取名为**"奇异"(strange)**。

> 夸克模型仅指强子,受强核力作用的粒子。像电子、介子和中微子这类轻粒子(lepton)没有亚结构。
>
> 图 17.4

由三种夸克总共可以构成 27 种态。根据它们的性质可以分为四组(一个十位组,两个八位组,一个一位组)。每个态都可以与一种已知粒子相联系,只有一个例外:由三个 s 夸克构成的最重的十位组还没有被观察到。而正如人们可以想象到的,科学家们立即投入巨大的努力去寻找失踪的粒子。几个月内,一种被称为 Ω^- 的新粒子在布鲁克海文被发现,它们的性质非常适合填入 SU(3) 十位组的空位,问题看来是解决了。盖尔曼因"对基本粒子的分类"而获得 1969 年的诺贝尔奖。

盖尔曼在他的《夸克和美洲豹》[①]一书中记述了他如何得到詹姆斯·乔伊斯(James Joyce)的帮助而杜撰了夸克这个名字。"1963 年,当我用'夸克'这个名字为核子的基本构成命名时,我首先想到的只是发音,没有拼法,当时可能写成 'kwork'。后来偶然细读了詹姆斯·乔伊斯的《芬尼根的守灵夜》。我在 'Three quarks for Muster Mark' 中看到这个词。由于**'夸克(quark)'**(有一个意思是海鸥的叫声)明显是和 mark、bark 及其他类似的词汇押韵,所以我不得不找出理由说它读起来像'kwork'。"

无论发音还是数字三都和他的意图很好地吻合,尽管乔伊斯的原意是和"bark"押韵!

在《芬尼根的守灵夜》[②]中的一段话这样写道:

> "三声夸克向马克发出呼叫!
> 大量的召唤他肯定没有听到,
> 他所有的努力都偏离了目标。"

夸克以及它们与文学相关联的故事是物理学家想象力的产物,这种想象力离不开广泛的兴趣和很强的幽默感。不管夸克是物理实体还是抽象的数学符号都不重要,重要的是它所表达的结果和进一步做出与实验相符的预测。

粲(charm)

1964 年 8 月,两名在哥本哈根大学工作的美国理论家詹姆斯·比约肯(James Bjorken, 1934~)和谢尔登·李·格拉肖(Sheldon Lee Glashow, 1932~)发表了一篇文章,文中提出存在一个更广泛的对称群,被称为 SU(4),SU(3) 是它的子群。

[①] 莫里·盖尔曼. 夸克和美洲豹:在简单的复合体中冒险[M]. 纽约:亨利·霍尔特和斯图加特公司,1995.

[②] 詹姆斯·乔伊斯. 芬尼根的守灵夜[M]. 伦敦:法伯尔有限公司,1939.

尽管事实上它已指向弱的电磁相互作用的基本一致性,但当时并没引起多少关注。这个新的对称群意味着存在第四个夸克。作者甚至提出给这个新夸克命名为**粲(charm)**。他们这样解释自己的新词:"作为一种愉快思想的表达。"然而,他们还是很谨慎地指出"这个模型极易被实验学家摧毁"。

快速摧毁粲夸克模型的事并没有发生,事实远非如此。十年后,事情有了戏剧性的进展,1974 年 11 月 11 日,两个实验群体,一个是由布鲁克海文的丁肇中(Samuel Ting,1936~)领导的,另一个是由斯坦福大学的波顿·里克特(Burton Richter,1931~)领导的,这两个在完全不同的实验室工作的科学家同时宣布观察到了新的共振态,产生后在接近 10^{-19} 秒衰变。它的质量比质子大三倍。新共振态的发现本身没有什么特别,但在这种情况下有些很反常的行为。共振态的衰变一般是 10^{-22} s,但这种粒子的寿命是通常的 1 000 倍。里克特文章做了以下结论:"很难理解,为什么不涉及新量子数或选择定则,衰变成强子的共振态会如此窄。"用简单的话说:"我们发现了我们以前从未见过的新物质。"1976 年的诺贝尔奖授予了里克特和丁肇中,"由于在新型重基本粒子的发现中的开创性工作"。

丁肇中把新粒子命名为 J,而里克特则用希腊字母 Ψ。物理学家婉转地采用了 J/Ψ。对粒子来说,比名字更重要的是它们的结构,它们像是一个粲夸克和一个粲反夸克的结合体(图 17.5)。

图 17.5 正如它们的电荷一样,粲和反粲相互"抵消",因此 J/Ψ 被说成拥有"隐藏"的粲夸克

为了使粲夸克的存在具有可信性,必须找到含有一个粲夸克和一个或更多个已知的 u,d 和 s 夸克的粒子。1975 年和 1976 年,大西洋两岸的加速器都在寻找被称为"裸"粲的粒子。当上千气泡室的图像和上亿电子计数在斯坦福、CERN、布鲁克海文和费米实验室里被分析时,越来越多粲粒子的证据开始积累起来。这些证据虽然令人信服,但它的根据是衰变产物的特性,是间接的证据。粲粒子的寿命预期是 10^{-12} 秒,这意味着即便它以光的速度运动,在衰变前的行程也远远小于 1 毫米。这个距离太短以致用以上技术无法分辨出生成点和衰变点。

17.1.6 返回到感光乳胶

1970 年代,核乳胶感光已是很"老"的技术。现在已经有了很多更有效的方法可以被用来测定亚原子核粒子。加速器每个脉冲的反应产物都可以被电子计数器

监控,当粒子通过火花室时它们的痕迹就变得可见;气泡室可以提供当它们出现时相互作用的完美的照片。

核乳胶片和那个时代所有其他的技术相比有一个非常重要的优势——它们的高分辨率。1毫米的长度在显微镜下看起来"像1英里",而当时其他形式的探测器几乎无法分辨。

伦敦大学学院(College of London University)的艾力克·伯霍普(Eric Burhop,1911~1980)认识到结合不同实验技术的优势可能重构粲粒子的生成和随后衰变的过程。在乳胶片上很难找到让科学家很感兴趣的结果,除非有人确切地知道在哪里能找到。在显微镜下完整扫描一个十升的堆栈需要耗费一个观察家一百年的时间。而要在一个堆栈里找到可能只有一到两个的粲产生的相互作用则比大海捞针还难!

如果能把寻找的范围缩小到1立方厘米的小范围内,要找到这些结果的任务就会容易得多。伯霍普组织了一个合作研究小组,其成员来自伦敦大学(伦敦)、大学联合高能研究所(布鲁塞尔)、都柏林大学(都柏林)、罗马萨皮恩扎大学(Sapienza-Universitá di Roma,罗马)和路易斯·巴斯德大学(Universitè Louis Pasteur,斯特拉斯堡),这些学者们联合起来,使用组合了核乳胶和火花室的混合探测器努力寻找粲夸克。

从理论上讲,涉及高能中微子的相互作用是产生粲粒子的最有效的方法。中微子是没有电荷的弱相互作用(图17.6)。几乎所有从太阳达到地球的中微子都会穿过地球并继续向前越过宇宙!在100 000个中微子中大约只有1个会在从地球的一边到另一边的途中产生相互作用。在这些很稀少

> 中微子,它们非常小,
> 它们既无电荷又无质量,
> 完全不会相互作用。
> 对它们,地球只是个无知觉的球,通过它非常容易。
>
> ——约翰·厄普代克

图 17.6

的机会中,当一个中微子和一个原子核相互作用时,所产生的能量将要创造出的物质的种类几乎没有限制。(当强子相互作用时,两束夸克碰撞在一起,而一个"寻常"的夸克更像是把它的能量传递给了另外一个"寻常"的夸克。)

1976年1月,设备穿过大西洋被运到芝加哥附近巴达维亚的费米加速器,暴露在高能和高强度的中微子束中三个月。在这期间,计数器记录了点击250次,这些碎片信号被推测是来源于乳胶堆的中微子相互作用。然后核乳胶堆被取回以作进一步研究,并分配到参与合作的实验室中间进一步开发,并在火花室中轨迹再现的范围内开始了搜寻工作。到1976年11月,共有29种中微子相互作用被发现。其中有一个是在布鲁塞尔发现的,非常有趣,图17.7重现了这一发现。

入射的中微子在核乳胶(可能是银或溴)中和原子核相互作用。核碎片散射到各个方向(短的、暗的痕迹)。由能量创造出的粒子以接近光的速度射向右方,留下极小电离的明亮的轨迹。

核乳胶是一种三维介质,照片中的大部分痕迹几乎是立即变得模糊。图17.7(a)

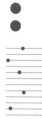

是一张马赛克状的照片,照片中组成粲粒子轨迹的颗粒及随后的衰变产物维持着良好的聚焦。旅行了约 0.2 毫米以后,粲粒子自发破碎成三种带电的衰变产物。

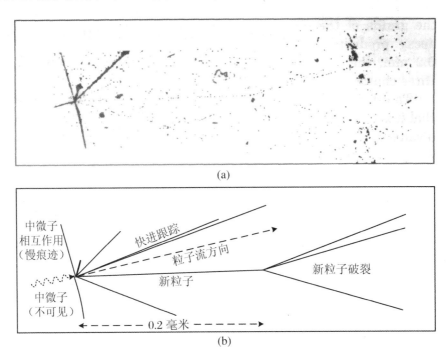

图 17.7　粲粒子痕迹的第一张照片(提供者:欧洲核乳胶合作团队)

为了估计粲粒子的寿命,我们假设它的运行速度是光速的 0.9 倍。考虑了相对论的时间膨胀后,得出的寿命值是 10^{-12} 秒。

17.1.7　更多夸克

在本章中,我们仅仅从粒子物理发展史中选择了几个片段来说明物理学家是如何学会认识自然规律并使其应用于基本粒子领域。赛斯·鲍威尔的果园首先提供了新粒子的盛宴,每个粒子都有自己的特性。正因为这些研究,有可能重组对称性的花样并遵循推理的链条,导致预测出未被发现的物种。粲夸克就是一个例子。

从粲(charm)到美(beauty)

粲夸克是微小世界的拼图中的重要一片。它的位置位于强子部分,强子是受强核力作用的粒子。位置的匹配是完美的,但拼图还未完成,还多出两个空位。1977 年,莱昂·莱德曼(Leon Lerderman,1922～)和他在费米实验室的团队发现了一个被称为 γ 的共振态,它的质量比 J/Ψ 大三倍。这种态表现出类似 J/Ψ 的异常行为:它的寿命太长。最合适的解释是 γ 是一种新夸克的联合体,被人们生动地称为 b(beauty)夸克及它的反夸克。与 J/Ψ 有"神秘的魔力"方式相同,γ 也有它的"神秘的美"。

还有一个空位没填上。在预计填入这个位置的粒子被观察到之前就给它取了名字。终于,在 1995 年,顶夸克(t(ton)quark)的存在被费米实验室两个不相关的实验小组证实了。

17.1.8 原子核葱头的最内层

以上实验在寻找夸克的同时,另一些实验在寻找轻粒子家族。1975 年,马丁·L·佩尔(Martin L. Perl,1927~)和他在斯坦福直线加速器的团队发表了发现与电子和 μ 介子同族的粒子——**超重电子**(super-heavy electron)。这种粒子的重量超过电子几乎 3 500 倍,被称为 **τ 粒子**(tau)。预期每三个轻子应该伴随有一个中微子。到 20 世纪末,这个基本的、不可分割的建造物质的模块的列表完成了(图 17.8)。

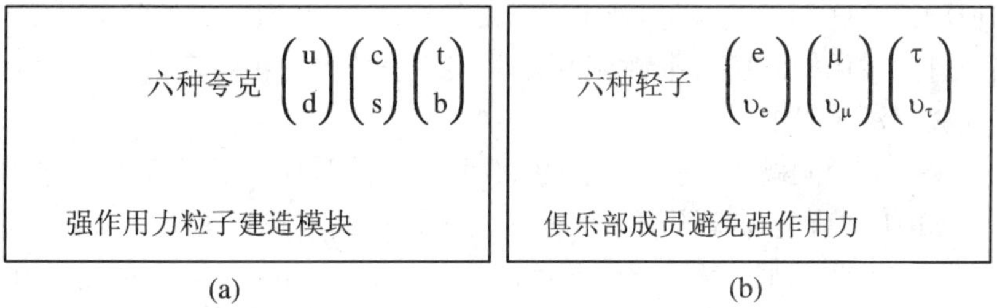

六种夸克 $\begin{pmatrix}u\\d\end{pmatrix}\begin{pmatrix}c\\s\end{pmatrix}\begin{pmatrix}t\\b\end{pmatrix}$	六种轻子 $\begin{pmatrix}e\\v_e\end{pmatrix}\begin{pmatrix}\mu\\v_\mu\end{pmatrix}\begin{pmatrix}\tau\\v_\tau\end{pmatrix}$
强作用力粒子建造模块	俱乐部成员避免强作用力
(a)	(b)

图 17.8

17.2 弱核力和电磁力统一化理论

17.2.1 光成为电磁力的载体

麦克斯韦 1684 年发表的著名的文章把电和磁关联在一个统一的理论中。这个伟大的统一带来了额外的收获,确定了光是电磁波,可以携带能量和信息。同时也表明光是信息传递的载体,也是带电粒子间相互作用力的载体。

到了 20 世纪,情况发生了改变,但不是本质上的。光有时表现得像电磁波,而有时又有粒子的行为。当电子发射和吸收光子时,电力在量子"团"中传输。根据量子电动力学理论,所有的化学过程都可以简化为这种基本过程。这个理论是基础的和简练的,并且可以对已知科学做出最精确的预测——不少于人们从其他理论中能够得到的预测!但是量子电动力学并不涉及核力。

17.2.2 统———艰难而又漫长的道路

1979 年,谢尔登·格拉肖(Sheldon Glashow,1932～)、阿卜杜勒·萨拉姆(Abdus Salaam,1926～1996)和史蒂文·温伯格(Steven Weinberg,1933～)因"他们在建立了粒子间弱力和电磁力的相互作用的统一理论方面的贡献"而分享了诺贝尔物理学奖。这个理论经过很长时间才成熟。从 1950 年代后期,获奖者们就已经在做此项工作,有时合作,有时各自研究。他们在寻找一个包含弱力和电磁力的统一的理论,目的是用数学对称原理描述弱力和电磁力的相互作用。萨拉姆随后指出,"拼接电弱图像慢得让人几乎崩溃。首先我们要努力纠正错误的对称性。"

一个技术难题克服了,新的难题接着又出现了。这些摘录于诺贝尔授奖会上的报告的选录告诉我们制定一个连贯的新理论是多么困难:

温伯格:"在这一点上,我们确定了正确的解决方案,但针对的问题是错误的。"

格拉肖:"我用抑制所有中性流的办法'解决'了改变中性流的奇异性问题,好比婴儿失去了浴缸里的水。"

还有一些其他问题,一是形式上的"不可重整性",意思是计算上遭遇无穷大。后者在 1971 年被荷兰物理学家杰拉德·特·胡夫特(Gerard't Hooft,1946～)解决了。在理论家西德尼·科尔曼(Sidney Coleman,1937～2007)的著作中写道:"赫拉德·特·霍夫特的工作把温伯格-萨拉姆青蛙变成了王子。"

道路的尽头

尽管在制定电弱理论时遭遇重重困难,实验证据还是表明理论是正确的。这个理论曾预测过应该有弱中性流——一种弱相互作用,参与其中的粒子没有电荷交换。这种相互作用直到 1973 年,在 CERN 观察到中性流的中微子相互作用之前,都没被观察到。1978 年,在斯坦福的直线加速器观察到电磁力和弱力间微弱的干扰效应,正像理论所预测的一样。寻找皇冠上的宝石——弱力载体的时候到了。

17.2.3 重光子(heavy photon)

如果弱力和电磁力的相互作用是自然界相同的基本法则的不同表现形式,则必然有一种粒子作为弱力的载体,就像光子承载电磁力一样。电弱理论做出了有关这种粒子的预言。首先应该有三种而不是一种粒子:一种带正电荷,一种带负电荷,一种呈电中性。其二,和"正常"光子不同,它们应该有质量。不仅如此,它们还应该比其他基本粒子都重——比质子重约 100 倍。事实上,弱力的载体在它们被观察到之前已被精确地预言了其质量,甚至已被命名。

下面举出两个例子(图 17.9,图 17.10),它们涉及交换一个重光子的相互作用:

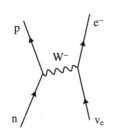

中微子——中子相互作用

一个中微子和一个中子通过交换一个W⁻粒子相互作用。中子变成质子,而中微子变成电子。

$v_e + n = p + e^-$

图 17.9

要造出一个实在的 W 粒子①需要提供和它的质能相等的能量。当 W⁻作为弱核力的传播者时,它处于一种**虚拟态(virtual state)**,因为它必须"借用"包含在海森堡不确定原理 $\Delta E \Delta t = h/2\pi$ 中的能量。对 W 粒子,所借用的能量(ΔE)非常大,因此所"借用"的时间(Δt)就非常短,使得弱力作用范围非常短,甚至只有一个原子核的尺度。

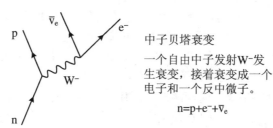

中子贝塔衰变

一个自由中子发射W⁻发生衰变,接着衰变成一个电子和一个反中微子。

$n = p + e^- + \bar{v}_e$

图 17.10

诺贝尔委员会非常相信电弱作用理论,还没等待证实 W 粒子或它的中性伴生粒子 Z 粒子(Z particle)的存在,就把 1979 年的诺贝尔奖授予了格拉肖、萨拉姆和温伯格。大概他们认为在可预见的将来不可能造出所预言的那样的重粒子,如表 17.2 所示,因为在当时没有加速器可以产生足够大的能量。有一种可能性,但在技术上显得几乎不可能实现:如果不用加速的中子轰击固定靶上的静止中子的办法,而让它们做相反方向的运动并相互碰撞,所获得的能量应该大得多。

---

① 译者注:指重光子。

表 17.2　由温伯格-格拉肖-萨拉姆预言的重光子

名字	预言质量(GeV/c^2)	观察到的质量(GeV/c^2)
$W^{\pm}$	82±2.4	80.9±1.5
Z^0	94±2.5	95.6±1.4

以能量单位表示的质子质量 = $0.938\ GeV/c^2$。

使原子核尺寸的粒子迎头相撞的困难可以用下面的参数来说明。让我们用一个直径为~10^{-15}m 的盘子代表质子靶子,做个合理的假设,我们可以在加速器上把中子聚焦到 $1\ mm^2$ 范围。这时质子击中靶的几率只有 10^{11} 之一。形象化些,就像要在相当于法国国土的面积上让两粒沙子相撞的几率!

尽管有这样明显的困难,然而建立碰撞电子和中子束的技术已经在意大利的弗拉斯卡蒂(Frascati)和美国的斯坦福(Stanford)发展起来了。在 CERN,交叉碰撞储存环已建成,用来提供质子-质子碰撞。尽管如此,在整个设备中粒子束的能量太低无法产生 W 或 Z 粒子。

1978 年,CERN 的科学政策委员会显示出与诺贝尔委员会同样的决心,要改造**超级质子同步加速器(Super Proton Synchrotron, SPS)**来适应反质子在质子的相反方向上的循环。这个项目具有难以想象的复杂性。

反质子第一次在 28 GeV 质子加速器(PS)的靶上生成。这是一台原始的加速器,围绕它的 CERN 是在 1950 年代发展起来的。这个 CERN 的原始芭蕾舞首席演员现在仅变成一个配角。反质子被送进另一个环,**反质子储存器(Antiproton Accumulator, AA)**,在环中反质子反复循环来获得能量。

40 小时 30 000 个脉冲后,有 6×10^{11} 个质子被加速,它们被送进"歧途",到 SPS 的质子单向交通线。两束粒子束被精确聚焦以确保它们能在预定交会的区域碰撞,在这个区域设置了复杂的探测器系统用来探测具有非常高的能量的中子/反中子碰撞的产物。两个合作单位,包括欧洲和美国的 20 多个研究团队面临巨大的任务,分析三个夸克和三个反夸克碰撞产生的大量碎片。

本章没有足够的篇幅来评价这些实验的完整的故事。我只想说,1982 年首次观察到 W 粒子,接着在 1983 年观察到了 Z^0 粒子。卡洛·鲁比亚(Carlo Rubbia, 1934~)是实验的幕后驱动者,西蒙·范德梅尔(Simon van de Meer, 1925~2011)实现了粒子流聚焦,使新粒子的观察成为可能。他们获得 1984 年的诺贝尔奖。1979 年的获奖者格拉肖、萨拉姆和温伯格作为瑞典皇家学会特邀嘉宾为他们颁发了"发现超重的短寿命 W 和 Z 粒子"的奖项。

17.2.4　希格斯波色子(Higgs boson)

为什么 W 粒子会具有质量?它们和光子有着相同的功能。电弱统一的理论的核心就是电磁力和弱核力的对称性。承载这些力的粒子以同样的方式进入方程。如果没有其他东西参与过程，W粒子和Z粒子的质量应该是零。

1964年发表的三篇论文提出了导致质量升高的不同的、彼此相关的机理，它们是：布鲁塞尔大学的罗伯特·布绕特(Robert Brout)和弗朗索瓦·恩格勒(François Englert)提出的对称性被破坏及矢量介子的质量；布朗大学的G·S·古拉尔尼克(G. S. Guralnik)、罗切斯特大学的C·R·哈根(C. R. Hagen)和伦敦大学帝国理工学院的T·W·B·基布尔(T. W. B. Kibble)提出的总体守恒定律(global conservation laws)和无质量粒子；以及爱丁堡大学的彼得·希格斯(Peter Higgs)提出的对称性被破坏和规范玻色子的质量。

这三篇论文都涉及一个包含承载力的粒子(例如光子)的通用理论。它们是基于一种被叫作"自发的对称性破坏"的概念，这种破坏是在宇宙"大爆炸"后紧接着的膨胀和冷却过程中出现的。于是产生一种**希格斯场(Higgs field)**，和它一起应该出现以巨大粒子或称希格斯玻色子组成的能量束①。

所有这些听起来很神秘，但也许可以用一个出现在电磁学理论上的对称被破坏的例子让它清楚些。描述铁原子的方程在空间的任何方向都没有区别，在这方面有完整的对称性。当铁冷却凝固后，由原子产生的磁场仅指向一个给定的方向。对称性自发地被破坏了。

对于希格斯场，被破坏的对称性不是方向的对称，而是电磁和弱力相互作用的对称。它产生的质量不仅给予W粒子和Z粒子，而且给予宇宙中的所有物质。

2012年7月4日，在原始论文发表了近50年后，科学家宣布了在CERN的大型强子碰撞加速器的两个实验观察到了包含有希格斯玻色子的粒子。这个发现被描述为"我们了解自然的里程碑"。这种粒子具有近126 GeV/c^2的质量。许多问题从此有了答案。它有什么性质？它的衰变模式如何？它是只有一种粒子还是它是一个新粒子种群"希格斯粒子族"中的第一个？

17.2.5 完整的圆

光的故事画完了一个完整的圆。我们从光作为传播者开始，它使我们能够以看的方式得到来自宇宙其他地方的信息，从而研究宇宙遥远的过去；我们讨论了光在量子力学和相对论的基本理论中所起的核心作用；最后，它作为电磁力的传播者主宰了原子和分子的化学过程。电磁力的这些独特的应用被用来建造加速器和探测器，以便进一步探测核力及其组成成分。这里我们看到了光的另一种形式，即它充当弱核力的传播者。

---

① 希格斯谨慎地提出，荣誉并不仅仅属于他自己而是属于六个理论发起者。

图17.11 阿卜杜勒·萨拉姆
（提供者：巴基斯坦科学院）

我们无法做出比萨拉姆（图17.11）在1979年诺贝尔奖颁奖典礼上所作的获奖感言更好的描述。他很恰当地从《古兰经》(Sura Al-Mulk)中引用了以下诗句①：

你看不到，真主造物的任何缺陷，

收回目光，反省自我，再放眼世界，一遍又一遍，

不断探求，直到你心醉眼迷，神疲体倦。

然后他继续说："这实际上是所有物理学家的信念；我们越是深入探索，就越是会激起我们的好奇，就会有越多的炫目的东西吸引我们的眼球。"

---

① 古兰经诗句原文：thou seet not, in the creation of the all-merciful any imperfection, return thy gaze, seets thou any fissure. then return thy gaze, again and again. thy gaze, comes back to thee dazzled, aweary.

索引

人物索引

A

阿卜杜勒·萨拉姆(Abdus Salaam,1926～1996) 364

阿尔伯特·爱因斯坦(Albert Einstein,1879～1955) 14,16,205,228,250,253,276,308,321,349,357

阿尔伯特·A·迈克耳孙(Albert A. Michelson,1853～1931) 314

阿基米德(Archimedes,公元前287～公元前212) 24

阿莱恩·阿斯佩克特(Alain Aspect) 267

阿里斯多芬尼斯(Aristophanes,约公元前400年) 29

阿里斯塔克(Aristarchus,约公元前310～公元前230) 59,60

阿诺·彭齐亚斯(Arno Penzias,1933～) 91

阿诺德·索末菲(Arnold Sommerfeld,1868～1951) 176,246

阿瑟·德(Arthur L. Day) 243

阿瑟·凯莱(Arthur Cayley,1821～1895) 251

阿瑟·康普顿(Arthur H. Compton,1892～1962) 282

埃德温·哈勃(Edwin Hubble,1889～1953) 89

埃迪·艾柏特(Eddie Albert) 281

埃拉托色尼(Eratosthenes) 53,61

埃尔温·薛定鄂(Erwin Schrödinger,1887～1961) 245,249,258

艾迪安·路易斯·马吕斯(Étienne-Louis Malus,1775～1812) 181,254

艾力克·伯霍普(Eric Burhop,1911～1980) 361

艾萨克·牛顿(Isaac Newton,1642～1727) 3,26,78,79,100,169,196,242,310

爱德华·巴纳德(Edward Branard) 73

爱德华·莫雷(Edward Morley,1838～1923) 314

爱德华·斯托克斯(Edward Stokes,1819～1903) 227

爱德文·兰德(Edwin Land,1909～1991) 182

安德烈·玛丽·安培(André Marie Ampère,1775～1836) 13,206

安东尼·凡·列文虎克(Antoni van Leeuwenhoek,1632～1723) 48

安东尼·休伊什(Antony Hewish,1924～) 96

安东尼奥·德·托雷斯（Antonio de Torres,1817~1892） 146
安东尼奥·穆齐（Antonio Mencci） 140
奥古斯丁·菲涅尔（Augustin Fresnel,1788~1827） 164
奥拉夫·罗默（Olaus Römer,1644~1710） 4
奥冉者·斯莫利（Orange Smalley,1812~1893） 212
奥斯卡·克莱恩（Oskar Klein,1894~1977） 263
奥拓·弗里希（Otto Frisch,1904~1979） 270
奥拓·哈恩（Otto Hahn,1879~1968） 270

B

保罗·狄拉克（Paul Dirac,1902~1984） 253,262
保罗·克里平（Paul Knipping,1883~1935） 176
保罗·朗之万（Paul Langevin,1872~1946） 128
鲍里斯·波多尔斯基（Boris Podolski,1896~1966） 267
本杰明·富兰克林（Benjamin Franklin,1706~1790） 197
彼得·塞曼（Pieter Zeeman） 333
彼得·希格斯（Peter Higgs） 367
毕达哥拉斯（Pythagoras,公元前582~公元前497） 2,309
波顿·里克特（Burton Richter,1931~） 360
伯瑞斯·罗星（Boris Rosing,1869~1933） 280

C

C·R·哈根（C. R. Hagen） 367
查尔斯·库仑（Charles Coulomb,1736~1806） 198
朝永振一郎（Sin-Itiro Tomonaga） 303

D

大卫·爱德华·休斯（David Edward Hughes,1831~1900） 226
大卫·华莱士（David Wallace） 25
大卫·沙诺夫（David Sarnoff） 280
戴维森（C.J.Davison,1881~1958） 260
丹尼斯·盖博（Dennis Gaber,1900~1979） 191
德·布封伯爵（Comte de Buffon,1707~1788） 24
第谷·布拉赫（Tycho Brahe,1546~1601） 70
丁肇中（Samuel Ting,1936~） 360

E

恩里克·费米（Enrico Fermi） 336
恩培多克勒（Empedocles,公元前5世纪） 2

恩斯特·马赫(Ernst Mach,1838～1916)　149
恩斯特·韦伯(Ernst Weber,1795～1878)　138

F

菲利克斯·沙伐(Félix Savart,1791～1841)　208
费迪南·库尔班(Ferdinand Kurlbaum)　237
费罗·泰勒·范斯沃斯(Philo Taylor Farnsworth,1906～1971)　281
弗拉基米尔·科斯马·兹沃里金(Vladimir Kosma Zworykin,1889～1982)　280
弗朗索瓦·恩格勒(Francois Englert)　367
弗朗索瓦·让·多米尼克·阿拉果(Francois Jean Dominique Arago,1786～1853)　164,187
弗朗西斯·亨利·康普顿·克里克(Francis Harry Compton Crick,1916～2004)　177
弗朗西斯科·玛利亚·格里马迪(Francesco Maria Grimaldi)　161
弗雷德·霍伊尔(Fred Hoyle,1915～2001)　90

G

G·S·古拉尔尼克(G. S. Guralnik)　367
戈特弗里德·莱布尼茨(Gottfried Libnitz,1646～1716)　26,81,101
古列尔莫·马可尼(Guglielmo Marconi,1874～1937)　224
古斯塔夫·基尔霍夫(Gustav Kirchhoff,1824～1887)　230,242
古斯塔夫·西奥多·菲希纳(Gustav Theodore Fechner,1801～1887)　139

H

海波雷特·菲索(Hyppolyte Fizeau,1819～1896)　4
赫尔曼·冯·亥姆霍兹(Herman von Helmholtz,1821～1894)　242
海因里希·赫兹(Heinrich Hertz,1857～1894)　180,223,274
海因里希·鲁本斯(Heinrich Rubens)　237
汉斯·盖革(Hans Geiger,1882～1945)　246
汉斯·克里斯蒂安·奥斯特(Hans Christian Ørsted,1777～1851)　207
赫尔曼·邦迪(Hermann Bonding,1919～2005)　90
赫尔曼·格拉斯曼(Hermann Grassmann,1809～1877)　328
赫尔曼·闵可夫斯基(Hermann Minkowsky,1864～1909)　328
黑尔穆特·戈恩赛默(Helmut Gernsheim,1913～1995)　187
亨德里克·安东·洛伦兹(Hendrik Anton Lorentz,1853～1928)　243,308,325,332
亨利·德雷伯(Henry Draper,1837～1882)　188
亨利·卡文迪什(Henry Cavendish,1731～1810)　197
亨利·庞加莱(Henri Poincarè)　308

J

杰拉德·特·胡夫特(Gerard't Hooft,1946～)　364

伽利略·加利雷(Galileo Galilei,1564～1642)　2,72,75,308,319,321
居里(Curies)　243

K

卡尔·安德森(Carl Anderson,1905～1991)　264,354
卡尔·弗里德里希·高斯(Karl Friedrich Gauss,1777～1855)　13,201
卡尔·嘎斯·詹斯基(Karl Guthe Jansky,1905～1950)　166
卡洛·鲁比亚(Carlo Rubbia,1934～)　366
克劳狄斯托勒密(Claudius Ptolemy,公元85～165)　64
克里斯蒂安·约翰·多普勒(Christian Johann Doppler,1803～1853)　147
克里斯特安·惠更斯(Christiaan Huygens,1629～1695)　81,155,157
克里斯托弗·亨里克·迪特里希(Christoph Heinrich Dietrich)　147
孔思曼(C. H. Kunsman,1890～1970)　260
库尔特·门德尔松(Kurt Mendelssohn)　244

L

莱斯特·格尔摩(Lester H. Germer,1896～1971)　260
莱昂·莱德曼(Leon Lerderman,1922～)　362
莱昂哈德·欧拉(Leonhard Euler,1707～1783)　51
莱布尼兹(Leibnitz)　242
劳伦斯·布拉格(Lawrence Bragg,1890～1971)　176
勒内·笛卡儿(René Descartes,1596～1650)　2,81
理查德·费曼(Richard Feynman,1918～1988)　35,227,288,296,298,303,304
利兹·迈特勒(Lise Meitner,1878～1968)　270
卢瑟福勋爵(Lord Rutherford)　243
路易·德布罗意(Louis de Broglie,1892～1987)　15,259
路德维格·洛伦兹(Ludwig Lorentz,1829～1891)　333
路德维希·玻尔兹曼(Ludwig Boltzmann,1844～1906)　230,233
路易斯·达盖尔(Louis Daguerre,1787～1851)　187
罗伯特·安德鲁斯·密立根(Robert Andrews Millikan)　285
罗伯特·奥本海默(Robert Oppenheimer,1904～1967)　97,271
罗伯特·布绕特(Robert Brout)　367
罗伯特·迪克(Robert Dicke,1916～1997)　92
罗伯特·虎克(Robert Hook,1635～1703)　102
罗伯特·密立根(Robert A. Millikan,1868～1953)　277
罗伯特·威尔森(Robert Wilson,1936～)　92
罗杰·彭罗斯(Roger Penrose)　98
罗莎琳德·埃尔希·富兰克林(Rosalind Elsie Franklin,1920～1958)　177
罗斯福(Roosevelt)　271

列奥纳多·达·芬奇(Leonardo da Vinci,1452～1519)　185

M

马丁·L·佩尔(Martin L. Perl,1927～)　363
马丁·赖尔(Martin Ryle,1918～1984)　96
马克斯·玻恩(Max Borh,1882～1970)　251
马克斯·普朗克(Max Planck,1858～1947)　14,228,236,242,357
马克斯·冯·劳埃(Max Von Laue,1879～1960)　175
马里乌斯·索菲斯·李(Marius Sophus Lie,1842～1899)　358
马歇尔·格罗斯曼(Marcel Grossmann,1878～1936)　350
迈克尔·法拉第(Michael Faraday,1791～1867)　200,213
迈克尔·弗莱恩(Michael Frayn)　270
莫波替斯(Maupertius,1698～1756)　51
莫雷(Morley)　316
莫里·盖尔曼(Murray Gell-mann,1929～)　358
莫里斯·休·弗雷德里克·威尔金斯(Maurice Hugh Frederick Wilkins,1916～2004)　177
默里·盖尔曼(Murray Gell-Mann)　288

N

纳森·罗森(Nathan Rosen,1909～1995)　267
尼尔·阿姆斯特朗(Neil Armstrong)　322
尼尔斯·玻尔(Niels Bohr,1885～1962)　1,16,228,243,246,268,357
尼古拉·哥白尼(Nicolaus Copernicus,1473～1543)　52,67
尼古拉·特斯拉(Nikola Tesla,1856～1943)　208
尼可拉斯·贝克(Nickolas Baker)　271

O

欧内斯特·卢瑟福(Ernest Rutherford,1871～1937)　246,268
欧内斯特·马斯登(Ernest Marsden,1889～1970)　246
欧内斯特·沃尔顿(Ernest Walton)　346
欧几里得(Euclid,公元前325～公元前265)　2
欧内斯特·卢瑟福(Ernest Rutherford)　268

P

P·J·皮布尔斯(P.J.Peebles,1935～)　92
帕斯库尔·乔丹(Pascual Jordan,1902～1980)　251
帕维尔·阿列克谢维奇·切伦科夫(Pavel Alekseyvich Cerenkov,1904～1990)　150
皮埃尔·德·费马(Pierre de Fermat,1601～1655)　3,18,25
皮埃尔·西蒙·拉普拉斯(Pierre Simon Laplace,1749～1827)　98

Q

钱德拉塞卡(Chandrasekhar) 98
乔治·艾里(George Airy, 1801～1892) 86
乔治·贝克莱(George Berkeley, 1685～1753) 156, 268
乔治·茨威格(George Zweig, 1937～) 358
乔治·伽莫夫(George Gamow, 1904～1968) 91
乔治·伊斯曼(George Eastman, 1854～1932) 188
丘吉尔(Churchill) 271

R

让·约瑟夫·勒维耶(Jean Joseph Le Verrier, 1811～1877) 86
让·巴蒂斯特·毕奥(Jean-Baptiste Biot, 1774～1862) 208
让·巴蒂斯特·约瑟夫·傅里叶(Jean Baptiste Joseph Fourier, 1768～1830) 122
瑞利勋爵(Lord Rayleigh) 228, 234

S

塞西尔·鲍威尔(Cecil Powell, 1903～1969) 355
赛斯·尼德迈尔(Seth Neddermeyer, 1907～1988) 354
史蒂文·温伯格(Steven Weinberg, 1933～) 364
斯蒂芬·霍金(Stephen Hawking) 98
苏布拉马尼扬·钱德拉塞卡(Subrahmanyan Chandrasekhar, 1910～1995) 92

T

T·W·B·基布尔(T. W. B. Kibble) 367
汤川秀树(Hideki Yukawa, 1907～1981) 354
汤姆森(J. J. Thomson) 268, 286
汤普孙(G. P. Thompson, 1892～1975) 260
托马斯·达文波特(Thomas Davenport, 1802～1851) 212
托马斯·高(Thomas Gold, 1920～2004) 90
托马斯·杨(Thomas Young, 1773～1829) 12, 167, 183

W

瓦尔特·弗里德里希(Walter Friedrich, 1883～1968) 176
威理博·斯涅耳(Willebrord Snell, 1580～1626) 3, 30
威廉·布拉格(William Bragg) 243
威廉·哈尔瓦西斯(Wilhelm Hallwachs, 1859～1922) 274
威廉·赫歇尔(William Herschel, 1738～1822) 86
威廉·亨利·布拉格(William Henry Bragg, 1862～1942) 176

威廉·康纳德·伦琴(Wilhelm Conrad Röntgen,1845～1923)　177
威廉·罗文·哈密顿(William Rowan Hamilton,1805～1865)　51,261
威廉·尼克尔(William Nicol,1768～1851)　225
威廉·维恩(Wilhelm Wien,1864～1928)　176,228,231
维尔纳·海森堡(Werner Heisenberg)　245
维斯托·斯里弗尔(Vesto Slipher)　89
沃尔夫冈·泡利(Wolfgang Pauli,1900～1958)　358
沃尔特·戈登(Walter Gordon,1893～1939)　263
沃纳·海森堡(Werner Heisenberg,1901～1976)　250

X

西德尼·科尔曼(Sidney Coleman,1937～2007)　364
西蒙·范德梅尔(Simon van de Meer,1925～2011)　366
西米恩·泊松(Simèon Poisson,1781～1840)　164
希帕科斯(Hipparchus,公元前180～公元前125)　64
谢尔登·李·格拉肖(Sheldon Lee Glashow,1932～)　359,364

Y

亚里士多德(Aristotle,公元前384～322)　53,309
亚历山大·格雷厄姆·贝尔(Alexander Graham Bell,1847～1922)　140
伊本·海赛姆(Ibn Al-Haitham,965～1040)　2
伊戈尔·塔姆(Igor Tamm)　150
伊利亚·弗兰克(Ilya Frank)　150
尤瓦尔·尼曼(Yuval Ne'eman,1925～2006)　358
约翰·格弗里恩·加勒(Johann Gottfried Galle)　86
约翰·克罗夫特(John Cockroft,1897～1967)　346
约翰·A·惠勒(John A. Wheeler)　98
约翰·贝尔(John Bell,1928～1990)　267
约翰·蔡恩(Johann Zahn,1631～1707)　186
约翰·海因里希·舒尔茨(Johann Heinrich Schulze,1687～1744)　186
约翰·惠勒(John A. Wheeler,1911～2008)　295
约翰·柯西·亚当斯(John Couch Adams,1819～1892)　86
约翰·威廉·斯特拉特(John William Strutt,1842～1919)　164
约翰尼斯·开普勒(Johannes Kepler,1571～1630)　70,186
约塞夫·尼塞佛尔·尼埃普斯(Joseph Nicéphore Niépce,1765～1833)　186
约瑟夫·路易斯·拉格朗日(Joseph Louis Lagrange,1736～1813)　51
约瑟夫·斯蒂芬(Josef Stefan,1835～1893)　230
约瑟福·普里斯特利(Joseph Priestley,1733～1840)　197
约瑟琳·贝尔·伯奈尔(Jocelyn Bell Burnell,1943～)　96

Z

詹姆斯·比约肯(James Bjorken,1934~) 359
詹姆斯·查理士(James Challis) 86
詹姆斯·杜威·华生(James Dewey Watson,1928~) 177
詹姆斯·金斯(James Jeans,1877~1946) 234
詹姆斯·克拉克·麦克斯韦(James Clerk Maxwell,1831~1879) 13,180,189,196,216,224,333
詹姆斯·琼斯(James Jeans,1877~1946) 90
张恒(Zhang Heng,中国天文学家,78~139) 53
朱尔·亨利·庞加莱(Jules Henri Poincarè) 334
朱利安·施温格(Julian Schwinger) 303
朱利叶斯·威廉(Julius Wilhelm) 242

专业术语索引

A

安培环(Amperian loop) 210
矮行星(dwarf planet) 74
暗影(umbra) 60
凹面镜(concave mirror) 22

B

b(beauty)夸克 363
八度音阶(octave) 144
白矮星(white dwarf) 93
半暗影(penumbra) 60
饱和电流(saturation current) 278
贝尔不等式(Bell's inequality) 267
被动式声呐(passive sonar) 127
本轮(epicycle) 65
比邻星(Proxima Centauri) 70
变换(transformation) 320
标准最小步长(standard minimal step) 138
波(wave) 1,105
波包(wave packet) 261
波长(wavelength) 1

波动力学(wave mechanics) 259
波峰(antinodes) 13
波腹(antinodes) 114
波函数(wave function) 261
波节(nodes) 13
波前(wavefront) 112
不确定性(not determinism) 259

C

彩色摄影(colour photograph) 190
参考光束(reference beam) 192
参照系(frame of reference) 66,312
粲(charm) 359,360,362
差频振荡(beats) 136
长笛(flute) 147
超级质子同步加速器(Super Proton Synchrotron,SPS) 345
超声波(ultrasound) 127
超声波扫描(sonography) 129
超新星(supernovae) 79,93,94,96
超重电子(super-heavy electron) 363
冲击波(shock waves) 149
冲击波碎石(shock wave lithotripsy) 130
吹奏乐器(wind instruments) 147
磁化(magnetization) 205
磁极(magnetic pole) 205
磁矩(magnet moment) 302
磁石(lodestone) 205
磁通量(magnetic flux) 214
磁学(magnetism) 13
次波(secondary waves) 155
次声波(infrasound) 127

D

动力学(dynamics) 338
德布罗意波长(de Broglie wave length) 259
大麦哲伦星云(Large Magellanic Cloud) 89
达盖尔银版照相术(Daguerreotypes) 187
单簧管(clarinet) 147
地心说(geocentric) 65

点光源(point source)　60
电场强度(strength of an electric field)　199
电场通量(electric flux)　201
电磁波(electromagnetic waves)　105,196,222
电磁波谱(electromagnetic spectrum)　1
电磁辐射(electromagnetic radiation)　1
电磁感应(electromagnetic induction)　214
电磁力(electromagnetic force)　357
电磁脉冲(electromagnetic pulse)　220
电磁学(electromagnetism)　212
电动力学(electrodynamics)　198
电动势(electromotive force,EMF)　215
电荷(electric charge)　197
电流(electric current,current electricity)　13,206
电子气(electron gas)　276
电子云(electron cloud)　249,276
电子衍射(electron diffraction)　178
顶夸克(t(ton)quark)　363
动量(momentum)　253,273
对称性(symmetry)　311
多个态叠加(superpositions of states)　16
多普勒超声波(Doppler ultrasound)　130
多普勒效应(Doppler effect)　89,125,147

E

EPR 悖论　267
二重性(duality)　1

F

发电机(dynamo)　214
发散透镜(diverging lens)　36
法线(normal)　19
反射(reflection)　17
反物质(antimatter)　264
反射光栅(reflection gratings)　174
反相(out of phase)　13
反质子储存器(Antiproton Accumulator,AA)　366
放大倍数(magnification)　38
非偏振光(unpolarized light)　180

非相对论波动力学(non-relativistic wave mechanics) 261
费曼图(Feynman diagram) 302
辐射能量密度(radiant energy density) 232
复合显微镜(compound microscope) 49
傅里叶分析(Fourier analysis) 121,262

G

概率(probability) 259
干涉(interfere) 12
干涉相消(interfere destructively) 12
干涉增强(interfere constructively) 12
高斯面(Gaussian surface) 202
共振(resonance) 117
共振态(resonances) 357,360,363
共振宽度(resonance width) 357
固有频率(natural frequencies) 116
惯量(inertia) 82
光导管(light pipe) 32
光电倍增管(photomultiplier) 280,290
光电效应(photoelectric effect) 9,273
光碟(compact discs) 175
光合作用(photosynthesis) 10
光神经(optic nerve) 9
光学高温计(Optical pyrometers) 232
光子(photon) 241
广义相对论(general relativity) 308
轨道平面(黄道平面,plane of the ecliptic) 56
伽马因子(gamma factor) 325,326,331,340,342

H

哈勃常数(Hubble's constant) 90
核聚变(nuclear fusion) 348
核裂变(nuclear fission) 348
黑洞(black hole) 79,97
黑体(blackbody) 230
黑体辐射(Blackbody radiation) 14,228
恒星周期(Sidereal period) 68
横波(transverse waves) 107
红外(infrared) 11

虹膜(iris) 42
幻数(magic number) 326
回声探测法(echolation) 127
回响(reverberation) 146
会合周期(Synodic period) 69
惠更斯结构(Huygens' construction) 158

J

μ 介子 364
伽利略变换(Galilean Transformation) 320,325
伽马射线(gamma rays) 166
机械波(mechanical waves) 107
几何光学(geometrical optics) 3,12
计算机 X 射线断层摄影(Computerized Tomography,CT) 195
简谐波(simple harmonic wave) 111
交换粒子(exchange Particle) 354
焦点(focus) 22,35
角放大率(angular magnification) 47,48
角分辨率(angular resolution) 165,175
角间距(angular separation) 165
角膜(cornea) 42
节点(nodes) 114
截止电势(cut-off/stopping potential) 277,278
金属的功函数 W(the work function of the metal) 279
近视眼(短视野)(myopia) 44
经典力学(classical mechanics) 246
晶状透镜(crystalline lens) 42
晶体元胞(unit cell) 176
静电力(electrostatic force) 196
静电学(electrostatics) 13,198
静止参照系(rest frame) 341
聚光镜(converging lens) 35
绝对空间(absolute space) 313
绝对时间(absolute time) 314
绝对参照系(absolute frame) 313
绝对运动(absolute motion) 313

K

卡诺循环(Carnot cycle) 233

康普顿效应(Compton effect)　14,273,281,282
抗切变应力(resistance to shearing stress)　107
夸克(quark)　358,359
扩束镜(diverging lens)　192
扩展光源(extended source)　60
克罗夫特-沃尔顿(Cockroft-Walton)型的加速器　346

L

老花眼(presbyopia)　44
力场(fields of force)　199
粒子(particle)　1,2
联立方程(simultaneous equations)　13
量子(quantum)　1
量子电动力学(quantum electrodynamics, QED)　289,302
量子化(quantization)　14,246
量子化的(quantized)　1
量子力学(quantum mechanics)　34,246
量子跃迁(quantum jump)　248
临界角(critical angle)　32
零标记(null mark)　316
路径求和方法(sum-over-histories approach)　298
滤波器(filter)　180
洛厄尔天文台(Lowell Observatory)　87
洛伦兹变换(Lorentz transformation)　324,325,329
路径求和方程(Sum-over-histories approach)　298,300

M

马赫数(Mach number)　149
马赫圆锥(Mach cone)　149
迈克耳孙干涉仪(Michelson interferometer)　316
脉冲星(pulsar)　79,95
漫反射(diffuse reflection)　21
冥王星(Pluto)　74,87
目标光束(object beam)　192
摩擦起电(electrification)　197

N

内窥镜(endoscope)　33
能量含量(Energy content)　342

能量密度(energy density) 235
尼埃普斯的日光制版(Niépce heliograph) 186
逆压电效应(inverse piezoelectric effect) 128

P

偏振(polarization) 179
偏振滤光片(polaroid filter) 180
偏振片正交效应(standard crossed polaroid effect) 255
平衡态黑体辐射(equilibrium blackbody radiation) 232
平面偏振光(plane polarized light) 180

Q

恰好可感知步长(just-perceptible step) 139
强度等级(intensity level) 139
强迫振动(forced oscillations) 117
强子(hadron) 356
强子对撞机(Large Hadron Collider，LHC) 345
切伦科夫光(Cerenkov light) 151
轻粒子(lepton) 356,358
轻子(lepton) 356
球面镜(spherical mirror) 22
球面子波(spherical secondary wavelet) 158
屈光度(diopter) 42
全部内反射(totally internally reflection) 32
全反射棱镜(totally reflecting prism) 32
全息摄影(Holography) 191
确定性的(deterministic) 259

R

热处理(heat treatment) 130
人造偏振片(polaroid) 182
日光制版(Heliography) 187
日环食(annular eclipse) 58
日食(solar eclipse) 57
日心说(heliocentric) 67
瑞利判据(Rayleigh criterion) 164

S

散光(astigmatism) 44

声波(sound wave) 108
声爆(sonic boom) 149
声空化作用(acoustic cavitation) 131
声障(sound barrier) 151
声致发光(sonoluminescence) 131
时间膨胀(time dilation) 331,337,338
矢量场(vector fields) 199
势阱(potential wells) 261
视差(parallax) 70
视杆(rods) 42
视网膜(retina) 9,42
视锥(cones) 42
视神经(optic herve) 42
束缚能(binding energy) 348
数码摄影(digital photograph) 190
三维坐标(three dimension) 327
四维坐标(fourth dimension) 328

T

T粒子(tau particle) 363
逃逸速度(escape velocity) 98
天体物理学(astrophysics) 79
天王星(Uranus) 86
天文学(astronomy) 79
同相(in phase) 12
瞳孔(pupil) 42
透镜(lenses) 35
透镜的光焦度(power of lens) 42
透射光度(transit photometry) 88
透射光栅(transmission gratings) 174
土星(Saturn) 86
特斯拉(tesla) 208
特有时间(本征时间)(proper time) 330,331

W

W粒子(W particle) 366,367
外行星(exoplanet) 88
万有引力(gravitation force) 196
望远镜(telescope) 50

位相差（phase difference） 112
无线电波（radio waves） 166
物理光学（physical optics） 12
物质波（matter waves） 259

X

希格斯波色子（Higgs boson） 366
希格斯场（Higgs field） 367
狭义相对论（special relativity） 308, 318
仙女座星云（Andromeda nebula） 90
弦乐器（strings instruments） 145
相对论质量（relativistic mass） 341
相干性（coherence） 178
响度（loudness） 139
星座（constellations） 64
行波（travelling waves） 110
行星（planets） 64
虚光子（virtual photon） 302
虚数（imaginary numbers） 329
虚像（virtual image） 21, 39
虚拟态（virtual state） 365
薛定鄂猫（Schrödinger cat） 266

Y

眼睫肌（ciliary muscle） 9
延时选择（delayed choice） 295
衍射（diffraction） 119, 155, 159
衍射光栅（diffraction grating） 155, 173
衍射极限（diffraction limit） 165
一次谐波（first harmonic） 116
以太（ether） 156, 313
以太风（ether wind） 156
音程（musical interval） 142
音调（pitch） 142
音色（tone） 142
音质（tone quality） 143
银河系（the Milky Way） 74
银河系外星云（extragalactic nebulae） 89
映像管（iconoscope） 280

宇宙射线(cosmic radiation)　337
原声吉他(acoustic guitar)　146
原子核(nuclear)　347
原子核照相乳胶(nuclear photographic emulsion)　190
远程作用(action at a distance)　196
远视眼(长视野)(hypermetropia)　44
月食(lunar eclipse)　55,56
月相(phases of the moon)　55
运动学(kinematics)　338
噪声消音器(noise cancellation)　135
隐变量(hidden variable)　267

Z

Z粒子(Z particle)　365,366,367
折射(refraction)　17,28
折射率(refractive index)　28
真值(true value)　313
振动模式(modes of vibration)　235
振幅(amplitude)　110
振幅矢量(amplitude vector)　298
正电子放射断层造影术(positron emission tomography,PET)　264
正弦函数(sine function)　111
质子(porton)　347
中子(neutron)　347
中微子(neutrino)　359
重光子(heavy photon)　364
主动式声呐(active sonar)　128
主时钟(master clock)　315
主序星(main-sequence star)　88
中子星(Neutron star)　95
驻波(standing waves)　115,134
状态矢量(state vector)　262
纵波(longitudinal waves)　109
噪声消音器(noise cancellation)　134
紫外线灾难(ultraviolet catastrophe)　236

定理和定律索引

A

爱因斯坦相对论（Einstein's theory of relativity） 6
安培-麦克斯韦定律（Ampere-Maxwell law） 218
安培定律（Ampere's law） 209

B

布拉格定律（Bragg's law） 176
毕达哥拉斯定理（The theorem of pythagoras） 326
不确定原理（uncertainty principle） 357
毕奥-沙伐定律（Biet-Savart law） 208

D

叠加原理（principle of superposition） 157
多普勒效应（doppler effect） 89
狄拉克广义变换理论（Dirac's generalized transformation theory） 263
带宽定理（bandwidth theorem） 263

F

法拉第电磁感应定律（Faraday's law of electromagnetic induction） 215
法拉第定律（Faraday's law） 218
反射定律（law of reflection） 3,19
傅里叶分析（Fourier analysis） 121
费马时间最短原理（Fermat's principle of least time） 3,17
费马最后定理（Fermat's Last Theorem） 26
费马原理（Fermat's principle） 18,20

G

高斯定理（Gauss's theorem） 13,201,217
光谱分布定律（Wien's spectral distribution law） 233

H

哈勃定律（Hubble's law） 90
海森堡不确定原理（Heisenberg uncertainty principle） 258
惠更斯原理（Huygens' principle） 157

K

开普勒第一定律(Kepler's first law) 71
开普勒第二定律(Kepler's second law) 71
开普勒第三定律(Kepler's third law) 71
可逆性原理(principle of reversibility) 31,33
库仑定律(Coulomb's law) 13,198,217

N

能量均分定理(equipartition theorem) 235

P

平方反比定律(inverse square law) 82,200

R

瑞利—金斯定律(Rayleigh-Jeans law) 235,236

S

斯蒂芬-玻尔兹曼定律(Stefan-Boltzmann law) 231
斯涅耳折射定律(Snell's law of refraction) 27,28

W

万有引力定律(law of gravitation) 82
韦伯-菲希纳定律(Weber-Fechner law) 138,139
维恩位移率(Wien's displacement law) 231
物理体系的态叠加原理(principle of superposition of states of a physical system) 262

Y

运动学定律(Mechanical laws of motion) 79

Z

折射定律(law of refraction) 3
针对磁场的高斯定理(Gauss's theorem for magnetism) 218
最小作用原理(principle of least action) 51
总体守恒定律(global conservation laws) 367